U0246036

兰州财经大学丝绸之路研究院重点课题（YLL201808）

甘肃省高等学校青年博士基金项目（2021QB-091）

资助

兰州财经大学丝绸之路经济研究文库

基于生态系统核算的流域生态补偿研究

JIYU SHENGTAI XITONG HESUAN DE
LIUYU SHENGTAI BUCHANG YANJIU

芦海燕◎著

中国财经出版传媒集团

经济科学出版社

Economic Science Press

图书在版编目（CIP）数据

基于生态系统核算的流域生态补偿研究 / 芦海燕著
. -- 北京：经济科学出版社，2021. 11
（兰州财经大学丝绸之路经济研究义库）
ISBN 978 - 7 - 5218 - 3193 - 1

Ⅰ. ①基…　Ⅱ. ①芦…　Ⅲ. ①流域 - 生态环境 - 补
偿机制 - 研究　Ⅳ. ①X321

中国版本图书馆 CIP 数据核字（2021）第 250639 号

责任编辑：杜　鹏　郭　威
责任校对：蒋子明
责任印制：邱　天

基于生态系统核算的流域生态补偿研究

芦海燕　著

经济科学出版社出版、发行　新华书店经销
社址：北京市海淀区阜成路甲 28 号　邮编：100142
编辑部电话：010 - 88191441　发行部电话：010 - 88191522
网址：www. esp. com. cn
电子邮箱：esp_bj@ 163. com
天猫网店：经济科学出版社旗舰店
网址：http：//jjkxcbs. tmall. com
固安华明印业有限公司印装
710 × 1000　16 开　14. 5 印张　260000 字
2022 年 1 月第 1 版　2022 年 1 月第 1 次印刷
ISBN 978 - 7 - 5218 - 3193 - 1　定价：79. 00 元

（图书出现印装问题，本社负责调换。电话：010 - 88191510）
（版权所有　侵权必究　打击盗版　举报热线：010 - 88191661
QQ：2242791300　营销中心电话：010 - 88191537
电子邮箱：dbts@ esp. com. cn）

前　　言

　　流域作为兼具自然属性和社会经济功能的复合生态系统，具有关联度高、整体性强和上中下游影响不对称等特点。生态补偿作为有效的生态环境外部性内在化保障制度，是流域生态系统提升生态—经济—社会持续发展水平的机制。以生态系统核算为基础的补偿机制，力求通过平衡区域不同利益主体间的利益冲突，实现流域生态系统环境破坏和生态保护的外部性内在化，对完善流域生态补偿具有重要意义。本书以流域范围内生态系统资产与服务为研究对象，以系统论和经济理论为指导，从生态系统的整体性出发，构建基于生态系统核算的流域生态补偿分析框架，并对黑河流域生态补偿机制进行研究，以期通过丰富流域生态补偿的理论分析与案例研究，为流域生态系统可持续发展提供科学、合理的决策基础。

　　本书在纵观国内外生态学、经济学及习近平生态文明思想中关于流域生态系统核算和补偿研究的基础上，分析了流域生态系统特征与流域生态系统价值补偿之间的逻辑关系，即流域生态系统以生态系统资产即自然资源如水资源、草原和森林资源等物质为载体，进入人类社会经济系统，以生态系统服务的形式为人类社会提供各类生态价值，通过生态价值向经济价值的转化实现区域生态—经济—社会的可持续发展。由此可知，流域生态系统的区域特征是生态系统价值补偿研究的起点，不同的系统特征通过影响流域利益主体决策的成本与收益，间接影响利益主体的行为选择路径。以此为基础，本书架构以补偿主体、标准和模式为核心内容的流域生态补偿分析框架。首先，运用博弈论分析流域生态系统中利益主体决策的认知行为路径，确定流域生态系统中中央政府、地方政府及农户/企业间的行为选择策略，确定达成流域生态系统保护均衡博弈策略需要的条件及相应政策含义。其次，根据博弈分析路径和三角模糊函数测算出达到流域可持续发展最优状态时，流域生态补偿模式的最优组合，探索适合流域特征的多元化、市场化生态系统价值补偿实现路径。结合流域生态系统资产与服务的实物量和价值量核算，确定单位自然资源价值，识别出恰当的流域生态补偿标准，设计流域生态补偿方案，实现流域生态系统效益最大化。最后，以我国相对独立完整的黑河流域为案例，根据上述逻辑，分析并完善现有黑河流域生态补偿制度，根据流域生态补偿框架在实际案例中的运用，提出完善流域生态补偿的政策建议及进一步研究方向。

本书主要研究结论如下：（1）作为相对独立的流域生态系统，往往跨越多个行政区域，流域生态系统资产与服务的跨区域特征使其正的外部性内在化在自然资源管理和环境治理中显得尤为重要，这是持续提升流域生态系统对环境变化适应能力的关键。根据系统论和经济学分析，流域生态系统核算与补偿的实质是以流域生态系统适应性主体行为的控制过程为核心，通过流域利益主体行为决策，力求在实现流域生态效益的基础上，达到经济和社会效益最大化，进而实现流域生态系统的可持续发展。（2）流域生态补偿的利益主体主要包括中央政府、地方政府和企业或农牧户。中央政府是流域生态补偿机制的顶层设计者，其目标是实现流域范围社会收益最大化。地方政府和企业或农牧户在流域生态补偿机制中则具有生态保护者和破坏者双重身份。受益函数的影响因素牵制着地方政府和企业或农牧户在流域生态系统中的经济运行、社会生活和生态保护中的行为选择路径。其中，流域生态补偿标准覆盖地方政府和企业或农牧户的成本、中央政府顶层设计与执行监督、地方政府监管能力是影响流域生态补偿机制长效发挥作用的重要因素。流域生态补偿机制的设计应以地方政府和企业或农牧户的行为结果为导向，促使地方政府和企业或农牧户愿意采取环境保护策略。（3）流域生态补偿模式可分为政府补偿与市场补偿两种，其中，政府补偿包括财政转移支付、补偿基金、政策补偿、产业补偿等；市场补偿包括水权交易、排污权交易、碳汇交易、环境标志等。根据两种模式分析可知，在流域生态系统管理中，流域生态补偿模式的政府和市场模式各有优缺点，两者解决问题的作用机制和侧重点均存在不同。由于流域生态系统的复杂性，抑制流域生态系统环境恶化与生态系统服务衰退需依靠政府和市场相互补偿、相互依赖，真正起到激励流域生态系统保护行为、惩罚生态环境破坏行为的作用。最优流域生态补偿模型往往是政府和市场补偿模式的组合。（4）通过单位自然资源价值核算，确定流域生态补偿标准。通过流域生态系统资产实物量核算，了解流域自然资源实物量静态和动态情况，为流域生态补偿利益主体决策提供自然资源分布和使用的详细信息，以期通过流域生态系统资产实物量核算全面反映流域生态系统资产在经济体经济运行过程中环境投入量、如何参与价值创造以及废弃物对环境的影响程度，为流域生态补偿机制设计机构提供强大的支持力。结合流域生态系统资产实物量和服务价值量，得到单位自然资源价值量，以此作为流域生态补偿标准确定的基础。通过流域上游、中游和下游地区生态系统资产具体实际转移量得到流域生态补偿标准，设计补偿方案。

综上所述，流域生态补偿机制作为流域生态系统的重要保障，能够持续长久发挥作用的基础包括以下措施：建立流域综合管理机构，全面协调流域范围内利益主体的诉求与冲突；通过流域生态系统实物量与价值量核算的统一，探索流域单位自然资源价值核算，结合流域范围内生态系统所处的演化阶段，确定保障流域生态机制长效发挥作用的补偿标准；以补偿效果为导向，优化流域生态补偿组合模式；以5年为周期，论证流域生态补偿机制的科学性，调整流域生态补偿组合模式，评价补偿机制的实施效果。

本书在撰写过程中得到兰州财经大学会计学院各位领导及同仁的热情支持和帮助。感谢恩师杨肃昌和周一虹教授对本书成稿的指导与鼓励，感谢张掖市韦波主任为本书调研所给予的大力支持，感谢黑河湿地管理局工作人员对黑河流域相关情况的详尽说明，感谢同窗刘亚龙不辞辛劳驱车前往金塔县和额济纳旗完成对黑河流域具体情况的实地观测与调研，师妹张明晶在书稿的排版和校对过程中付出了辛勤的汗水。

　　由于流域生态系统核算与生态补偿涉及诸多理论和实践问题，我们团队的研究才刚刚起步，所进行的工作还非常不全面，加之资料获取、时间和学术水平等多种因素限制，书中的一些观点可能存在不妥或疏漏之处，敬请读者批评指正。

芦海燕
2021 年 11 月 8 日

目　　录

第一章

导　　论

第一节　选题背景

2012 年 5 月联合国环境规划署公布了《全球环境展望》(*Global Environment Outlook*)，研究发现地球各个生态系统的承载力正在被推至物理值的极限。其中水资源方面，虽然全球各国都在积极探索流域、湿地、近海和水利设施的管理，如欧洲莱茵河流域、美国特拉华河与科罗拉河流域、澳大利亚达令河流域和中国三江源（罗志高、刘勇、蒲莹晖等，2015）等区域均实施了有效措施改善流域生态系统健康状况，但是仍有部分地区水资源由于适当监管的减少而整体处于持续恶化状态。

改革开放以来，我国国民经济呈现飞速增长，综合国力和国际影响力也实现巨大提升。2019 年国家统计局发布的《新中国成立 70 周年经济社会发展成就系列报告》显示，我国经济总量占世界经济总量的份额从 1978 年的 1.8% 提高至 2018 年约 16%。1979～2018 年，我国国内生产总值（GDP）年平均增长速度达到 9.4%，大大高于世界同期经济平均 2.9% 的增速，对世界经济增长的年均贡献率约 18%。我国的经济发展总量水平与世界主要发达国家的差距在不断缩小。但是，长期以来过快经济增长速度依赖能源资源的消耗，造成能源利用水平低和污染物排放强度大的局面。在单纯追求以经济增长为核心的发展观驱使下，自然资源和生态环境已受到极大破坏，甚至达到难以为继的地步，其中尤以水资源状况恶化最为严重。水资源作为现代经济重要的生产要素，人类对其价值内涵和重要性的认识随着社会经济的发展进程而不断发生着变化。《中国统计年鉴 2017》

显示，2016 年我国人均水资源占有量为 2339.4 立方米/人，略高于 1700立方米/人的国际警戒线。在北方及人口稠密的南方地区，其中，京津冀、长三角和陕甘宁地区的人均水资源占有量仅达到国际警戒线 23% 的水平。全国水资源开发利用程度约为 20%，但北方多数水域已超过 50%，远高于国际公认的警戒线；地下水污染、超量开采和水位下降导致的地面沉降问题日益严重，形成了大规模的地下水位降落漏斗。由于自然资源对社会生态产品与服务供给巨大的外部性，以水资源为核心要素的流域生态系统普遍面临不同程度的破坏与过度开发。自然资源约束趋紧、环境污染问题严重、生态系统功能退化的严峻形势已经严重制约我国经济的可持续发展。这使得我国各级政府开始重新审视生态文明建设与社会经济发展之间的关系。生态文明建设逐渐成为各级政府报告的重要内容。

2012 年，党的十八大报告从十个方面完整绘制了生态文明建设的蓝图。2015 年，党的十八届三中全会从系统论的视角提出建设生态文明制度体系，把制度定位为生态环境保护的利器，以自然资源资产产权和用途管制制度为基础，实行自然资源有偿使用和生态补偿制度。其中，生态补偿机制的实质是通过制度安排协调生态系统利益主体间成本与收益分配（刘耕源、杨青，2019）。党的十八届三中全会为我国生态文明制度体系构建了基本框架，为了更好地指导地方各级政府开展生态文明建设，中共中央和国务院印发《关于加快推进生态文明建设的意见》，对生态保护补偿机制进行了详细解读。这一文件提出应在科学界定生态利益主体权利与义务的基础上，通过财税体制改革、完善转移支付制度和多元市场化机制，建立跨行政区域的横向生态补偿机制，通过制度设计和市场化运行，实现地方生态系统的健康可持续发展。由此，系统、科学、合理的生态补偿机制成为社会各界人士关注的重点并取得理论界与实务界的一致认可，即生态系统价值补偿机制能够有效保障流域生态系统的健康持续发展。根据中央的战略部署，2016 年 4 月国务院印发《关于健全生态保护补偿机制的意见》，对生态补偿机制做了简要介绍，具体包括生态补偿原则、目标任务及分领域重点任务、补偿资金投入机制、优先考虑完善自然保护区及重要生态屏障补偿机制、推动地区间横向多元化补偿等内容，为后续流域及地方生态补偿政策出台指明了方向。2016 年 12 月，面临全国流域横向生态补偿处于起步阶段，流域生态补偿长效机制尚未形成，不能较好地影响流域生态系统修复与环境治理效果的现状，财政部印发《关于加快建立流域上下游横向生态保护补偿机制的指导意见》。该文件旨在加快形成流域利益主体即行为主体间成本与收益合理分配、协商共同治理流域生态环境的长效机制，最终实现流域生态—社会—经济系统的可持续发展。具体包括协商上下游跨行政区域的管理机制、选择科学的补偿方式、确定合适的补偿标准及补偿协议签订等内容，补偿对象为跨行政区域的水质水量。紧接着，2017 年福建省和湖南省分别印发针对重点流域的横向生态补偿办法，其中福建省针对重点流域的水量实施补偿，补偿资金以地方财政收入比例汇集，按照水质、用水总量和森林占比系数实施补偿，2018 ~ 2020 年下游综合试验区的补偿标准分别为 0.036 元/立方米、0.042 元/立方米和 0.05 元/立方米，体现了习近平新时代生态文明思想中山水林天湖草系统管理理念。2018 年 2 月，财政部印发《关于建立健全长江经济带生态补偿与保护长效机制的指导意见》，首次提出以提升流域生态系统中山水林天湖草综合效益为原则，建立多元化生态补偿激励引导机制。2018 年 12 月，面对生态补偿中企业参与度不高、优质生态产品与服务供给不足的问题，国家发改委等九部委印发《建立市场化、多元化生态保护补偿机制行动计划》（以下简称《行动计划》），具体包括：完善土地、水、森林、草原、矿产和海域海岛等自然资源资产的有偿使用制度，协调自然资源资产利益主体收益合理分配；健全排污权与水权交易平台，合理确定区域环境容量和用水总量，鼓励区域排污权与水权交易，充分发挥市场机制调节作用；积极完善生态产品认证体系，推动生态产业发展；探索相互补充的多元化流域生态补偿等内容。《行动计划》标志着我国生态保护补偿制度框架已形成（靳乐山，2019）。随后，重庆市、浙江省及宁夏回族自治区陆续发布流域生态补偿实施方案。近年来，全国重点流域生态补偿机制已进入全面实施阶段。随着试点地区如新安江、赤水河等流域生态补偿取得显著效果，流域生态补偿成功案例为完善我国流域生态补偿机制提供了重要支撑。然而，我国国土面积广阔，气候特征和自然地理特征复杂，流域生态系统具有明显的地域差异性，忽略地域特征的流域生态系统保护制度极易陷入区域优质生态产品与服务供给不足，地方企业/农户参与度不高的困境。流域生态补偿机制研究应以习近平新时代生态文明思想为指导原则，以山水林天湖草生态系统特征为基础，通过流域生态系统资产与服务价值实现，优化流域利益主体参与生态系统修复与治理过程中成本和效益的分配制度，提升区域生态系统资产与服务的供给水平，修复流域生态系统承载力，最终实现流域生态系统可持续发展。

流域作为兼具自然属性和社会经济功能的复合生态系统，具有关联度高、整体性强和上下游影响不对称等特点（李春艳、邓玉林，2009）。然而，在流域生态补偿机制实施过程中，流域作为一个有机整体面临着被不同行政区划分割的局面。由于地方政府自身的自利性，流域中的行为主体活动一般以所在区域利益和自身政治经济利益为导向。这种生态系统的整体连贯性与人类社会政治结构的分割性使得社会经济发展过程中，上中游地区依靠丰沛的水资源过于追求经济和农业发展，忽视水资源利用效率的提升和生态功能的保护，从而造成水土流失、水资源过度开发、水体污染及下游生态恶化等问题。在流域生态系统发展过程中，出现流域生态环境恶化问题的根本原因在于人类与自然关系的本质及人类社会主导的经济模式（TEEB，2010）。以经济发展为目标的经济模式面临资源被无限制地攫取、不计后果地消费以及第三方成本无人承担等问题，严重影响流域生态系统和人类社会的可持续发展。目前，我国现行流域生态补偿机制仍存在如下问题：并未针对流域生态补偿利益主体的成本效益分配提出有效的管理措施与协商机制；流域生态补偿标准确定虽明确表示需考虑上游地方政府与企业供给优质生态系统资产与服务所付出成本，但流域生态补偿标准仍由政府协商主导确定，并未根据成本效益原则探讨补偿标准如何确定；虽大力提倡多元化、市场化流域生态补偿，但并未提及如何根据流域生态系统特征选择优化补偿方式。

面对流域生态系统出现的诸多问题，全球各个国家和地区层面都开展了一系列流域生态补偿的实践活动。但是，长期以来我国流域上中下游各行政区划各自追求经济发展，对于发展过程中产生的水资源浪费、水污染和生态服务的外部性问题，由于缺乏长效的生态补偿机制和多元化的补偿模式，导致部分地区对区域经济运行与文化特征考虑不足的流域生态补偿机制难以长久顺畅地实施下去，无法有效保证生态系统的健康持续发展。目前，实务界与学术界关于流域生态系统价值补偿的理论研究虽取得了丰富的研究成果，我国流域生态系统的系统性和复杂性使得生态保护与环境管理效果仍不尽如人意，整体上仍缺乏长效的流域生态补偿制度安排。国际上关于流域生态补偿的制度与理论研究已取得了阶段性成果，但是我国的本土化研究起步较晚，仍处于探索阶段。学术界对生态系统的研究多沿着两条思路进行（蔡晓明、蔡博峰，2012）：一方面，从系统论和生物有机体的角度分析生态系统的特征与结构，指导生态系统中有机体与环境的信息流动、能量交换和物质循环研究。此类研究多是探讨如何在整个生态圈的循环中保持生态系统的持续健康发展，却对人类福祉不做特别考虑。研究的主要内容以基于生态系统特征、结构与功能的物质量核算为基础，侧重于探索生态系统运行的基本规律和利益主体的行为选择。另一方面，从经济学和人类生存的角度出发，研究生态系统中生态系统资产与服务的价值实现，此类研究多是以人类福祉最大化来研究生态系统的价值实现问题。但是，存在的问题是无法解决生态系统的可持续性发展。可以看出，两个思路对于生态系统中人与自然的和谐发展都很重要，但是两个研究路径出发点与动机不同，各自有各自的研究方法和内容。当前，流域生态补偿研究既是国内外研究的热点，也是难点。美国纽约清洁水交易、欧洲莱茵河治理、我国新安江流域治理等案例均显示流域生态补偿拥有能够实现生态系统外部性内在化，有效减少流域生态系统社会与私人成本、社会与私人收益之间差距的作用，这一点国内外学者已达成共识（TEEB，2010）。流域生态补偿机制作为流域利益主体即适应性主体行为的成本与收益分配机制（刘耕源、杨青，2019），影响其能长效发挥作用的关键因素主要为：补偿主体（即流域中优质生态产品与服务的供给者和受益者）、补偿标准和补偿方式三方面（毛显强、钟瑜、张胜，2002）。从生态学角度来看，流域生态补偿中生态效益为主角，对生态系统中人类社会和经济效益考虑较少，补偿标准的研究方法以能值、生态足迹、功能量核算居多；从经济学角度来看，流域生态补偿侧重于在维持人类社会经济效益的基础上，最大化生态效益，补偿主体侧重于利益主体，补偿标准研究以生态系统为人类提供的服务价值核算为主。以习近平新时代生态文明思想为指导原则，我国流域生态补偿机制应以生态系统为主角，在维持生态效益持续发展的基础上，实现社会整体效益最大化。因此，流域生态补偿机制应将生态学和经济学统一于研究框架，以生态系统可持续发展为目标，进行流域生态系统资产与服务核算，设计补偿机制。

由于流域生态系统特征、社会传统文化存在诸多差异，不同区域中流域生态系统资产与服务价值补偿的框架与案例仅能为其他地区的价值补偿设计提供思路，并不能保证其他地区能够同样复制成功。这使得流域生态系统中利益主体的决策研究需从生态系统基本特征入手，因地制宜地结合流域生态系统特征和社会居民文化习惯，以流域生态系统价值核算与评估为核心，探讨地方流域生态补偿机制的设计与实施。本书期望在国内外研究成果梳理的基础上，结合我国的政治结构、经济运行和社会文化背景，构建适合我国流域生态系统的价值核算框架，并以流域生态系统的价值核算与补偿为核心，提高流域生态补偿机制的实施效率，实现流域地区生态—经济—社会系统的协调可持续发展。这对于促进我国流域生态系统研究的本土化、推动我国生态系统价值补偿具体工作的落实有着尤为重要的理论和现实意义。

第二节　研究目的与意义

一、研究目的

流域生态补偿机制作为流域利益主体即适应性主体行为的成本与收益分配机制（刘耕源、杨青，2019），主要包含三部分内容：补偿主体的行为分析、补偿标准的确定和补偿模式的选择（毛显强、钟瑜、张胜，2002）。本书以如何帮助流域利益主体获取更多信息提高其经济决策的有效性以实现生态—经济—社会系统和谐发展为研究的最终目的，以系统论和经济分析为基础，构建了基于生态系统核算的流域生态补偿研究分析框架。从理论研究与实践探索出发，本书的研究目的包括以下内容。

从理论研究的视角来看，本书试图解决流域生态补偿机制的三个问题：首先揭示生态系统特征与生态系统价值补偿之间的逻辑关系；其次探索实现生态系统实物量和价值量核算统一的框架结构；最后优化生态系统价值补偿模式组合，实现生态系统中人类福祉最大化。本书以系统论中适应性主体行为的信息流与控制程序为基础，发现生态系统以生态系统资产即自然资源如水资源、草原和森林资源等物质为载体，进入人类社会经济系统，以生态系统服务的形式为人类社会提供各类生态价值，通过生态价值向经济价值的转化，实现区域生态—经济—社会的可持续发展。运用博弈论方法结合我国特有的政治结构、经济运行与社会文化背景，分析流域生态补偿利益主体面临不同奖励和惩罚措施时的行为选择策略与演化路径。流域生态补偿利益主体的决策行为分析是保证补偿机制实施效果的基础，能够为流域生态补偿标准确定与模式选择提供科学依据（胡蓉、燕爽，2016）。探索适合我国地方政治结构、经济和社会文化特征的生态系统实物量与价值量核算统一，并以此为基础，结合流域生态系统资产实物量与生态系统服务价值量核算得出流域生态系统单位自然资源资产的价值，该价值是流域生态补偿机制中补偿标准确定的基础，通过单位价值的成本与效益比较，确定流域生态补偿标准，探讨补偿模式，有效提升流域生态补偿机制的实施效率，最终实现流域的可持续发展。

从实践探索的视角来看，以流域生态补偿机制分析框架为基础，通过黑河流域生态系统资产与服务的核算，估算黑河流域单位自然资源的价值量，设计黑河流域生态系统价值补偿实施机制，拟通过实际案例分析，探讨基于生态系统核算的流域生态补偿分析框架的普适性与特殊性。

二、研究意义

基于上述国内外形势与背景分析，本书旨在通过基于生态系统核算的流域生态补偿研究，提出解决流域生态系统参与人类社会生活与经济生产过程时，利益主体如何依靠生态系统价值核算与评估的信息进行决策，以实现生态—经济—社会系统持续健康发展的问题。本书的理论与实践意义主要体现在以下五个方面。

1. 从系统论的视角，重新认识流域生态系统内涵。目前，经济学界对生态系统研究多以生态系统服务概念为研究起点，通过对生态系统服务为社会带来的不同效益进行分类，运用不同价值评估方法估算生态系统服务价值量，以此为基础设计生态系统管理体系（马凤娇、刘金铜，2013）。然而，在实际价值评估过程中，生态系统服务概念包含生态产品和生态服务两部分，容易造成研究过程中生态系统服务内涵范围不一致。例如，欧阳志云等（2014）在海河流域生态系统研究中，分别对海河流域森林、草地、湿地和农田生态系统服务进行了细致研究。该研究是研究范围为整个海河流域的大尺度研究，包括气候、水文和土壤诸多内容，不但已远远超过流域生态系统概念范围，而且将所有类型生态系统服务价值都进行估算容易造成重复计算。乔旭宁等（2016）基于流域土地利用/覆盖变化过程对渭干河流域的生态系统服务价值进行评估和补偿研究，其评价对象仅为农田生态系统中农业用水，不包括水资源的其他用途如生态用水和工业用水等范围。为了避免研究中生态系统服务范围过大及自身内涵的混淆，本书在马凤娇（2013）和奥布斯特（Obst，2016）等学者研究成果的基础上，通过分析流域生态系统与人类社会相互影响的作用机制，重新认识生态系统资产与生态系统服务，界定流域生态系统概念的内涵，即将流域生态系统划分为流域生态系统资产与服务两部分，以此为核心，梳理生态系统特征与补偿之间的逻辑关系。

2. 从国民经济核算体系出发，剖析生态系统账户间的勾稽关系，构建符合我国地域管理特征的流域生态系统核算体系，探索生态系统实物量与价值量核算的统一。本书以国民经济核算理论、联合国环境经济综合核算框架（SEEA-EEA）、我国自然资源资产核算框架和澳大利亚水资源核算框架为基础，梳理了流域生态系统资产账户间的逻辑关系，为我国流域生态系统资产流量与存量估算提供了核算框架。这是在考虑流域空间异质性基础上，系统梳理和分析数据的框架，该框架能够评估生态系统资产与服务在生产和使用上的变化。流域生态系统资产核算框架作为生态系统与社会经济系统的协调框架，能够反映生态系统资产在经济体经济运行过程中的基本投入量、如何参与价值创造以及废弃物对环境的影响程度，可为流域生态系统价值补偿机制的设计提供有力支持。

3. 从博弈论出发，分析流域生态系统价值补偿主体的行为演化路径。由于流域地区具有生态系统服务整体化和分布区域化的明显特征，这一现实冲突导致生态资产与服务的供给区与受益区无法有效统一，流域生态系统面临巨大的正负外部性问题。在现实情况，每个行政区划地方政府都以当地政治经济利益最大化为行为指导原则，致使流域不同行政区划之间存在诸多竞争和利益冲突。这使得流域生态系统价值补偿的实施面临诸多不确定性。流域生态系统价值补偿主体的行为分析能够为补偿机制设计提供科学的理论基础，减少补偿实施过程中的不确定性因素，有效提升流域生态系统价值补偿机制的实施效率。

4. 从成本和效益角度出发，总结流域生态系统核算内容与方法。以此为基础，对流域生态系统成本与效益核算进行详细比较分析，运用三角模糊函数法为不同情境背景下流域生态补偿方式的选取与组合提供分析思路与方法。

5. 以黑河流域为例，运用基于生态系统核算的流域生态补偿分析框架，针对黑河流域上游青海段、中游甘肃段与下游内蒙古段之间价值补偿面临的现实问题，提出以黑河生态系统单位自然资源价值量为补偿标准、多元化生态补偿组合模式的解决方案。

第三节　研究内容与方法

一、研究内容

流域生态补偿的核心是通过在不同利益主体之间的价值补偿，实现流域生态系统外部性内在化，以期维持流域的可持续发展。本书以国内外流域生态补偿的理论与案例研究为基础，通过系统论和经济分析构建了流域生态补偿的分析框架，发现流域生态补偿机制的核心内容为：补偿主体的

行为分析、补偿标准的确定和补偿模式的选择（毛显强、钟瑜、张胜，
2002；任勇，2008；赵银军、魏开湄、丁爱中等，2012），这三个问题能
否有效解决，直接影响流域生态补偿的整体效果及补偿实施的可持续性。
本书围绕上述问题展开论证，构建了流域生态补偿的分析框架，展开基于
生态系统核算的流域生态补偿理论研究，并以西北第二大内陆河黑河流域
为例，分析了理论框架的适用性和局限性，具体内容包含以下五个方面。

　　1. 以系统论为基础，从流域生态系统特征、结构与功能分析入手，探
讨流域生态系统内部的信息、能量和物质流动规律，以及以流域生态系统
资产和服务为核心，生态系统与人类社会相互影响的内在机制。这是解决
流域生态系统问题、构建基于价值量核算的流域生态补偿机制分析框架、
实现流域可持续发展的基础。

　　2. 以流域生态系统利益主体的收益函数为起点，构建中央与地方政府
间、地方与地方政府间的博弈模型，探讨不同的参数变动对博弈均衡的影
响，以此分析各利益主体在既定收益函数范围内的行为选择路径。

　　3. 优化流域生态补偿模式。以流域生态补偿的政府模式和市场模式为
基础，讨论流域生态补偿具体的模式优化机制，确定不同情形下流域生态
补偿模式的最优选择办法。

　　4. 探讨流域生态补偿标准的核算方法。以国际和国内自然资源核算框
架为基础，构建自然资源资产负债表核算框架，详细讨论实物量与价值量
核算的理论来源及具体核算方法与内容，通过比较各种核算方法的优劣，
实现流域生态系统实物量与价值量核算的统一，确定如何选择流域生态补
偿标准。

　　5. 以系统论和经济分析为基础，结合补偿主体行为分析、补偿标准核
算方法和补偿模式选择的研究结果，对黑河流域生态系统实物量和价值量
进行流量和存量核算，以此为基础对黑河生态补偿提出设计建议，为黑河
流域的生态文明建设提供科学参考。

二、研究方法

　　对于一项严谨的研究而言，科学、合理的研究方法保证了研究过程的
逻辑性以及研究结论的适用性。流域生态系统核算与补偿研究不仅是生态
经济学、区域经济学、制度经济学的问题，同时也是科技哲学、系统论和
生态学等跨学科的问题，本书旨在结合生态学与经济学理论，以流域生态
系统特征为基础，通过判断流域利益主体决策行为路径、确定科学合理的

补偿标准、选择恰当的补偿模式，探索长效的流域生态补偿机制。在研究过程中，对流域生态系统的层级控制分析、自组织特征和复杂适应性等特征的识别主要采用系统分析的方法，通过系统思想探究流域生态系统中生态资产如何进入社会经济系统，从而产生生态价值，能够解决流域生态补偿机制的科学机理。流域生态系统特征的研究是生态补偿机制设计的基础，系统思想贯穿生态补偿机制分析的整个过程。流域利益主体决策行为路径是生态补偿机制长效实施的关键，运用经济分析中的博弈论方法能够通过利益主体收益函数在不同情境中的变动和演化趋势，识别出其决策行为路径，为利益主体决策提供科学合理的理论基础；流域生态补偿标准的确定是合理的是补偿实施效果的保障，运用经济模型的理论结构，结合流域生态系统资产的实物量状况和生态系统服务的价值量信息，能够得出流域生态补偿标准的理论上限与下限；运用系统思想和经济数学模型，能够优化补偿模式的组合形式，实现流域生态系统效益最大化；运用比较分析方法，可以通过比较流域生态补偿标准核算方法、政府补偿模式与经济补偿模式的优劣，根据流域生态系统特征为生态补偿机制实施选取适合的内容，切实提高生态补偿效率。通过上述分析获得本书的理论分析框架后，运用案例分析法对理论研究框架进行验证，以期对理论分析框架的适用性进行评价。

综上所述，本书选择的主要研究方法具体如下。

（一）系统分析方法

系统论是研究系统一般模式、结构和规律的理论，它通过研究总结各种系统的共同特征，寻求并确立适用于一些系统的原理、原则和数学模型（颜泽贤、范冬萍、张华夏，2016）。系统分析的核心思想是整体观念，通过研究系统、要素、环境三者的相互关系和变动规律，提出优化系统整体功能的方案（李曙华，2006）。系统分析法的基本出发点是整体性，目的是最优化。系统分析法的特征使它能够为现代复杂问题研究提供有效的思维方式（沈满洪，2016）。在流域生态系统研究中，系统分析的出发点是流域生态系统的整体性，其目的是通过研究流域生态系统、要素结构与环境三者间的相互关系和变动的规律性，调整流域生态系统结构，协调流域生态系统中生态—经济—社会子系统的要素关系，优化流域生态系统的整体功能。

（二）经济分析方法

1. 博弈分析方法是以博弈主体的收益函数为基础，分析在不同的收益结构中各主体的行为选择路径。以流域生态系统适应性行为主体的演化路径为基础，对于流域生态系统利益主体——中央政府、地方政府与企业的决策路径，通过对利益相关主体决策选择路径的两阶段和演化博弈分析，能够识别出在我国政治结构、经济运行和社会文化背景下如何选择激励与惩罚机制更加有效。

2. 模型分析方法。经济模型是用来描述与所研究的经济现象有关的经济变量之间相互依存关系的理论结构。经济变量是指社会经济活动中数值可以变化的指标。其中，流量与存量是一组重要的经济变量概念。流量是反映时期状态的经济变量，存量是指反映时点状态的经济变量。本书以《中国国民经济核算体系（2016）》中自然资源核算的三组恒等式为基础，构建了流域生态系统实物量与价值量中流量和存量核算的理论框架，通过流域生态系统核算要素反映流域生态系统资产的数量和质量状态，为流域生态系统价值补偿研究提供总量信息基础。以计量模型为基础，测算流域生态系统服务的价值量，为流域生态系统价值补偿提供价值量信息基础。结合生态系统实物量与价值量核算，测算流域生态系统单位生态资产的价值量，确定生态补偿标准。

（三）比较研究方法

比较研究方法是通过对研究对象不同视角的比较，能够识别出研究对象在同一经济现象中呈现的异同点，从不同角度加深对研究问题的理解。本书在流域生态系统价值核算中，对成本核算方法与效益核算方法进行了比较分析，对流域生态系统价值补偿的市场模式、政府模式进行了比较分析。对流域生态系统服务价值方法和补偿模式进行比较分析，能够为流域生态系统利益主体不同目的的决策提供参考。

（四）案例研究方法

案例研究方法是通过对研究对象历史数据和档案资料的搜集整理及实地访谈、观察获取一手数据的梳理，以某种分析原则和技术对特定事件进行深入分析，得到具有普遍意义的结论。该方法是一种经验式的研究方法。本书拟以生态系统核算为基础的流域生态补偿分析框架为指导原则，对黑河流域的生态补偿案例进行深入研究，以探索基于生态系统核算的流域生态补偿框架适用性和特殊性，为我国流域生态补偿机制提供调整方向与基础。

第四节　研究思路与结构

在流域生态系统研究中，如何帮助利益主体获取更多信息以提高经济决策的有效性，从而采取更好的行动以实现生态—经济—社会系统和谐发展，是研究的最终目的。在流域生态系统研究中，需要了解流域生态系统的生态规律，即流域生态系统如何实现自身的生态平衡及人类社会与流域生态系统如何相互影响，这是流域生态系统研究的基础。只有对生态系统运行规律具有基本认识，才能正确运用经济学手段对其进行分析。充分认识流域生态系统的产品与服务是如何为人类社会提供价值的及如何评价这些价值，这是解决流域生态系统问题的关键步骤。运用流域生态系统的价值评价信息，结合流域特有的政治结构、经济运行和社会文化模型，制定考虑不同利益主体情况的生态系统政策，旨在实现人类社会与生态环境的和谐发展。

本书通过以系统理论的层级控制、自组织和复杂适应系统理论与经济学的生态经济学、制度经济学、外部性和博弈论等理论为基础，分析流域生态系统的信息流动与控制路径，拟打破流域生态系统研究的单一路径，实现生态系统研究中系统论和经济学的融合，使流域生态系统利益主体的决策能够在维持流域持续可得性动态平衡的同时实现人类福祉。具体研究思路如下：首先，通过系统论明确流域生态系统的信息传递与控制结构及其经济决策之间的联系，为后续流域生态系统的经济学研究提供逻辑分析思路；通过经济理论分析，明确制度能够有效发挥作用的基础，进而明确流域生态补偿机制有效实施的核心要素，即根据制度功能理论，识别出流域生态系统价值补偿机制设计的关键因素是确定补偿标准、利益主体间的决策博弈路径和补偿支付方式的选择。其次，通过将我国特有的政治结构、经济运行和社会文化特征转化成利益主体的收益函数，以流域生态系统利益主体的静态两阶段和演化博弈分析为基础，较准确地描述出各因素对流域生态系统利益主体决策选择的影响路径。最后，以国民经济核算理论为基础，通过构建流域生态系统实物量核算框架，测算出流域生态系统资产—自然资源的流量和存量状态，为流域生态系统提供实物量信息。通过流域生态系统服务的成本与效益核算，得到生态系统服务的价值量。以流域生态系统的实物量和价值量统一确定单位资产的价值补偿标准。并以此为基础，确定如何根据具体情况选择流域生态系统价值补偿的支付方式。

基于生态系统核算的流域生态补偿研究涉及生态系统理论、生态经济

学、制度经济学、区域经济学和地理学等多个学科,内容较宽泛。本书拟
运用系统论研究流域生态系统的基本特征、结构与功能,探讨流域生态系
统与人类社会福祉之间相互影响的内在机制及流域生态系统中适应性行为
主体的行为选择路径,为流域生态系统价值补偿利益主体的行为分析提供
了科学的理论基础;运用经济学理论分析了流域生态系统发展的基本理
念、外部性问题产生的原因及解决方案的设计思路。本书以提高流域生态
系统利益主体决策效率、实现流域外部性最大程度内在化为目的,沿着提
出问题、研究基础、理论基础、分析框架、案例研究、解决问题这一路线
(如图 1.1 所示),对流域生态系统价值核算和补偿问题进行了较全面的分
析和研究。

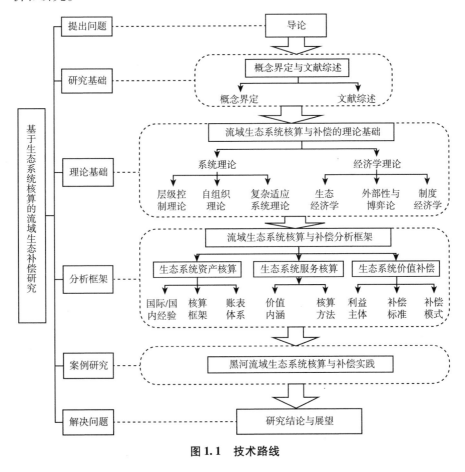

图 1.1　技术路线

　　本书立论部分为第一章导论。通过对国内外流域生态补偿研究背景的
讨论,介绍研究的主要目的与意义。根据研究目的确定流域生态补偿研究

的主要内容，依据研究内容选择恰当的研究方法，以此为基础，梳理本书的研究思路、创新点与不足之处。

第二章文献综述系统阐述了研究的问题。通过对生态学中流域生态系统的研究，理顺系统论视角下流域生态系统中生态—经济—社会之间的相互关系。经济学中流域生态系统价值核算研究比较分析了生态系统资产与服务的各种核算方法，生态系统价值补偿研究则对补偿机制中的重要问题进行了回顾。

第三章是基础理论。以系统论和经济学理论为基础，构建流域生态补偿的分析框架。首先，对系统论中系统层级控制、系统自组织和复杂适应系统理论进行了简单论述，得出流域生态系统的基本特征及生态系统中资产与服务间的相互影响。其次，根据经济学理论的生态经济学、制度经济学、外部性和博弈论等理论的论述，分析经济理论对流域生态补偿研究的作用。最后，根据系统论和经济理论中对流域生态补偿的梳理，得出基于生态系统核算的流域生态补偿分析框架。

第四、第五和第六章是流域生态补偿分析框架的理论分析。其中，第四章对流域生态补偿利益主体中中央政府、地方政府和企业与农牧户的行为进行分析，运用静态和演化博弈论对不同利益主体的行为选择路径进行梳理，为流域生态补偿机制的激励与约束设计提供基础。第五章对流域生态补偿的原则及补偿模式的优化选择进行了分析，为流域生态补偿标准的选择提供基础。第六章是通过对生态系统资产的实物量核算和生态系统服务的价值量核算，确定单位生态系统资产的价值量，并以此为基础分析流域生态补偿的确定标准。

第七章以黑河流域为例，分析了上述流域生态补偿分析框架在具体应用中的普适性和局限性。通过黑河流域生态系统中生态—经济—社会间关系的分析、黑河流域生态系统资产和服务的价值核算，确定黑河流域最优生态系统价值补偿的组合模式，提高生态系统价值补偿实施效果。

第八章为结论与政策建议。对流域生态补偿分析框架的适用性配套措施及进一步研究进行介绍。

第五节　创新点与不足

一、可能的创新点

本书以系统论和经济分析为基础，围绕流域生态补偿的核心问题——

补偿主体的行为分析、补偿标准的确定和补偿模式的选择展开研究，以期为流域生态补偿的制度设计与实践探讨提供参考。本书可能的创新点为以下几个方面。

1. 从系统论的视角出发，对流域的生态系统进行整体研究，探究了流域生态系统资产和服务如何进入人类社会经济系统实现其价值的科学机理。生态系统自身的要素、结构与功能是生态系统价值形成的物质基础，良好的生态系统能够通过生态系统资产与服务为人类提供生态价值。其中，生态系统资产与服务是生态价值的物质载体。由人类社会（利益主体）的生态（产品）价值实现决策而产生的行动会对生态系统产生影响，使生态系统特征、结构与功能发生改变，这些改变反过来会影响生态系统资产与服务的供应量与经济产出，进而影响生态系统的价值量与人类福祉。根据生态系统资产与服务的核算，能够判断出区域利益主体行为选择受益函数变化，以此为依据调整补偿机制的设计。通过机制中惩罚和激励措施的选取，影响利益主体进一步决策的选择路径，促使利益主体做出有利于生态—经济—社会系统和谐发展的决策。

2. 从国民经济核算的视角出发，以联合国《环境经济核算框架——实验性生态系统账户》（SEEA-EEA）和我国 2016 版国民经济核算体系自然资源核算为基础，本书将流域生态系统实物量核算和价值量核算进行统一。通过构建流域自然资源资产负债实物量核算框架，结合生态系统服务价值总量核算结果，确定单位自然资源价值量。单位价值量的核算方法吸收了实物量与价值量核算方法的优点，互补了两个核算方法的缺点，提高了流域生态补偿标准的科学性和合理性。

3. 选取相对独立完整位于西北地区第二大内陆河黑河流域为研究对象，该流域跨越青海省、甘肃省和内蒙古自治区三省区，入流出流皆在邻近省份，能够反映整个流域生态系统的全貌，符合流域生态系统整体研究的典型特征，研究结果能够为跨行政区划的流域生态补偿机制设计与实践提供参考。

二、不足之处

1. 自然资源资产核算框架有待进一步讨论。从党的十八届三中全会提出要探索自然资源资产核算制度开始，目前学术界和实务界关于生态系统实物量与价值量核算仍处于探讨阶段，本书仅从国民经济核算的理论角度出发，构建流域生态系统资产即各项自然资源的核算框架，绘制自然资源资产负债表样式，并以黑河流域为例，进行了自然资源资产实物量核算的初步探索。虽然流域生态系统的核算结果能够支撑生态补偿标准的确定，但是自然资源核算体系中隶属于自然资源使用与管理的负债部分并未实现真正意义上的核算，自然资源资产负债核算内容及框架仍有待进一步讨论。

2. 基础数据存在局限性。由于我国自然资源资产表编制工作仍处于起步阶段，黑河流域自然资源数据分布于不同省份资源部门，完整的自然资源数据获取难度较大。因此，流域生态系统服务价值核算中利用中分辨率成像光谱仪（MODIS）动态遥感技术对黑河流域土地利用数据进行解译，力求最大限度保证数据的真实性。由于黑河流域面积较广，包含三个省份11个县区及军事科研用地，考虑到全流域实地调研和军事用地数据获取的困难，课题组通过8个县市实地走访，对遥感数据实地核实，减少遥感数据与实际数据存在的偏差。随着我国自然资源资产核算和公开制度的完善，遥感解译与实地测量数据的吻合度会越来越高，核算得出的价值量能够更加准确地反映实际情况，对流域利益主体决策的支撑度会越来越高。

第二章

文 献 综 述

　　尽管生态系统的概念很早就被提出，但是生态系统作为研究单位被提出的时间不到一个世纪。如前所述，1935 年，生态学家亚瑟·坦斯利（Arthur Tansley，1935）提出了生态系统最初科学的概念结构。1942 年，林德曼（Lindeman，1942）首次在生态系统环境中作了定量研究。1953 年，奥德姆（Odum，1953）第一次在教科书中提出生态系统的概念。生态系统的概念对于理解地球上生命的本质至关重要，生态系统作为一种相对较新的研究与管理方法出现在学者的研究视野中。其中，生物多样性与生态系统是紧密联系的相关概念。生物多样性是陆地、海洋及其他水生生态系统所组成的生态复合体的来源，其中多样性包括同物种间、不同物种间和生态系统间的多样性。正常情况下，生物多样性保持着生态系统能量流动和物质循环的功能，维持着生态系统平衡。在遭受环境压力时，生物多样性能有效提升生态系统的自组织能力，起着生态系统恢复的作用（蔡晓明、蔡博峰，2012）。然而，生态系统持续退化和生物多样性损失已是全球必须面对的现实（Ring et al.，2010）。生态系统研究经历萌芽、探索和蓬勃发展的历程，从最初关注生态系统与人类社会发展相互影响到生态系统特征、结构、功能机理的探索和生态系统管理，生态系统研究内容逐渐丰富。

　　从 1997 年起，戴利（Daily，1997）和科斯坦萨（Costanza，1997）等学者开启自然资本和生态系统服务研究先河，生态系统研究在过去的 30 年里得到快速发展。1997 年，戴利出版了《自然服务：社会对自然生态系统的依赖》，科斯坦萨等学者发表了题为《全球生态服务与自然资本的价值核算》的文章。由此开启了生态系统研究的新时代。2005 年，联合国千年生态系统评估（MA）小组出版报告《生态系统与人类福利：一个评估框架》。联合国千年生态系统评估使用新的概念框架分析和理解了环境变化对生态系统和人类福利的影响，将生态系统服务的概念推入研究的核心阶段。虽然联合国千年生态系统评估在评估生态系统服务与人类福利的政策影响方面做了较深入的工作，但是整个工作仍然缺乏关于生态—社会系统相互影响的动态信息及生态系统服务与人类福利间内在联系的基础信息（Carpenter et al.，2009）。然而，生态系统服务质量下降的重要原因之一是社会经济决策中并没有充分考虑它们的真实价值，生物多样性损失的根本原因则在于受人类与自然的关系及社会发展的经济模式影响（Balmford et al.，2002）。2008 年，联合国主持的生态系统与生物多样性经济组织（TEEB）项目将经济学、生态学、自然系统科学和政策管理等领域结合起来，旨在通过强调遏制生态系统退化的成本在不断增加，呼吁人们重视生态系统与生物多样性带来的经济利益。生态系统与生物多样性经济组织呼吁改变当前的经济范式，并承认经济推理在当代社会中的说服力。如果经济学家将更多的精力关注于生态系统问题而不是研究工具，该群体在未来的自然资源与环境政策中将扮演越来越重要的角色（Hahn，2000），面临以阈值、非线性特征和自组织修复为特点的生态系统时，TEEB 不主张寻求开发新的方法与技术，而是在综合目前知识积累的基础上，为评估自然资本存量和生态系统服务流量提供基础（Costanza et al.，2017）。2011 年，生态系统与生物多样性经济组织出版《国家及国际决策中的生态系统与生物多样性经济学》，旨在为国际或国际组织决策者、国家或区域决策者、企业经营者和居民等人群提供能够指导具体实践的项目报告。2015 年，生态系统与生物多样性经济组织出版《生态系统与生物多样性经济学：生态与经济学基础》，旨在以生态系统与人类社会发展之间的内在联系为基础，构建生态系统与生物多样性研究的经济学框架，分析生态系统服务与生物多样性估值的文化背景与方法选择。至此，生态系统研究被推向了一个新的高度。目前，生态系统与生物多样性经济学组织将生态系统作为一个整体性的复杂系统来研究，集合环境学、自然科学和经济学等学科专家通过研究人类与生态系统/生物多样性的相互影响，以现有的知识积累为基础，提出能够维持生态—经济—社会系统可持续发展的生态系统与生物多样性政策管理方案。但是，生态系统与生物多样性经济学组织项目多以全球尺度为研究对象，其研究框架和结论（如图 2.1 所示）通用于全球各个国家和区域研究。针对区域内具体研究对象时，需考虑区域自身的政治结构、经济运行和社会文化背景，进行本土化研究。

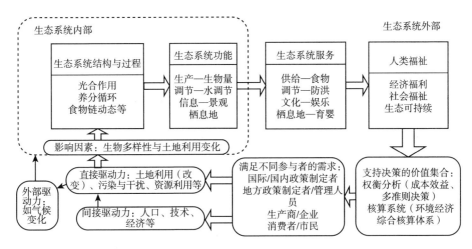

图 2.1 连接生态系统与人类福祉 TEEB 概念框架

流域生态系统具有典型的复杂系统特征（李春艳、邓玉林，2009），目前学术界对流域生态系统的研究多沿着两条思路进行（蔡晓明、蔡博峰，2012）：一方面，从系统论和生物有机体的角度出发，分析流域生态系统的特征与结构，指导流域生态系统中有机体与环境的信息流动、能量交换和物质循环研究。此类研究多是探讨如何在整个生态圈的循环中，保持流域生态系统的持续健康发展，但对人类福祉不做特别考虑。研究的主要内容以基于生态系统特征、结构与功能的物质量核算为基础，侧重于探索生态系统运行的基本规律和适应性行为主体的行为选择。另一方面，从经济学和人类生存的角度出发，研究流域生态系统中自然资本与生态系统服务的价值评估及补偿，此类研究多是以人类福祉最大化来研究生态系统的价值补偿问题，但是，存在的问题是无法解决生态系统的可持续性发展。研究的主要内容以基于生态系统的价值量核算为基础，估算生态系统服务价值，以此作为价值补偿标准，设计价值补偿机制。可以看出，两个研究路径对于生态系统中人与自然的和谐发展都很重要，但是两个研究路径的出发点与动机不同，各自有各自的研究方法和内容。虽然有学者试图构建理论框架把两者融合于一体，但也仅处于理论探讨阶段。2016 年，奥布斯特等（Obst et al.，2016）以联合国《环境经济核算框架——实验性生态系统账户》（SEEA-EEA）为基础，将生态系统划分为生态系统资产与生态系统服务，生态系统资产特指某一空间范围内特定的自然资本，生态系统服务指以资产为载体为人类社会带来生态和社会福祉的流量。以生态系统要素、结构与特征为基础，通过解构生态系统给人类带来的经济效益，重新进行组合，实现了生态系统实物量与价值量核算的统一。生态系统核算的统一理论上能够对生态系统的价值估算与补偿在考虑生态系统持续可得性的基础上最大化人类福祉。因此，探究流域生态系统信息流动特征与利益主体决策路径之间的关联机制是整个研究的关键问题。通过流域生态系统的系统研究，本书认为流域生态系统的信息流动与控制路径是经济学研究的基础，只有明确流域生态系统的控制与演化路径，流域利益主体才能做出正确的决策。本书以我国流域生态系统为研究对象，以流域生态系统核算即生态系统资产实物量核算和生态系统服务价值量核算的统一为基础，构建流域生态补偿研究的分析框架，结合我国特有的政治结构与经济运行制度，探讨如何实现我国流域地区的生态—经济—社会系统和谐可持续发展。

从图 2.1 可以看出，生态系统研究是以连接生态系统与人类社会系统的生态系统服务为核心，沿着生态学与经济学两条路径展开：生态学研究是以生态系统特征为基础，以生态系统结构与过程、生态系统功能为主线，研究的主要内容是人类在生态系统演化过程中的作用及生态系统内部与外部演化规律；经济学研究则是以自然资产与生态系统服务带来的社会经济效益为核心，探讨如何运用科学的政策管理制度在生态—经济—社会系统可持续发展的基础上，使人类社会福利水平最大化，研究的主要内容是，在生态系统自然资本与服务的存量和流量价值估算基础上，如何通过高水平的生态系统管理提升生态系统整体的社会经济效益。经济学研究中，生态系统与生物多样性经济组织研究的评估框架和戴利等（Daily et al.，2009）学者提出的生态系统服务研究框架相一致，图 2.2 展示了生态系统服务在决策过程中可以发挥作用的框架。理解和评价自然资产与生态系统服务的主要目的是做出更好的决定，从而在土地、水、森林和自然资产等其他要素的使用方面采取更好的行动。框架显示为一个连续的循环，生态系统服务研究的起点却需要从生态系统中利益主体的决策开始。利益主体的决策通过具体行为对生态系统产生正负反馈，当生态系统探测到来自环境信息的刺激时，会启动自身生物物理模型对外部刺激做出回应，影响生态系统资产的数量和质量，进而影响生态系统服务的供给水平。生态系统服务通过人类社会的经济运行和文化背景，赋予了生态系统服务的价值内涵，运用经济学的分析与量化工具能够得到对于人类社会而言生态系统服务的价值量。以生态系统服务价值为基础，逐渐形成对人类社会整体发展有利的制度框架，该制度框架通过激励与惩罚机制影响着利益主体决策选择。其中，生态系统服务价值作为信息输入，影响着人类社会生态系统制度沿着静态和动态两条路径进行的变迁，从而影响着利益主体决策动态演化，使利益主体不断根据具体情况进行决策调整。由利益主体决策而产生的行动会对流域生态系统产生影响，导致流域生态系统结构和功能改变，这些改变反过来会影响流域生态系统资产与服务的供应，进而影响生态系统的价值评价与人类福祉。

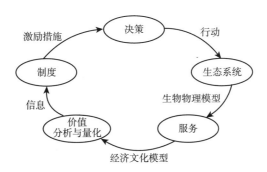

图2.2　生态系统服务：研究框架

接下来，本章将从生态系统研究中人类在流域生态系统演化过程中的作用、生态系统内外部的信息转换与物质循环、生态系统资产与服务核算和生态补偿四个方面对国内外学者关于流域生态系统研究的成果进行整理回顾，以期为后续流域生态系统核算与价值补偿研究提供科学的研究思路。

第一节　生态学中流域生态系统研究

生态学视角的流域生态系统研究重点可分为两部分：人类社会是如何对生态系统产生影响以及生态系统内外部的物质和信息交换是如何影响人类社会福祉的。接下来的内容以这两部分为重点来回顾国内外学者的研究成果。

一、人类社会对流域生态系统的影响

所有的生物群体都在潜移默化地改变着它们赖以生存的自然环境，人类也不例外（王让会、游先祥，2001）。随着人口规模的增加和技术水平

的提高，人类对生态系统影响的范围和性质发生着巨大的变化。人类社会对自然资源，尤其是水资源的不恰当开发和利用，影响了生态环境的演化过程，严重威胁着流域地区的生态安全（王让会、游先祥，2001）。维托塞克等（Vitousek et al.，1997）用图2.3描述人类社会对流域生态系统直接或间接影响的模式。随着人口和所使用资源规模的持续增长，人类的社会生活和经济生产活动对流域生态系统的影响已严重威胁到流域地区人类和其他生物物种的生存环境（张志强、徐中民、程国栋，2000）。人类的社会生活和经济生产活动（如农业、工业、渔业、游憩娱乐和国际贸易等）通过种植、城市化建设和自然演替改变着地表土地的使用类型、流域主要的生物地球化学循环的过程和流域生态系统中生物物种与基因的多样性水平。这些潜在的日积月累的变化反过来会推动流域生态系统功能进一步发生改变。最显著的变化是推动了气候变化，并导致生物多样性不可逆转的损失。

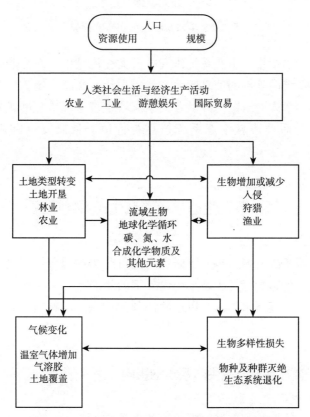

图2.3　人类直接或间接影响流域生态系统的模式

气候变化是流域生态系统变化重要的驱动因素。面对气候变化，流域生态系统在减少环境脆弱性和提升地区生态稳定性方面的作用尤为重要（Pettinotti et al.，2018）。迈克尔等（Michael et al.，2011）预测了美国中西部地区气候变化对流域水资源相关生态系统的影响，研究发现，气候变化能够诱发流域地下水资源补给可变性，进而影响依靠流域径流量和流速生存的生物群落，降低流域水资源利用水平，增加流域生态系统风险。在气候变化中，极端气象灾害也会对流域生态系统产生重要影响（马凤娇、刘金铜，2013）。龙鑫等（2012）研究了1998年长江流域特大洪涝灾害，发现在退田还湖政策的影响下，鄱阳湖区的土地使用结构逐渐发生了重大改变，耕地面积的减少和湖泊面积的增加使流域内研究区的生态系统功能整体提升了8.5%，生物物种群落明显增加。

人类活动也是流域生态系统变化重要的驱动因素。人类通过改变依靠流域流量生存的生物群落影响着流域生态系统的演替过程（Pettinotti et al.，2018）。柴昆邦等（Chaikumbung et al.，2016）运用meta分析对全球50个国家379个地区不同的流域生态系统价值进行了估计，研究发现，合理的人工干预能够显著提升流域生态系统的生物多样性和生态系统服务水平。我国鄱阳湖区的"退田还湖"政策（龙鑫、甄霖、成升魁等，2012）、石羊河流域的"退耕还林还草"政策（王玉纯、赵军、付杰文等，2018）和黑河流域的"综合治理"规划（肖生春、肖洪浪、米丽娜等，2017）等均有效地改善了流域生态系统状况。然而，人工干预中城市化、水坝和水利等项目的开发建设也会造成流域生态系统的重大改变（Sdiri et al.，2018）。施耐德等（Schneider et al.，2012）运用动态农业生态系统模型，以美国玉米带的三个城市为基础，评估了1992～2001年城市化给生态系统带来的变化。研究发现，城市化对水域生态系统资产和服务的改变将呈现永久不可逆转的状态。张荣（2001）根据澜沧江生态系统观测数据，对澜沧江漫湾水电站建成前后状况进行对比分析，发现漫湾水电站的建设导致了漫湾电站库区藻类生物群落明显下降，急流鱼类呈逐渐消失状态，河谷植被覆盖率上升，林木成长速度较快，而野生珍稀鸟类近于灭绝，哺乳兽类的组成结构和数量发生明显变化。研究发现，大型水电工程通过改变流域地区生物群落数量、结构与其在生态系统层次上的变化，威胁着库区的生物多样性，水电开发为流域生态系统带来的效益与成本比为1：5.56。

人类的社会生活和经济生产活动直接或间接地影响着流域生态系统的变化，这些变化会引起流域生态系统带来的社会效益和维护成本的变化。

由此可知，人为干预能够破坏和改变流域生物群落的物种结构，也能通过政策制度提高流域生物多样性水平，有效改善流域生态系统的持续发展状况。

二、流域生态系统内外部的信息转换与物质循环

流域是以河流为中心、由分水线包围的区域，是从源头到河口/尾闾相对完整和独立的系统水文单元（欧阳志云，2014）。流域是整体性极强的自然区域，系统要素具有综合性特点，在特定的地域空间范围分层次共存着众多的生物物种和群落。流域生态系统是以河流为纽带、以水资源为核心的复合生态系统。在流域生态系统内外存在着大量的能量流动和物质循环，如生物有机体觅食、迁移等活动，主动或被动地推动着系统的物质与能量循环（Reiners et al.，2003）。这些有机体的运动，连同无机营养物和破碎的流动，连接流域生态系统并影响当地的生态系统动力。流域是水循环最基本的地域单元，对地球表层系统稳定具有重要作用。同时，流域作为开放的生态系统，同人类的社会生活和经济生产活动紧密联系在一起（乔旭宁、杨德刚、杨永菊，2016）。通过明确整合流域生态系统中经济社会的局部生产和生物群落的空间移动，张志强等（2000）通过图2.4展示了流域生态系统内部的信息和物质流动及生态系统为人类社会所创造的价值。该框架凸显了空间尺度上的人类生产生活与流域生态系统之间的动态反馈（Gounand et al.，2018）。

如图2.4所示，流域生态系统功能代表了生态系统提供资产和服务的潜力，而这种潜力反过来是由流域生态系统结构与过程决定的。例如，流域初级生产（过程）是维持鱼类种群（功能）生命力所必需的过程，进而可为人类和更高级食物链生物种群提供食物（功能）。流域有机养分的循环（过程）不仅是水体净化（功能）所必需的过程，也提供了可利用的水资源（功能）（布林克，2015）。干净的水资源可以被饮用（资产）、游泳（服务），也可以提供满足人类需求与愿望的其他活动（服务）（Fu Y et al.，2018）。

服务是流域生态系统直接或间接给人类提供"有用东西"的抽象标签。为了避免价值计算的重复问题，非常有必要区分生态功能对人类福祉的直接与间接贡献及其带来的福利（效益）（Wallace，2007；Wunder，2005；La Notte et al.，2017）。波茨钦和海恩斯扬（Potschin & Haines Young，2017）认为，从流域生态系统结构和过程到生态系统功能，到生

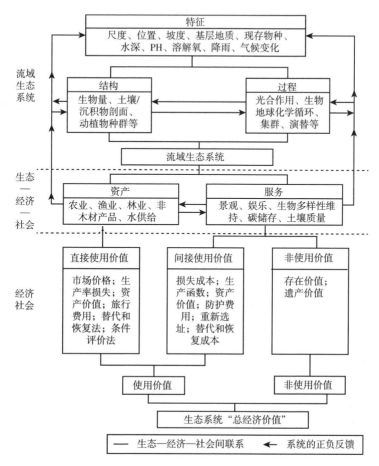

图2.4 流域生态系统内外部的信息流动和物质循环

态系统服务效益,直至生态系统价值,中间有一个级联。级联将生态过程
与人类福祉的要素联系起来,遵循类似于生产链的模式(Wallace,2007;
Wunder,2005;La Notte et al.,2017)。图2.5呈现了从流域生态系统结构
和过程到人类福祉路径的级联模型。如图2.5所示,流域地区决策者以生
态系统服务为中心,制定生态系统服务政策之前需要了解生态系统提供服
务与效益之前的很多内容,生态系统服务人类社会带来的效益或价值估算
与政策制定存在双向正负反馈机制。拉诺特等(La Notte et al.,2017)则
参考图2.5中的级联模型,以系统生态学为理论基础,采用三维结构方法,
提出了修正的生态系统服务概念,即生态系统服务不是生态系统直接或间
接带给人类社会的效益,而是生态功能在系统层面发挥作用产生的物质与
信息流动,作为产出产生的效益。在级联模型中采取更全面视图对流域生

态系统服务概念的重新定义，意味着可以有效提高生态系统价值核算与评价技术的准确程度，为生态系统服务收益或损失分析框架的标准化奠定基础。生态系统资产核算通过整合生态系统服务，为利益主体管理、维护和恢复流域生态系统做出更好的决策，提供了一种确定、量化和评价生态系统服务（货币和非货币）的手段（Kai，2018）。

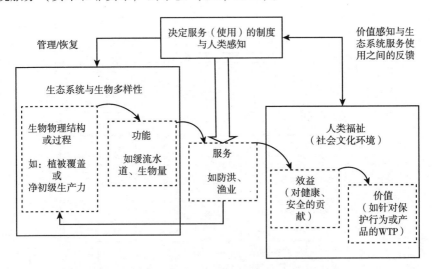

图 2.5　从生态系统结构和过程到人类福祉的路径

　　作为开放的生态系统，流域生态系统研究中对生态学的引入，能够让研究人员透过级联模型更全面地了解生态系统内部及外部复杂的信息、物质和能量流动规律，更好地理解流域生态系统资产与服务的本质及其价值内涵。流域生态系统的生态学研究从生态学角度梳理了人类如何影响生态系统、生态系统内外部的信息交换与物质流动、生态系统与人类福祉之间的联系及实现路径，研究显示，由人类社会（利益主体）决策而产生的行动会对流域生态系统产生影响，使得流域生态系统特征、结构与功能发生改变，这些改变反过来会影响流域生态系统资产与服务的供应量与经济产出，进而影响生态系统的价值量与人类福祉。根据流域生态系统资产与服务实物量和价值量的核算及评估，能够判断出流域中利益主体行为选择收益函数的变化，以此为依据调整制度设计的惩罚和激励措施，从而影响利益主体进一步决策的选择路径，促使利益主体做出有利于生态—经济—社会系统和谐发展的决策。因此，流域生态系统实物量与价值量核算的统一能够为利益主体决策提供信息基础，这为后续流域生态系统的价值分类、价值估算和决策选择奠定了科学基础。

第二节 经济学中流域生态系统核算研究

经济学视角的流域生态系统研究重点是如何帮助流域生态系统利益主体运用更多的基础信息在生态系统可持续发展和人类福祉最大化之间做出有效的决策。生态系统与生物多样性经济组织认为生态系统退化与生物多样性丧失的诱因可归结为失效的经济模式，即人类社会的利益主体进行决策时容易忽略生态系统为人类社会提供产品和服务的价值与成本（杜乐山、李俊生、刘高慧，2016）。国内外学者和主流政治领袖均认为将生态系统资产的形成与毁灭纳入社会账户、拓展生态系统服务付费的市场、对我们使用的资源而非来自产品和服务的利润进行收税等措施是有助于应对生态系统退化的"根本原因"（布林克，2015）。戴利等（Daily et al.，2009）总结了生态系统的研究框架：以生态系统利益主体的决策为起点，决策指导着利益主体的行为选择路径，通过影响生态系统能够提供的资产质量与服务水平，进而影响生态系统的价值总量。生态系统的价值总量为国家或区域的制度设计提供了基本信息，制度设计通过惩罚与激励机制改变了利益主体的决策函数，进而决定其行为对生态系统的影响程度。在整个框架中，经济学视角的生态系统研究可以分为以下几部分内容：生态系统决策中利益主体的行为选择方式、生态系统资产与服务的核算、制度设计应遵循的规律等内容。接下来将以这些内容为核心，着重探讨流域生态系统资产核算、流域生态系统服务核算。

一、流域生态系统核算框架

戴利（Daily，1997）出版的《自然服务：社会对生态系统的依赖》一书以及科斯坦萨等（Costanza et al.，1997）在《自然》发表的《全球生态系统服务与自然资本价值》都认为，生态系统服务和自然资本的存量是全球重要的生命支持系统，它们直接或间接地影响着人类整体的社会福利水平，是全球总经济价值的重要部分。科斯坦萨等通过对 17 个生态系统价值测算的研究，发现全球整个生态系统的价值每年在 16 万亿～54 万亿美元之间。这两项研究均得到全球理论与实务界的高度评价，至此国内外生态系统服务研究进展、政策和应用的研究呈现出爆炸性增长（Barnaud et al.，2018）。科斯坦萨等（Costanza et al.，2017）在回顾过去 20

年生态系统研究时发现，若想实现全社会的可持续发展，所需要的经济理论与实践根本变革的核心应该是生态系统服务对人类福祉的重大贡献。哈克伯特等（Hackbart et al.，2017）发现生态系统服务研究文献中大约34%为水域生态系统研究，其中31%的文献集中于水域生态系统估值，3%将水域生态系统作为主要关注点。结果显示，虽然水域生态系统价值评价研究取得了学界较一致认可，这些知识却不足以支撑生态系统价值补偿中利益主体的决策。

目前，国内外流域生态系统核算的理论框架、原则、定义和分类已被学者们进行了大量研究（Daily et al.，2009；杜乐山、李俊生、刘高慧等，2016）。马勒和阿尼亚尔（Mäler & Aniyar，2008）认为具有重要地位的生态系统价值应该包含在国民经济核算账户体系中，并详细讨论了如何利用具有广泛包容性的财富概念在国民经济核算账户体系中创建生态系统的账户系统以测算生态系统资产的价值量。欧盟 2020 战略清单倡议将流域生态系统服务的量化和估值结合起来，具体规定包括将流域生态系统服务核算和评价纳入国民经济核算和报告系统，以便将生态系统资产与其他统计数据联系起来从而给生态系统利益主体进行决策提供便利（European E A，2011；European E A，2010）。无论是全球、国家，还是地区和个人尺度，充分综合的经济与系统分析越来越被认为是政策设计和执行的关键（Lai et al.，2018）。为了实现这一需求，国际机构都在研究如何使国民经济核算和报告系统更加包容生态系统。传统的国民经济核算以国民核算体系为基础，国民核算体系设计之初，人们很少考虑环境破坏、生态系统资产和服务。在过去 40 年里，国际社会已经做了很大努力，试图将传统宏观经济指标与生态信息相结合（Guerry et al.，2015）。20 世纪 90 年代初，联合国提出统一的环境经济核算系统（SEEA）。作为国际统计标准的 SEEA 中央框架，涵盖了流域生态系统主要的组成部分（United Nations U，2016）。然而，流域生态系统是由非生物（土地、水）和生物（生物多样性）组成的相互联系和相互作用的复合系统，其生态系统资产—水资源的耗竭可能会导致现在和将来多种生态系统服务的损失（Hein et al.，2016）。澳大利亚统计局 2013 年以 SEEA 为基础，出台了澳大利亚《环境经济核算》（AEEA）。2014 年，由联合国主导开发的《实验性生态系统核算》（EEA）正式发布，该账户体系是一个实验性的核算框架，旨在通过多学科研究和测试，根据国家经验进行核查。SEEA-EEA 技术指南于 2015 年 12 月开始为全球生态系统核算提供技术支持，帮助国家和地区生态系统核算理论框架的构建与案例研究（United Nations U，2016）。该技术指南指出，将区域实验性生态系统核算框架定位为支持"可持续性"讨论的概念框架。该概念框架对于评估生态系统资产如何使用和管理生态系统退化非常重要。然而，由于区域实验性生态系统核算框架的具体应用需要建立一套完整、一致的核算制度，关于区域 EEA 的生态系统服务核算框架如何在某具体区域展开应用的细节信息问题并没有得到明确解决。奥布斯特等（Obst et al.，2016）以 SEEA-EEA 技术指南为基础，以核算和价值评估为目的，重新梳理生态系统资产和服务的概念内涵，构建生态系统核算的理论框架。以此为基础，探讨如何在国家资产负债核算框架中进行生态系统资产与服务的核算，重点讨论生态系统核算中如何区分收益与服务、消减消费者剩余、调整收益政策的重要性以及生态系统衍生品的价值判断。石薇（2017）总结了国内外关于生态系统核算的各种观点，具体可分为：过程观，即从生态系统功能的角度延伸出生态系统服务；利益观，即强调生态系统为人类带来的福祉水平；传导机制观，即将生态系统服务作为生态系统资产到人类福祉的传导机制；最终服务观，即出于减少重复核算的需要，生态系统核算以最终服务产品和效益为主要内容。拉诺特等（La Notte et al.，2017）使用 SEEA-EEA 测量方法在欧洲大陆范围内以水域生态系统为例进行了首次核算。刘茜（2017）介绍了《环境经济核算——生态系统核算》的框架与内容，重点论述国际统计标准中生态系统的基本概念与特征及生态系统实物量和价值量核算的主要步骤。凯（Kai，2018）从国家和区域的视角出发，以水资源—能源—食物为主线，详细分析生态系统核算如何提升生态系统服务决策。欧阳志云等（2018）以生态系统功能量为基础，设计生态系统实物量和价值量统一的生态系统总值（GEP）核算，并以贵州省、青海省、云南省为试点进行区域生态系统总值核算。

流域生态系统核算的结果是地区利益主体进行决策的关键（La Notte et al.，2017）。通过相关文献研究可以发现，虽然国内外学者和国际机构对生态系统核算给出了框架性的指导意见，但流域生态系统核算框架的理论和案例研究仅处于探讨阶段。本书拟以 SEEA-EEA 框架及技术指南和我国 2016 版国民经济核算体系为基础，结合我国流域地区的政治结构、经济运行和社会文化背景，指导构建我国本土化的流域生态系统核算框架，并以黑河流域生态系统核算为例，探讨该核算框架的适用性。

二、流域生态系统核算方法

流域生态系统核算是通过流域生态系统资产和服务实物量与价值量的

计算，将生态系统数量与质量的静态和动态变动信息纳入我国国民经济核算体系，旨在将生态系统的可持续发展目标嵌入流域利益主体行为决策中，推进我国区域生态文明建设。

(一) 流域生态系统资产即自然资源实物量核算方法

20世纪末，一些发达国家的政府部门、科研机构和国际组织逐渐意识到单纯依靠国民经济核算指标衡量社会发展水平有着很大的局限性，国民经济核算中既未考虑自然资源的耗损也未反映污染物排放对环境的损害（Mäler，2008；Williams，2011）。自然资源核算研究以此为背景应运而生。维托等（Virto et al.，2018）认为自然资源核算能够准确反映各种自然资源的真实价值，并为制定合理的自然资源管理决策提供科学基础。以往的研究主要集中于对经济发展有直接影响的重要自然资源，根据自然资源的分类可知，自然资源核算主要包括水资源、能源、森林、土地和草原等内容。本书主要关注与流域生态系统资产核算相关的自然资源核算内容。

古宏伟和吕丽娟（1995）研究了将自然资源核算纳入国民经济核算系统的必要性，并探讨了如何将水资源的实物和价值账户链接到国民核算系统（古伟宏、吕丽娟，1995），这是我国学者对水资源核算的初步尝试。李花菊（2010）系统介绍自然资源核算中的混合与经济账户。康和普菲斯特（Hong & Pfister，2013）发现水资源在系统综合利用方面取得了重大进展，已经突破水系统之间的边界。然而，大尺度的虚拟水和水足迹核算方面仍然缺乏相关政策引导。在探讨虚拟水和水足迹核算的概念框架后，有学者对地方政府如何制定超越行政边界的水资源管理政策提出建议（Yang et al.，2013）。蒙布兰奇等（Momblanch et al.，2014）认为环境经济系统中水资源核算是全球应用范围最广泛的核算框架。通过比较欧洲水指令框架、国际水管理框架、澳大利亚水核算框架和环境经济水核算体系，发现澳大利亚水核算框架是目前最合理也是适用性最广泛的水核算框架。研究认为一个能够完整表述某地区水文变化过程的水资源核算框架能够有效提高水资源管理的透明度和控制水平。阿拉尼奥等（Araújo et al.，2015）比较了巴西、里约热内卢、欧盟和葡萄牙在自然资源核算方面的异同，研究在不同的社会环境中进行自然资源管理可以发现水资源核算中应充分反映与环境质量、生态和人类健康的关系。佩德罗·蒙索尼斯等（Pedro-Monzonís et al.，2016）认为水资源核算体系能够为欧盟的水资源规划和综合管理制度提供基本的决策信息，水资源核算系统应能够实现水文数据空间和时间尺度上的比较，并以西班牙朱卡尔（Jucar River）流域为例研究水资源核算框架如何结合水文模型对水资源决策系统提供支持。加斯通等（Garstone et al.，2017）认为水资源核算是持续确认、计量和报告水资源信息的重要手段，并以澳大利亚统计局的水资源核算框架为基础，结合新市场黄金矿业公司的具体业务处理，探讨如何在矿产行业中应用和核算水资源账户与报告，以简化和改进监管报告的各个方面。陈波等（2017）以澳大利亚的水资源核算框架为基础，探讨我国产权制度下水资源的核算框架，并以密云水库为例分析核算框架的适用性。克里斯托和伯里特（Christo & Burritt，2017）认为，从2010年开始，水资源供给与可满足需求之间的冲突激发了公司对水资源管理的需求。水资源核算能够通过提供细致的水资源来源、使用和排放数据，识别出提升公司层面水资源管理效果的机会。研究根据对水资源核算的优缺点提出了新的水资源管理框架，以及在此框架中如何对水资源账户进行设置与报告。2017年，国家统计局印发《中国国民经济核算体系2016》，2016版核算体系的扩张核算明确包括自然资源、环境、人力、旅游和新兴经济核算。其中，自然资源核算对自然资源资产的概念进行了界定，对自然资源中土地、林业、水及矿产资源的资产核算表及供给使用表进行了简单介绍。

生态系统资产在现代社会和经济发展中起着重要的支撑作用（Hayha et al.，2014）。流域生态系统资产核算是生态系统服务价值评估和利益主体实施决策的信息基础（肖国兴、肖乾刚，1995）。国内外学者对流域生态系统和自然资源核算进行了大量研究。从上述内容可以看出，对于生态系统整体的核算目前处于探索阶段，由于各种生态系统资产特殊性，学界尚未取得生态系统核算公认的阶段性成果。奥布斯特（Obst，2014）等学者从2014年开始，以联合国环境经济核算框架为基础，试图通过重新梳理生态系统概念与内涵，构建生态系统核算框架。水资源核算已取得通用的理论框架和具体实践的突破，其中实物量核算框架的科学性与合理性已得到世界范围学界和实务界的广泛认可。由于国家及流域分布区域的差异性，价值量核算存在着明显的地域特征，需要根据流域具体的政治结构、经济运行和社会文化背景，重新设计估值评价方案。

（二）流域生态系统服务价值量核算方法

在流域生态系统价值核算中，常用的方法如图2.6所示，主要有以下六种：数学模型（mathematic modeling）、能值法（emergy）、有效能法（exergy）、生命周期评价（LCA）、物质流成本核算（MFCA）、生态足迹法（eco-footprint）（Zhong S et al.，2016）。根据特征可将这六种核算方法归为两类：一类是以人类发展为中心的研究，其关注的重点是能为政策决策者提供帮助的自然资源货币价值。数学模型因定量分析的特征成为经济价值评价研究的主流方法，其核算数据能够优化自然资源管理决策。然而，以人类为中心的研究往往容易低估自然资源的真实价值（Campbell et al.，2012）。另一类是以生态系统为中心的研究方法，如能值法、有效能法、生态足迹法、生命周期评价和物质流成本核算。这类研究方法强调自然资源消耗与环境的影响。例如，能值法能够通过能量转换将产品的增值在自然要素投入和资本投入之间进行合理分配，以此决策者能够判断物质流动、物质量以及劳动要素对经济增长的贡献度（Brown et al.，2004）。物质流成本核算以量化经济系统中物质的流动和变化实现对环境退化的监测和经济效益评价，该方法是研究不同时空尺度上人类活动对自然资源影响的一个重要工具（Assessment of physical economy through economy-wide material flow analysis in developing Uzbekistan，2014）。以生态为中心测算的流域生态系统价值能够为利益相关的决策者提供决策的基础信息却不易被政策制定者使用（Campbell et al.，2012）。

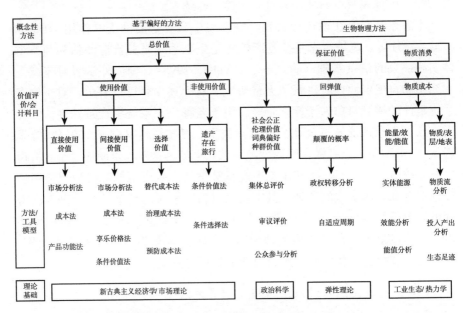

注：参照2015年布林克（Brink）编著的《生态系统和生物多样性经济学生态和经济基础》。

图 2.6 流域生态系统价值核算方法

以下为主要生态系统核算方法的演进历程及主要特征。

（1）数学模型法。数学模型法包含经济学研究中以模型为背景的市场价值法、假设市场法和模型仿真模拟等。该方法是传统自然资源核算的首选方法，结果的接受度相对较高，社会公众和政府相对容易理解与接受；缺点在于货币价值并不能反映自然资源真实的内在价值且各种估计的假设前提会增加计算结果的不确定性（Woodward & Wui, 2001）。

（2）能值分析法。能值分析法是 1980 年由美国生态学家奥德姆（Odum, 1980）提出的以物质能值焦耳为核算标准的生态—经济综合核算方法，该方法广泛应用在区域可持续发展的定量研究中。1996 年奥德姆（Odum, 1996）在《环境核算：能值与环境政策决策》一书中对能值分析法的相关理论、概念和应用进行了详细论述。能值分析法是把不同形式的能量通过能量转换系数转化成统一的能量测度单位——焦耳，以此为基础计算经济系统内的能值投资率、净能值产出率、环境负荷率和可持续发展指数，定量分析经济系统的生态—经济绩效（Fan et al., 2018）。能值分析法的优点在于其评价结果是以自然资源贡献为基础，充分考虑了生态与经济系统之间的内在联系（Campbell et al., 2012）；缺点在于数据来源和不同资源转化有效性的不确定（Dong et al., 2016）。

（3）有效能分析法。有效能分析法是吉布斯（Gibbs, 1952）在 19 世纪 50 年代依据第二热力学定律提出的，在 20 世纪 60 年代得到大范围的应用。丁杰尔（Dincer, 2002）认为有效能是一个考虑环境平衡的系统中物质或能量流动可以产生的最大效能。有效能分析法主要的优点在于提供了一种评估资源损耗和环境破坏的方法，可以通过分析能源使用效率帮助设计更有效的能源管理系统（Dewulf et al., 2008）；缺点主要在于其评价结果不容易被理解和利用（Rosen, 2002）。

（4）生命周期评价。生命周期评价是根据 1969 年美国可口可乐公司构思的对原材料开发、使用到废弃全过程的定量分析总结而来。生命周期评价是对一个产品系统的投入、输出和环境潜在影响按照产品生命周期进行汇总和评估的过程，旨在降低产品生命周期中对环境可能带来的影响（ISO14040, 2006）。2006 年，ISO14040 为生命周期评价提供了实施原则与应用框架，ISO14044 提供实施生命周期评价需要准备的要求事项与结果解释指南。生命周期评价的优点在于可以避免环境问题在产品不同阶段或区域的转移，其分析过程是准确详细的；缺点在于整个分析过程需要大量翔实的产品数据且耗时、费力、执行成本较高（Dong et al., 2016）。

（5）物质流成本核算。物质流成本核算是 20 世纪 90 年代德国瓦格纳

（Wagner）教授及其团队开发的环境核算方法。物质流成本核算核心是系统评估某自然要素在经济系统内时空流量和存量变化的过程（Brunner et al.，2004）。ISO14051 规定了环境管理中物质流成本核算的一般原则与框架（ISO14051，2011）。物质流成本核算优点是通过定量评价某地区或组织内环境生态与人类系统之间的关系，能够解释地区或组织环境压力的来源，帮助政策制定者制定环境管理政策（Fischer-Kowalski et al.，2011）；缺点是需要大量详细的要素数据及系统内部流程分析，很难提出系统可持续发展阈值（Hendriks et al.，2010）。

（6）生态足迹法。生态足迹法是 20 世纪 90 年代由加拿大生态学家里斯（Rees）提出的，生态足迹是指维持某地区人类生存需要多少有生产力的土地与水，以生产生活必需的资源并吸纳所产生的废弃物（Wackernagel et al.，1997）。该方法优点在于能够较清晰地反映维持社会活动与生态承载力之间的缺口；缺点在于是无法反映社会动态变化的静态定量分析方法（Moffatt，2000）。

从核算方法的讨论中可以看出，流域生态系统价值核算主要的六种方法有着各自独有的特征和优缺点。从生态系统的角度进行研究更适合选用能值法、有效能法、生命周期评价、物质流成本核算和生态足迹法，这些方法的特点是更多地考虑了经济发展过程中所生产和消耗的各种产品对环境系统产生的影响，能够更加准确地评价水资源的持续可得性。从经济系统发展的角度进行研究更适合选用数学模型法，其对自然资源价值的量化研究结果更易被社会大众和政策决策者理解和使用。鉴于本书的主要目的是为流域生态系统利益主体提供分析和解读如何有效制定生态系统政策，因此，本书选用数学模型法中的假设模型法进行自然资源实物量和价值量的总量核算。

数学模型法为生态系统价值核算提供了基本思路，以经济学中效用价值理论为基础的生态系统价值核算方法体系为自然资源管理决策者提供了丰富的价值核算可选方案。根据生态系统与生物多样性经济组织（TEEB，2010）的研究结果整理出表 2.1 中流域生态系统服务价值计量方法和价值类型之间的关系，生态系统服务的价值核算方法体系包含市场评价法、显示性偏好法和推断性偏好法三类。其中，市场评价法以实际市场相关数据为基础估算生态系统服务的价值，包括价格法、成本法和产品法。价格法是以市场价格为主要标准来判断生态系统服务的价值构成；成本法主要是由预防成本法、替代成本法和恢复成本法构成，用于评价生态系统服务的直接与间接使用价值；产品法是由产品功能法和因子收入法构成。显示性偏好法运用过去行为的数据得出各种价值，这种方法的基础是市场产品与生态系统服务之间的内在关联，包括旅行费用法和享乐价格法。推断性偏好以给定生态系统的需求为基础，且假设该服务的供给变化可以通过利用各种调查模拟的虚拟市场来衡量，包括条件价值法、选择模型法、条件排序法和集体审议法。这种核算方法可用于估计使用价值和/或非使用价值的情况。每种方法的理论基础和核算范围均不同：一是理论基础的不同。市场评价法基于客观存在的交易市场与交易价格，以实际市场相关数据为基础估算资产价值，显示性偏好法和推断性偏好法则均是基于主观偏好而进行价值判断，显示性偏好法以市场产品与生态系统服务之间的内在关联为基础，运用过去行为的数据得出各种价值；推断性偏好法以给定生态系统的需求及供求变化为基础，假设该服务的供求变化可以通过利用各种调查模拟的虚拟市场来实现价值衡量。二是核算范围的不同。从表2.1可以看出，直接市场估值法和显示性偏好法的核算对象主要是直接和间接使用价值；推断性偏好法的核算对象则更广泛，适用于所有生态系统价值核算，可用于使用和非使用价值估算。表2.2详细列示了流域生态系统价值核算方法的内涵及其优缺点。

表2.1　　　　　　　　　价值计量方法和价值类型之间的关系

评价体系		评价方法	价值内涵
市场评价法	价格法	市场价格法	直接和间接使用价值
	成本法	预防成本法	直接和间接使用价值
		替代成本法	直接和间接使用价值
		恢复成本法	直接和间接使用价值
	产品法	产品功能法	直接使用价值
		因子收入法	直接使用价值
显示性偏好		旅行费用法	直接/间接使用价值
		享乐价格法	直接和间接使用价值
推断性偏好		条件价值法	使用和非使用价值
		选择模型法	使用和非使用价值
		条件排序法	使用和非使用价值
		集体审议法	使用和非使用价值

表 2.2   流域生态系统价值核算方法的内涵及其优缺点

核算方法	内涵	优点	缺点
市场价格法	运用商品或服务在国内或国际交易市场上的普遍价格评价	市场价值反映了人们为支付交易中湿地成本和收益的私人意愿（如鱼、林木、草场、娱乐）；可从私人盈利损失的角度来构建会计系统，以比较不同要素的价值；价格数据相对容易获得	市场缺陷或政策失败可能会扭曲市场价格，进而不能整体反映商品或服务的经济价值；当价格被用于经济分析时，季节性变化和影响价格的其他因素也需要被考虑进去
恢复费用法	使用恢复生态系统商品或服务的费用	适用于评估特定环境功能的价值	减少恢复和修复之前生态系统状况的难度使该方法存在困难
替代成本法	使用人为代替生态系统商品或服务的成本	适用于评估间接使用价值，以及无法使用市场价值法评估损坏功能、生态数据不好获得的情况	很难保证代替的净收益不会超过它原本功能下的收益；只要表面获得收益，就有可能夸大支付意愿
迁移费用法	使用迁移危害团体成本	适用于在评估混乱的环境福利设施价值（如堤坝项目和其保护区域）	实际中，迁移地区提供的收益与原地区产生的收益不存在匹配性
预防费用法	使用预防环境收益损害或退化的费用	用于评估预防技术的间接使用收益	预防投资和原始水平的收益不匹配可能会导致虚假估计
产品功能法	评估没有市场的资源或生态功能。通过模拟资源的贡献或者经济产出的功能来改变经济活动，从而评估价值	广泛用于评估湿地影响，礁石破坏、森林破坏和水污染等	要求详细的模型"回答"在资源和经济产出的关系；方法的运用在单一功能系统中经常很简单，但在多功能系统中变得很复杂；对生态经济关系多重说明或双重计算中可能会出现问题
影子价值法	以国内或国际市场上同类产品的价格或建造提供同等生态价值工程的价格	对于社会整体来说，反映了国内或国际市场上流通的商品或服务的实际经济价值或者机会成本（如鱼、薪材、煤炭）	确定影子价值很复杂并且可能需要大量数据；决策者可能不接受"人造"价格
享乐价值法	环境舒适（如视野）的价值是从房地产或劳动力市场获得的；基本假设是房地产的价格或工资反映了收益或工作情况，且能够把相关的环境舒适或贡献分离出来	享乐价值法可以评价生态商品或服务的隐形效用，根据隐形效用对资产价值的影响来评估确定环境的功能价值	环境功能享乐价值法的运用要求这些价值存在相应的替代市场；当市场扭曲，决策受收入、环境条件信息稀缺，数据匮乏时，这种方法存在局限性

核算方法	内涵	优点	缺点
旅行成本法	当人们参观一个地方时，人们愿意在这个地方花的时间和货币的数量	广泛用于评估休闲娱乐区域的价值，包括国家公园、野生动物公园；它可以被用来评估生态旅游的支付意愿	对数据量要求较大；对消费者行为的限制假设（如多功能旅途）；对用于确定需求关系的统计方法高度敏感
虚拟市场法	通过直接引出消费者偏好来衡量支付意愿	为支付意愿提供了最好的理论衡量方法：直接评估希克森福利衡量	构建市场法的实际限制会削弱理论优势，导致对真正支付意愿的错误评价
选择模型法	调查式方法，专注于所述生态系统的个体属性；向参与者呈现不同的属性组合，并要求参与者给出他们首选组合	允许实验变量根据个体属性决定偏好组合；每个属性组合都给出了相应的价格	精确的数据和实施环境会限制该方法在某些地区的运用
条件价值法	建立了一个假设市场确定支付意愿	衡量选择和存在价值的唯一方法，并对总经济价值的测量提供了正确方法	结果受调查设计和实施的主观影响

资料来源：Patrick Ten Brink. 国家及国际决策中的生态系统和生物多样性经济学 [M]. 胡理乐，等译. 北京：中国环境出版社，2015.

本书试图将《环境经济核算——生态系统核算》的核算框架在我国实现本土化，从奥布斯特的生态系统概念入手，设计适合我国国情的流域生态系统核算框架，拟以我国流域生态系统实物量与价值量核算为基础，为利益主体进行科学合理有效的决策提供信息基础。

第三节　流域生态补偿研究

根据上述流域生态系统核算的概述可知，流域生态系统资产中的自然资源作为初级生产活动的投入品具有外部性生产的特性，其系统服务的供给往往是不足的。西格曼（Sigman，2002）以联合国环境监测数据为基础，对跨国家和美国内部跨区域水质治理的外部性行为进行了详细研究，发现在跨区域流域水质治理上环境管理具有典型的"搭便车"行为。蔡宏斌等（Cai H et al.，2016）以1998~2008年中国24条主要河流为例，运用双重差分的方法对政府水污染减排政策进行了检验，发现流域水污染减排政策具有明显的外部性特征。政府或非政府组织通过实施奖励供给者的政策或激励措施能够有效应对流域生态系统供给服务市场失灵（Sandrade-rissen et al.，2013），生态补偿以"新型的市场激励机制"特征得到政府和学界的广泛关注（Pascual et al.，2007）。流域生态系统价值补偿问题的根源是流域生态系统服务为整个社会所提供的收益与维持生态系统的社会成本之间出现偏离，如何通过制度设计安排最大限度消减流域生态系统服务的社会收益与社会成本之间的差距是自然资源生态补偿制度的最终目的（毛显强、钟瑜、张胜，2002）。国内外学者与机构对流域生态系统价值补偿机制的诸多方面有着广泛关注，本节拟通过梳理和借鉴这些研究成果为后续研究奠定科学的研究基础。

一、流域生态补偿机制

生态补偿机制是生态系统价值补偿制度或项目设计、运行和后续评价所要考虑的各种因素总称，具体包括政策框架、补偿模式、补偿核算标准等内容（中国 21 世纪议程管理中心，2012）。雷加特等（Corbera et al.，2009）认为制度是在某一特定状态下，以正式和非正式规则对什么可以做和什么不可以做的一种规范。杰斯珀森和加莱莫尔（Jespersen & Gallemore，2018）研究发现制度分析是生态系统价值补偿机制能够成功实施的基础。在流域生态系统价值补偿中，补偿合约的各种治理结构之和构成其制度，具体包括补偿交易的成本水平、自然资产产权的分配、利益主体之间的协调与相互作用。设计生态补偿机制的初衷是通过制度设计为利益主体提供惩罚和激励措施，引导利益主体决策能够有效提高其行为对生态系统的正向影响，减少负向影响，将生态系统的外部性内嵌于其决策机制中（毛显强、钟瑜、张胜，2002），实现生态系统外部性内在化。巴诺等（Barnaud et al.，2018）认为生态补偿机制是针对生态系统制度设计、组织间相互作用、补偿尺度和组织绩效评价提出的概念性评估框架。

法利和科斯坦扎（Farley & Costanza，2010）针对生态系统服务中供给成本、成本核算和支付机制提出了解决框架，以帮助自然资源管理机构根据生态系统的特征实施生态补偿，提高生态系统的有效服务水平。其中，具体包含以下十个生态补偿设计与运行原则：

1. 多尺度绘制和模型化生态系统服务，核算和量化生态系统价值。

2. 依据生态系统的特点整体全方位设计生态补偿措施，避免产生不正当激励，争取最大化生态系统服务的社会收益。

3. 区域匹配原则。管理生态系统服务机构的空间和时间尺度必须与其服务规模相适应，应设计机制保障不同区域之间的信息流动，在考虑产权制度、区域文化和行为者策略的基础上充分内在化社会成本与收益。

4. 系统化的产权制度。确定自然资源的私有产权或开发合适的系统化产权制度。

5. 确定供给生态系统服务成本与收益的分布区域。富裕地区应对从欠发达地区获得的收益进行付费。

6. 可持续资金。生态补偿系统应将生态系统服务的供给者和受益者联系起来，对供给者持续的资金激励是保障生态系统服务质量的重要因素。

7. 适应性管理。鉴于生态系统服务的核算、监测、估值和管理存在着显著的不确定性，应不断整合和处理恰当的信息，及时评价生态补偿系统的影响，更有效地调整和改进管理目标。

8. 政治和教育。通过有针对性的系统培训活动增强对生态系统如何发挥作用的理解，提升政治参与的意愿，这两个是实施生态补偿的关键因素。

9. 参与。不同尺度（地区、区域和全球）的所有利益主体都应参与特定生态补偿系统的制定与实施过程。利益主体充分的参与有助于形成一致公认的规则，以恰当地识别并分配相应的责任，从而保障生态补偿的有效执行。

10. 政策体系的一致性。自然资源管理制度中与生态补偿相关的政策需保持内在的一致性，这是保障生态补偿有效性的基础。

这十条原则给出了生态补偿制度设计的基本框架，鉴于生态系统的复杂性和可持续管理要求不同的组织层次（家庭、企业、社区、非政府组织、政府），通过多元主体的参与，实现多权制度（个人、社区、公共）和多个政策工具（直接管制、经济激励措施、自愿承诺）相结合（Agrawal et al.，1999；Barrett et al.，2001）。面临不同地区的社会经济背景，处理特定环境问题必须灵活、有效地协调不同组织层面的多种政策工具，这使生态补偿制度需要具有极强的柔性和整合性（Wegner，2016）。穆拉迪安等（Muradian et al.，2010）根据运用生态经济学方法关注生态可持续性的多重目标，主张以市场和非市场等多种支付方式组成的运行机制来实现这些目标。文章以三种标准：经济激励的重要性、转让的直接性和生态系统服务的商品化程度为基础对自然资源生态补偿的政策框架进行了探讨。其中，经济激励虽然只是诸多影响因素之一，可以通过机会成本（必须包括所有费用）影响到生态系统服务的供给模式，但却是影响生态系统服务供给者和受益者之间直接转移最重要的因素；转让的直接性是指生态系统服务的供给者从受益者手中获得直接支付的程度，包括以国家为受益者代表，通过中介支付于供给者；商品化程度是指生态补偿供给者所获得的补偿被定义为可交易商品的范围和明确性，供给的生态系统服务理论上应能得到受益者的测量评估。研究发现生态系统服务的相关特征决定了实施相应管理的机构和运行机制；生态补偿制度设计不仅要降低交易成本，明确交易生态系统服务核算和直接的产权分配，还必须在减少信息不对称的基础上，达到协调利益主体诸多需求的目标。阿迪卡里等（Adhikari et al.，2013）详细讨论了生态补偿机制的参与、激励结构和消除贫困三个方面。研究发现：地方利益主体参与是解决生态补偿问题的重要因素，而地方管理机构对生态补偿成功实施则是至关重要的；支付和谈判合同结构是实施生态补偿项目的关键，将直接影响地方长期的生态和社会经济发展；生态补偿金额满足生态系统服务供给者的机会成本是影响生态补偿项目顺利实施的重要因素。克莱门茨等（Clements et al.，2010）讨论了将经济激励与其他激励措施结合起来的重要性，通过分析采取集体行动和可持续管理自然资源的动机，探讨了这些激励措施如何影响生态补偿项目成功实施。研究发现，在生态补偿项目中，当经济激励的重要性越小时，其他如政治、道德激励措施的权重就越大。萨尔茨曼等（Salzman et al.，2018）通过对过去20年生态系统价值补偿（支付付费）的研究发现，生态系统服务的价值核算是合理确定补偿标准的基础。简单的核算标准降低了交易成本，但很可能忽略真正重要的东西，使实际上与补偿目标脱离。严格的核算标准可能准确地捕获服务价值，较高的交易成本可能致使补偿项目流失。张婕等（2017）从流域生态系统价值补偿的利益主体行为分析出发，构建了流域适应性管理框架，以新安江和太湖流域为案例进行了价值补偿研究。王清军（2018）表示价值补偿的支付方式可分为投入与结果支付两种，认为投入支付是以投入资源为核算基准，结果支付是以服务效益为核算基准。两种补偿支付方式的激励机制不同，应针对不同的情况区别对待。

　　根据上述分析，发现流域生态补偿机制核心要素包括：确定合理的价值补偿标准（Salzman et al.，2018；郑海霞、张陆彪，2006）、利益主体行为选择策略（邓纲、许恋天，2018；陈诗一，2018）和支付方式（王清军，2018）。

二、流域生态补偿实践

生态系统价值补偿是解决资源开采和环境外部性以及改善生态和社会

发展的一项重大战略（Chan et al. , 2017）。下面对比较典型的各国生态补偿实践项目进行简单描述。

（1）美国纽约清洁供水交易（Gómezbaggethun & Barton，2013）。纽约市是美国最大的城市，其快速发展和人口膨胀导致需要从城外新的水源地引入饮水资源。纽约市区的供水主要依赖于哈德逊流域的三个水系，流域当地居民的土地开发和经济活动使水源地水质严重下降。以此为背景，纽约市投入5亿美元实施哈德逊流域水源地保护项目。具体包括：土地管理计划，主要用于购买未开发的土地，2.5亿美元基金（1.3亿美元来自纽约市，0.75亿美元来自纽约州）分配给东哈德逊河流域；新流域管理法规，主要内容为规范污水处理厂、地下污水处理系统、雨水控制、有害物质和废物、石油产品、固体废物处置和农业实践等活动；环境与经济伙伴计划，主要包括新的污水处理基础设施、区域经济发展规划、雨水污染防治计划、基金稳定计划、流域农林项目等。纽约市的清洁供水交易以较少的系统投入保障了水源地优质水源供给，是政府主导下跨区域生态补偿最成功的案例。

（2）墨西哥国家综合生态补偿项目。2003年墨西哥国家生态补偿项目正式推出（Southgate &Wunder，2009）。1976～2000年墨西哥森林年均砍伐率为263570公顷/年，所有生态系统的年均损失为545000公顷/年，这使得墨西哥森林面临着世界上最严重的破坏。墨西哥的国家综合生态补偿方案是由一项国家水文服务补偿方案和一项碳交易、生物多样性和森林服务补偿方案组成的政策框架。在此框架内，每个补偿对象（水文服务、生物多样性、碳交易和森林服务）均有专属的程序规则（Corbera，2005），项目资金来源于国家林业基金和联邦财政收入（联邦水费一年约1820万美元）（Muñoz-Piña et al. , 2007）。墨西哥森林约80%的产权归于地方社区（Klooster & Masera，2000），这使得国家生态补偿项目必须得到社区管理者和公众的积极参与。墨西哥国家综合生态项目的主要目的是：支持农村社区的生态多样性保护、利用碳交易缓解森林破坏以应对气候变化、改善水文服务和推动咖啡种植等经济农业发展（Kosoy et al. , 2008）。该计划对墨西哥水文和森林恢复已经发挥关键作用（Muñoz-Piña et al. , 2007）。

（3）巴西亚马孙河流域森林生态补偿项目。巴西的《森林法典》授权地方管理者运用生态补偿作为经济激励政策，推动巴西亚马孙河森林的可持续管理（Agrawal，2017）。但是自然资源的生态补偿仅在联邦层面进行了讨论，尚未建立全国性的生态补偿机制。布尔萨—弗洛雷斯塔（Bolsa Floresta）项目是2007年巴西主要由国家层面推动的生态补偿项目，布尔萨地区位于巴西西北部亚马孙州，处于亚马孙河流域的中游地区，主要目标是通过改善土著居民的生活质量，减少森林砍伐，增加森林面积以缓解亚马孙河流域水文恶化的状况。由于所在地区签署了减少森林砍伐的承诺，使其成为巴西第一个实施直接经济激励的社区。布尔萨（Bolsa）地区所覆盖的国家自然资源保护区包括 8 个森林禁止砍伐区和 26 个保护区。项目的资金主要来源于世界银行、全球环境基金、政府管理基金和私人企业。资金的用途为：为森林居民家庭每月支付 29 美元；对于不滥伐森林的社区每年支付 2320 美元；每年向所有社区支付 4640 美元用于基础设施建设。布尔萨—弗洛雷斯塔（Bolsa Floresta）项目取得了显著的成果，2004 ～ 2016 年，巴西亚马孙河流域地区的森林覆盖率上升了 71%（Vijge et al.，2016），有效缓解了亚马孙河流域水污染和水文恶化状况，基本实现项目最初设定目标。但是该项目也受到了诸多争议，主要包括：不允许地方参与和互动（Newton et al.，2012）、其支付结构中没能反映出不同的机会成本（Pereira，2010）以及缺乏监督和解决冲突的工具（Pereira，2010；Agustsson et al.，2014）。

（4）中国国家生态补偿项目。面对中国日益恶化的自然环境，中国取得最大成效的是森林生态补偿项目，其中两个影响深远的项目是退耕还林与退牧还草项目。退耕还林项目于 1998 年试行，覆盖 12 个省份，至 2000 年扩大至 18 个省份，成为世界上覆盖面积最广的森林保护政策。该项目的目标是通过对农户的经济激励措施，提升森林覆盖率，减少水土流失，改善森林生态系统。项目 81.5% 的资金由中央政府提供，18.5% 的资金由地方政府提供。其中，黄河流域每年补偿约 2100 元/公顷，长江流域每年补偿约 2625 元/公顷（秦艳红、康慕谊，2007）。目前，最大规模草原生态补偿项目是于 2003 年开始实施的退牧还草项目，与退耕还林项目相比，其覆盖的地理和社会范围更加广泛；我国于 2011 年开始实施"草原生态保护补助奖励机制"（靳乐山、胡振通，2014），两次项目主要目标较为接近，主要是涵养水源、减少水土流失、有效防止土地沙化。2011 ～ 2017 年，横跨安徽和浙江的新安江在中央政府主导下先后实施了两轮横向流域生态补偿，这是我国首次跨行政区划的流域生态补偿实践。新安江补偿中资金主要来自中央和地方财政，补偿对象为流域上下游水质，补偿项目产生了良好的生态效益，新安江上游水质出现稳中趋好的状态（胡仪元，2016）。

通过上述生态系统价值补偿的文献回顾，基本厘清了目前生态系统价值补偿中存在的主要问题（刘璨、张敏新，2019）如下：首先，已有研究对于生态补偿尤其是跨行政区划补偿生态系统资产与服务供给和受益主体的偏好及影响因素分析尚未有清晰的认知，对参与主体行为偏好的研究有助于更好地设计科学合理的生态补偿机制。其次，对于市场化多样化的生态补偿模式特征、交易费用及最优组合模式未进行深入研究。最后，生态补偿机制设计及运行需要的生态系统基础数据核算在国内外仍处于探讨阶段，未得到学界和实务界一致认可。生态系统资产与服务的实物量和价值量核算是生态补偿机制设计及运行的基础信息，能够为各利益主体决策提供依据。根据上述问题可知，流域生态补偿机制设计和运行的关键要素主要包括：激励结构能够提高价值补偿项目的被接受度，需重视流域生态系统服务利益主体之间的参与与协调；补偿费用的支付应以生态服务的结果为导向，以成本效益为目标，价值补偿方案的补偿标准下限应以投入成本为核算基准，上限应以服务效益为核算基准，以最大程度提高流域生态系统供给；积极探讨流域生态系统实物量和价值量核算，以生态系统资产与服务的流量与存量变动为基础及时对运行中的生态补偿机制进行调整。这些影响因素和因素之间的作用过程是补偿机制整体设计的基石，后续研究将以此为基础展开进一步探讨与研究，分析在符合我国政治经济制度背景下流域生态系统价值补偿机制的设计与运行机理。

第三章

理论分析框架的构建

本章是基于流域生态补偿研究的立论部分，拟在现有概念和理论研究的基础上，构建整个研究的分析框架。现有的研究成果多从流域生态系统经济学的视角出发，对系统理论的重视和探讨不足。首先，本章从系统理论的层级控制理论、自组织理论和复杂适应性系统理论的视角入手，总结了流域生态系统的特征、结构与功能，深入剖析了流域生态系统中适应性主体行为选择的信息流与控制系统，明晰适应性主体在面临环境变化时选择反应行为的过程，以此为基础进而探讨了流域生态系统中生态系统资产与生态系统服务之间是如何相互影响、相互作用的。其次，本章从经济学理论的角度探讨了流域生态系统服务供给区域与受益区域行政分离问题产生的原因、价值补偿可选方案、解决方案的设计思路及方案实施过程中适应性主体的行为特征等内容。最后，以系统论和经济学理论分析结论为基础，提出了整个研究的分析框架，以期从系统论和经济学的视角对流域生态系统问题进行综合的理论研究，为后续流域生态系统核算与价值补偿研究具体内容的展开奠定科学的理论基础。

第一节　相关概念界定

生态系统是在地球环境变化中形成的。生态系统存在的前提条件是气候、土壤与水资源，其功能对于人类社会有着多重价值。科学认识生态系统是合理开发、利用、保护和管理生态系统的基础。

生态系统（ecosystem）的概念最早由英国生态学家克拉珀姆（Clapham，1930）提出。1935 年，坦斯利（Tansley）在《植被概念和术语的使用》一文中进行了系统阐述。坦斯利认为，从生态学的观点来看，生态系统是地球表面自然界的基本单位，每个系统各有不同种类的有机体频繁进行着能量的交换。这些生态系统是多种多样的，它们构成了宇宙中众多物理系统的范畴，形成一个物理系统的特殊环境。在生态系统中，除了包括生物复合体，还包括生物所处环境全部物理因素的复合体。这些生物复合体不能与它们所处的环境如气候、土壤和水文等分开，而是与其形成一个自然系统。这使得生态系统极具不稳定性。坦斯利的生态系统"不仅仅是复杂的有机体，还包括构成环境的各种复杂的物理因素"。他指出，生态系统是地球上种类与规模最大的复杂体。生态系统最重要的特征是它的系统性，其次是它的地理位置与规模大小。1992 年，《生物多样性公约》定义生态系统是植物、动物和微生物群落与它们的无机生命环境作为一个生态单位交互作用形成的动态复合体。《中国大百科全书·环境科学》定义生态系统是一定时间和空间内，生物及其生存环境以及生物与生物之间相互作用，彼此通过物质循环、能量流动和信息交换形成的不可分割的自然整体（中国大百科全书总编委员会，2002）。从上述代表性定义可看出，国内外学者与机构对于"生态系统"概念存在基本一致的认识，即生态系统的典型特征包括：系统构成要素复杂，系统容易出现不稳定，系统通过与外界及系统内部的信息交换、能量流动和物质循环维持着系统的动态平衡等主要内容。

通过生态系统的概念可以看出，生态系统本身的含义非常广泛，具有明显的跨学科特性。国内外不同学者基于不同的目的，先后从生物学、化学、物理学、环境科学、生态学和经济学等多种角度出发，对生态系统进行了研究（蔡晓明、蔡博峰，2012）。从经济学视角入手，联合国发布的《环境经济核算框架》（United Nations，2016；United Nations，2014；Obst & Vardon，2014）（The System of Environmental Economic Accounts-Experimental Ecosystem Accounting，SEEA-EEA）从生态系统资产和服务的角度研究了生态系统对人类社会的贡献。千年生态系统评估小组（Millennium E A，2005）（MA）侧重于从生态系统服务的角度研究生态系统给人类社会带来的社会福利。生态系统和生物多样国际经济组织主要从自然资本核算和生态系统服务价值评估的视角讨论生态系统对全球的意义。虽然不同的框架对生态系统为人类带来福利进行解释的角度有些许差异，但是研究对象大致相同，均为自然资产和生态系统服务。目前，生态系统服务（ecosystem services）概念以戴利（Daily et al.，1997）、科斯坦萨（Costanza et

al. ，1997）和千年生态系统评估小组（Millennium ecosystem Assessment，
2005）等提出的最具代表性。戴利（Daily）认为生态系统服务是指生态系
统及其生态过程所形成与所维持的人类赖以生存的环境条件和效用，自然
资产的能量流、物质流和信息流构成的生态系统服务和非自然资产结合在
一起产生了人类福利。科斯坦萨等（Costanza et al. ，1997）将生态系统服
务定义为生态系统资产和服务，代表人类直接或间接从生态系统中获得的
利益。千年生态系统评估小组将生态系统服务定义为人类直接或间接从生
态系统中获得的惠益。国内诸多学者（张志强、徐中民、程国栋，2000；
赵景柱、肖寒、吴刚，2000；谢高地、鲁春霞、成升魁，2001；张志强、
徐中民、程国栋，2001；靖学青，1997）也认为生态系统服务即指生态系
统与生态过程所形成及所维持的人类赖以生存的自然效用。根据生态系统
服务的定义不难看出，科斯坦萨等（Costanza et al. ，1997）和千年生态系
统评估小组侧重于将生态系统服务定义为生态系统资产和服务。但是，这
种具体服务包含于更宽泛服务内涵的定义在具体研究时容易发生基本概念
的混淆，在研究过程中容易出现"服务"概念与内涵的不一致。为了避免
研究中生态系统服务范围过大及内涵的混淆，本书采取《环境经济核算——
实验性生态系统账户》（SEEA-EEA）框架中关于生态系统研究内容的划
分，将生态系统分为生态系统资产与生态系统服务两部分。

　　按照生态系统的概念，生态系统根据空间范围可划分为不同的空间区
域，每个空间区域代表一个生态系统资产，即生态系统资产在某一区域具
有显著的可识别特征。从相互排斥的空间区域出发定义生态系统资产，其
目的是在多个生态系统内避免计算的重复性和提高解释的准确性（Obst
et al. ，2016；Obst & Vardon，2014）。奥布斯特等（Obst et al. ，2016）认
为每个生态系统资产都有一系列生态系统特征，如土地覆盖、生物多样
性、水文特征、气候变化等，这些特征能够反映一系列生态系统的过程，
如水资源流动、提供初级生产力等。这些特征和过程的估算共同描述了生
态系统资产的状态与功能。SEEA-EEA 框架体系中生态系统核算的重要内
容即为定期评估每一种生态系统资产的状况，并对相应生态系统资产的变
化状况做出基本反映（United Nations，2014）。流域生态系统资产主要包
括用于维持流域生态环境的水资源、减少水土流失的草原和森林资源、提
供农作物生产力的土地资源、储藏能量转换的矿藏资源等。根据宪法第九
条规定可知，我国的自然资源包含矿藏资源、水流资源、森林资源、山
岭、草原资源、荒地（土地资源）、滩涂等。根据生态系统资产的内涵和
自然资源的分类可知，生态系统资产覆盖了自然资源分类中的大部分，具

体包括矿藏、水、森林、草原和土地资源等。鉴于滩涂和山岭资源核算难度较大，后续研究中将流域生态系统资产与自然资源的内涵外延视为一致，两个概念可以互换。

科斯坦萨等（Costanza et al.，1997）认为，生态系统服务是人类能够从功能正常的生态系统中获得的收益，即生态系统能够直接或间接促进人类社会福祉的生态特性、功能或过程。其中，生态系统的过程与功能是描述生态系统中存在的生物—物理关系，有助于生态系统服务提升。生态系统服务则是生态系统过程与功能能够造福人类福祉的部分。因此，生态系统服务必须与人类福祉相联系，不能独立进行定义。SEEA-EEA 框架通过描述每种生态系统资产的运转状态，试图运用账户设计反映社会经济和其他人类活动对生态系统资产利用情况，该框架认为正是生态系统资产的特性与流动产生大量资源与社会价值。因此，这些生态系统资产的流动被定义为生态系统服务（United Nations，2014）。

由此可知，本书中生态系统研究的主要内容是，通过核算特定空间区域内，以账户体系表征的生态系统资产流量与存量状态，结合资产参与人类社会生活与经济活动的过程，测算生态系统服务带给整个人类社会的价值，以此为基础设计实施生态系统价值补偿机制，以期实现区域生态—经济—社会复合系统的可持续发展。

一、流域生态系统

流域在水文学中的定义是以分水岭为边界的一个由河流、湖泊等水系所覆盖的区域以及由该水系形成的集水区；在地球科学中的定义是一片以水系为纽带、以分水岭为边界的既定土地或区域；在传统生态学中则将其视为以分水岭为边界的既定区域内以生物为主体、以水文为纽带、以土壤为背景的自然生态系统。现代生态学则认为流域是地球表面相对独立的自然综合体，以水资源为纽带将不同层级的河流、湖泊组合起来，形成一个具有物质循环和能量流动功能的复杂系统（杨桂山，2004）。

流域生态系统通过水资源与大气、土壤和生物群落等有机体在多尺度、多层次和多维度上进行能量与物质交换，对维持整个地球生命系统的可持续发展起着不可或缺的重要作用。流域生态系统的结构、功能及其不同尺度下的动态变化特征为生态系统核算与价值补偿研究奠定了相关分析的重要基础（Haynes R et al.，2001）。通过梳理流域生态系统内涵，可知系统分析流域生态系统特征、结构与功能能够为后续流域生态系统资产实物量核算、生态系统服务价值量核算及生态系统价值补偿等研究提供重要支撑。

二、流域生态系统核算

流域生态系统核算是通过对流域生态系统资产与服务实物量和价值量的估算，将流域生态系统数量变动及现状信息纳入 2016 版国民经济核算体系，将流域生态系统的可持续发展目标内嵌于社会经济决策，以实现生态—社会—经济可持续发展生态建设目标。流域生态系统核算对象为流域生态系统资产与服务，通过实物量和价值量核算的统一反映流域生态系统运行过程；核算表式为流域生态系统账户体系，包括生态系统资产负债账户、生态系统资产供给与使用账户等；核算方法为生态系统价值量估算方法，包括生态功能法和重置成本法等。

三、生态补偿

生态补偿始于自然，终于自然，但其制度设计和实施的关键因素是人，在以人为中心的价值或经济补偿中间接实现对自然资源的补偿（胡仪元，2010）。生态补偿概念最初从自然资源领域开始，逐渐扩展到经济学、社会学和法律的领域，其初始含义仅指自然系统，后续研究才应用至自然与人类社会互动关系的领域。自然资源的生态补偿包含两部分内容：生态系统服务和环境服务（Sandraderissen & Latacz-Lohmann U，2013）。其中，生态系统服务是人类社会从生态系统中获取的所有收益（Millennium Ecosystem Assessment，2005），这些收益是生态系统服务生产过程中人类可接受的直接或间接收益总和。环境服务是指生态系统客观存在的外部性，是自然资源生产或消费过程中无意地产生的，该特性使自然资源属于公共品范畴（Muradian et al.，2010）。从生态系统服务和环境服务的内涵可知，环境服务实质上是生态系统服务的一部分（Boyd et al.，2007）。考埃尔（Cowell，2000）在 2000 年提出，生态补偿是为纠正自然资源过度开发或弥补环境损失所积极提供的环境措施。温德（Wunder，2015）从市场交易的视角进行解释：生态补偿是在既定自然资源管理规则内，生态服务供给者和使用者之间的自愿交易，以增加自然资源的生态系统服务。帕吉奥拉（Pagiola et al.，2005）则认为，生态补偿是为提高自然资源管理者提供生态系统服务积极性而给予的特定补助。

　　温德（Wunder，2005）在 2005 年对生态补偿概念的内涵特征进行了总结，认为生态补偿包含以下五个标准：自愿交易、质量较高的服务、至少一个潜在的生态系统服务购买者（受益者）、至少一个生态系统服务供给者和保证生态系统服务供给的合约。这一概念得到了全球广泛的认可与引用（Wunder，2015）。本质上，生态补偿是生态系统服务受益者愿意支付的费用和有针对性的补偿集，该定义以"科斯"（Pagiola & Platais，2007）或"受益者补偿"（Engel et al.，2008）为主要特征，其应用范围主要是产权清晰的生态系统。以"庇古"或"政府补偿"为特征的生态补偿以集中的公共行政资金支付代表生态系统服务受益者的终端用户行使购买的权利（Engel et al.，2008）。以政府为补偿主体的生态补偿在全球范围内得到广泛应用（Farley & Costanza，2010）。至此，生态补偿的三个原则首次被提出：通过补偿解决自然资源生态系统的外部性、交易遵循自愿原则和自然资源供给的保证合约（Wunder，2015）。

　　以"科斯"为特征的生态补偿概念侧重于通过市场交易的手段，由自然资源生态系统服务的受益者补偿供给者的外部性。以"庇古"为特征的生态补偿注重以"政府"为中介力量，在自然资源生态系统服务的供给者与受益者之间转移补偿费用（Börner et al.，2017）。"科斯"与"庇古"相比，具有利益主体直接参与、有明确的激励机制保障项目运行、重新进行谈判的能力等特点，这些特点使得"科斯"方法更有效（Engel et al.，2008）。然而，具有典型"科斯"特征的案例却在文献中难觅踪影（Schomers et al.，2013），"科斯"方法更多地运用于小尺度的局部规模，大尺度的区域和全球性自然资源生态补偿则需要运用"庇古"方法（Wunder et al.，2007）。生态补偿方案中科斯型和庇古型的主要区别是：前者将受益者的补偿费用直接转移给自然资源生态系统服务的供给者；后者则是将受益者的补偿费用通过第三方中介机构转移给供给者，受益者与供给者不直接接触（Vatn，2010）。这使得政府在生态补偿机制设计过程中应充分考虑"科斯"方法的优越性，越来越多的文献和出版物开始评估未来"科斯"在生态补偿方案中的可行性（Fisher et al.，2010）。生态补偿概念和内涵的梳理能够为后续生态补偿机制的研究指出清晰的方向与实施路径。

　　从上述研究可知：借鉴生态系统的空间区域划分方法，本书定义流域生态系统是以水资源、水环境、水景观和水文化为纽带，以人类生产或生活活动为动因，由区域内生态—经济—社会等系统组成，相互融为一体的复合生态系统（欧阳志云，2014；李春艳、邓玉林，2009）。流域生态系统中水资源是维持经济和社会系统运行的基础与前提（邓红兵、王庆礼、蔡庆华，2002），水资源影响着区域土地资源、草原和森林资源的生态健康，经济系统和社会系统则是生态系统服务的具体受益对象。因此，流域生态系统研究是在遵循自然资源生态特征的基础上，运用生态系统资产即水资源、草原和森林资源、土地资源等自然资源的流量与存量变动状态，估算生态系统服务的价值总量，设计流域生态补偿机制，为整个流域可持续发展政策的选择提供科学基础。流域生态补偿是旨在尽可能消除流域生态系统资产与服务的社会收益与社会成本之间的差距，通过制度设计对环境污染的负外部性行为进行约束，对生态系统的正外部性行为实施激励，以实现生态系统整体社会效益最大化的自然资源管理制度。

第二节　流域生态补偿研究理论基础

流域生态系统具有典型的复杂系统特征（李春艳、邓玉林，2009），目前学界对流域生态系统的研究多沿着两条思路进行（蔡晓明、蔡博峰，2012）：一方面，从系统论和生物有机体的角度分析流域生态系统的特征与结构，指导流域生态系统中有机体与环境的信息流动、能量交换和物质循环研究。此类研究多是探讨如何在整个生态圈的循环中保持流域生态系统的持续健康发展，却对人类福祉不做特别考虑。研究的主要内容以基于生态系统特征、结构与功能的物质量核算为基础，侧重于探索生态系统运行的基本规律和适应性行为主体的行为选择。另一方面，从经济学和人类生存的角度出发，研究流域生态系统中自然资本与生态系统服务的价值评估及补偿，此类研究多是以人类福祉最大化来研究生态系统的价值补偿问题。接下来，将从系统论和经济学的角度分别对流域生态补偿理论基础进行探讨。

一、系统论理论基础

系统科学是以系统特性、演化规律与具体应用为研究对象的综合性学科，其研究内容包括系统动力学、非线性和复杂性科学等（刘超，2011）。系统具有以下典型特征：由多元素（至少两个或两个以上）组成；元素间具有某种联系，使之相互作用、相互制约；系统具有整体性；系统能够发挥特定的功能（郭金龙，2007）。系统动力学是以系统混沌吸引子为基础，研究系统如何通过反馈和仿真实现系统的层级控制。非线性系统科学依托耗散结构理论，研究系统自组织的涨落、突现、协同与分形等内容。复杂性系统科学从系统的适应性入手，通过多样性变异、遗传性保存与传播机制和环境性选择等要素研究系统复杂性。运用系统思想，通过研究系统的组成元素、结构、功能及系统的稳定性和适应性能够为复杂的流域生态系统研究提供跨学科的研究理念与分析思路。由于流域生态系统是由生态—经济—社会系统构成的综合整体，具有典型的复杂性特征，接下来的内容主要集中于复杂系统科学理论的论述。

（一）系统层级控制理论

20 世纪 70 年代，美国图琴（Turchin，1977）和鲍威斯（Powers，1973）首次提出复杂系统的多层次控制理论。系统学家罗森和经济学家西蒙运用概率的方法分析系统组成元素随机组合的概率，指出并从数学上证明了自然界等级结构体生存的概率远远大于非等级层次结构体，这说明自然界的生态系统中存在着诸多系统的等级层次，如营养从食物链的低级向高级不断进行层级传递。1977 年，图琴在《科学的现象》中提出了元系统跃迁理论。1973 年，鲍威斯在《行为：感知的控制》中提出了感知控制论。这两个理论将控制论与生物学结合起来，强调复杂系统的目的性和层级进化，将一切复杂系统和生命有机体组成的系统从最原始的机体到社会文化现象，都看作是由层级组织起来的信念—愿望控制系统，并控制着环境的某些变量。它们精确地解释了生命系统及其他复杂系统的层次突现进化。其中，图琴的元系统跃迁理论着重研究复杂系统中由中央控制的多层级控制系统是怎样形成并演化发展的；鲍威斯的感知控制理论则着重对已经形成的多层次控制系统的基本控制原理、控制结构和功能进行详细分析（颜泽贤、范冬萍、张华夏，2006）。

1. 元系统跃迁理论。

元系统跃迁理论是从研究物质系统的进化特别是生物与人类发展的机制中发现的，用进化的观点说明了控制层次从单层到多层、从低级到高级、从简单到复杂的发展，用控制论说明了系统突现进化机制。图琴（Turchin，1977）在《科学的现象》中表示"早期进化机制实现从较低阶段到较高阶段跃迁转变的一般特征是：在每一个阶段，生物系统都有一节被称为最高控制装置的子系统，它是最近产生并有最高组织水平的子系统。而向下一个阶段的跃迁是通过这些系统的反之，并形成一个控制系统，即新的子系统将它们整合成一个整体，这个新的控制系统成为进化新阶段的最高控制装置"。其中，由新控制系统 C 与它所控制的子系统 S_1，

S_2，…，S_n 所组成的新系统 S' 为相对于 S_1，S_2，…，S_n 的元系统，由 S 到 S' 的转变被称为元系统跃迁。持续的元系统跃迁转变通过行动者的信息流和对环境信息的选择创造了控制的层级结构。人类社会的层次是人类自身创造的社会组织，是人们通过大脑的联系实现对思维和思想的控制而形成的。

2. 感知控制理论。

鲍威斯的控制理论（Powers，1973）认为："A 称控制 B，仅当对于所有作用于 B 的干扰影响，A 总要产生一种行动，它倾向于强烈地抵消这种干扰影响 B 的效应。"根据鲍威斯的理论可知，控制系统的运作可由图 3.1 中的五个函数表达：输入函数 K_i、输出函数 K_o、环境函数（反馈函数）K_e、干扰函数 K_d 和比较函数 K_c。六个变量 r、p、e、a、q、d 在带箭头的线中传递。

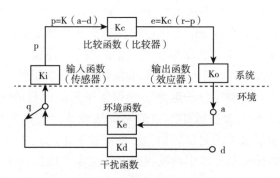

图 3.1　控制系统与环境

感知控制理论的基本特点是：首先将控制论与复杂系统研究结合起来，认为控制机制是复杂系统的本质。其次强调目的性在控制中的作用和地位，整个系统均围绕其目的性运转。最后提出复杂系统控制的基本原理，即以目标信息为感知信号，系统的行动控制系统的感知，而不是系统的感知控制系统的行动。

元系统跃迁理论和感知控制理论能够为流域生态系统的演进变迁和控制环境分析提供科学的理论基础。开放的流域生态系统可以通过感知控制机制实现整个生态系统从低层次向更高层次的演进。

（二）系统自组织理论

20 世纪 70 年代，比利时普利高津（Prigogine）和德国哈肯（Haken）首次创立了复杂系统的自组织理论。自组织是通过低层次客体的局域相互作用形成高层次结构、功能有序模式的不由外部特定干预和内部控制者指令的自发过程，由此而形成的有序的较复杂的系统被称为自组织系统（颜泽贤、范冬萍、张华夏，2006）。根据定义可以得出自组织系统的典型特征：开放性、反馈性、分布式控制及局部到全局演化等。流域生态系统是典型的复杂系统。首先，流域生态系统是开放系统，生态圈通过与外界环境的信息交换和物质循环实现系统的动态平衡。流域生态系统中生态系统资产的转移是严格按照上游、中游和下游的顺序依次流转，某一局部区域小范围生态系统资产质量和数量的改变将会通过自组织近距性慢慢传递至其他区域。其次，流域生态系统的生态链具有明显的正负反馈机制，整个生态系统通过自身的正负反馈环支撑生态系统功能的实现。一旦外界干扰打破流域生态系统自身的负反馈环稳定系统，整个生态系统将会面临不可逆转的功能退化。最后，流域生态系统是自组织与他组织混合的复杂系统。其中，生态子系统属于自组织系统，诸多行为主体是按照组织特有的方式独立运行，它们之间相互影响、相互制约，没有某一个控制系统能够控制整个流域生态系统功能的实现；经济子系统中微观市场经济属于典型的自组织系统，市场经济中的供给者和消费者是不受控制者集中控制的，宏观政府调控则属于典型的他组织系统，公共产品的提供、环境保护、避免经济危机、实现社会公正公平均需要政府的集中控制；社会子系统则属于典型的自组织系统，整个社会文化和思想的传递并不受控制者系统集中控制。

（三）复杂适应系统理论

20世纪80年代，美国以圣菲研究所的霍兰为代表的研究团队基于跨学科研究创立了复杂适应系统理论（简称CAS理论）。《韦伯国际大辞典》（Klir，2001）对复杂性的定义如下："具有许多不相同的相互关联的部分、样式和元素，从而难以完全理解""以许多部分、方面、细节、概念相互牵连为标志，从而必须认真研究或考察才能理解与处理。"根据定义可知，系统复杂性具有如下基本特征：首先有相当数量和多样的元素且元素之间有相当紧密的联系，即元素与其相互联系的多样性。其次元素间的联系是非线性且非对称的。最后元素间的联系处于有序与混沌之间。若系统是完全无序的，只能通过大数定律描述；若系统是完全有序的，则可以用传统的机械决定论描述，就不存在真正的复杂性。复杂性介于有序与无序、秩序与混沌之间。适应是指由于环境引起的复杂系统新的形式或状态相对于旧系统的存在与发展而言有所改进。适应性是复杂系统行为主体对环境变化的选择结果。适应性行动主体是一定层次上收集有关周围环境以及它自己和自己行为的信息，然后加工处理并向环境输出信息和作用，从而适应环境的行为主体。

复杂适应系统是由适应性行动主体对复杂环境产生相互作用的反应，各行为主体的反应之间经过层层演化涌现出的系统（Holland，1992）。复杂适应系统理论具备典型的七个特性（Holland，1992、2006）。

（1）聚集是指低层次的行为主体通过聚集涌现出高层次复杂的行为，这是复杂适应系统演化的基础。

（2）标识是一种信息识别机制。适应性行为主体根据标识进行相互选择实现聚集。标识是为了实现适应性行为主体聚集从而形成边界的机制。

（3）非线性是指适应性行为主体面临环境变化时，行为主体呈现主动适应关系，且相互间的影响并非简单线性关系，往往表现为多种正负反馈机制复杂关系。

（4）流是指由复杂系统中诸多行为主体对环境适应选择而导致的信息传递与物质循环。

（5）多样性是指适应性行为主体对环境适应的结果具有各种可能性，并不受某个控制系统控制。

（6）内部模型是实现系统不同功能的响应模式。当适应性行为主体接收到大量环境变化信息的输入时，选择对应的响应模式相应输入信息，这些响应模式就会凝固成某种内部模型。复杂系统中的适应性行为主体通过内部模型能够预见环境变化的未来状态。

（7）积木。积木机制是复杂系统中适应性行为主体预见从未出现过的环境新状态机制。面对环境变化，适应性行为主体通过重新组合已检验的规则描述新的情况。这些可供组合的活动规则就是积木。通过积木机制，适应性行为主体能够通过对现有规则的重新排列组合适应面临的环境变化状态。

结合系统层级控制理论和复合适应系统的七个特征机制，可得出流域生态系统中适应性行为主体（如植物、动物与人类社会）的适应系统（见图 3.2）及其信息流动和控制情况（见图 3.3），展示流域生态系统的适应性主体之间是如何相互适应、相互影响的。

根据复杂适应系统的特征，可知生命系统、经济系统、语言系统和科学系统都被看作是复杂适应系统，其中病毒、细胞、物种、公司（组织）、动物与人都被看作是复杂适应性行为主体。它们都有一个从环境中获取信息、将信息总结为规律或图式以指导或指令行动，从而行动者更好适应环

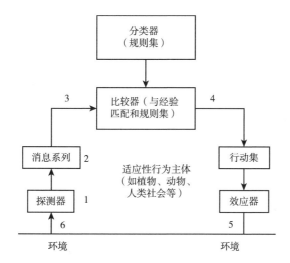

图 3.2　流域生态系统中适应性主体的适应系统

境的过程。流域生态系统的适应性行为主体包括物种、动物、公司与人类等，这些主体都有预言和指导行动的功能，主体是一个与环境发生输入与输出关系的信息处理和执行系统。该系统中主体的行动规格被称为"分类器"，整个信息处理和执行系统被称为"分类器系统"。分类器系统由探测器、效应器和规则三部分组成。探测器负责接受与行为主体生存目的与预期有关的信息，并对它所选定的信息进行编码。效应器输出的是主体对环境变化所做出的反应，行动主体能处理的相关信息越是多样，它的反应方式就越是多样，越能适应变化多端的环境。规则是指行为主体接受环境变化信息，从输入到输出、从刺激到形成反应中间必不可少的一系列中间规则，它是适应性行为主体选择反应行为的基准，这些规则是随着经验的变化而改变的。图 3.2 是流域生态系统中适应性行动主体的适应系统。

图 3.2 中适应性行动主体对环境变化的适应过程如下：

（1）特征编码。探测器对接收到的环境变化信息进行筛选、分类。

（2）录入消息。行为主体根据环境变化特征录入消息。

（3）将得到的消息与分类器（规则集）中的各种规则进行比较。

（4）通过比较器的比较，匹配出适应环境变化规则集中的行动方向，为主体的行动提供消息。

（5）效应器将适应性行为主体选择的行为集输出到环境中。

（6）适应性行为主体的探测器对环境新的变化信息进行又一轮特征编码。

　　在这一轮不断的刺激—反应过程中，适应性行为主体对环境变化的经验通过图 3.3 的适应系统中不改变规则的传递水桶算法和改变规则的遗传算法形成新的规则集，推动适应性行为主体适应环境波动。图 3.2 与图 3.3 揭示了流域生态系统中适应性行为主体的适应过程及其过程中的信息流动，探测器 2 作为适应性行为主体适应过程外部植入的奖励/惩罚机制，可以更加丰富行为主体的消息系列，这为后续流域生态系统价值补偿研究思路设计与具体实施的探讨提供了科学基础。

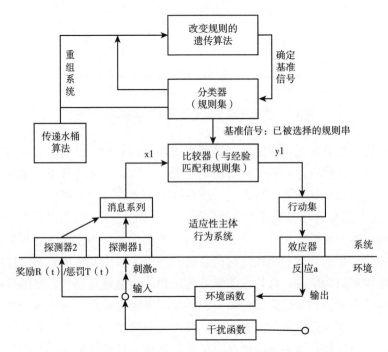

图 3.3　流域生态系统中适应性行为主体的信息流与控制

（四）流域生态系统特征

　　流域生态系统作为相对独立的复杂生态系统（李春艳、邓玉林，2009），具备复杂系统整体性、多层级、自组织和适应性的基本规律。根据系统层及控制理论、自组织理论和复杂适应系统理论的基本原理，可总结出流域生态系统所具备的基本特征、结构和功能。这些流域生态系统及其适应性行为主体特征的系统性分析为后续流域生态系统的经济学分析奠定了翔实的科学基础。

　　1. 流域生态系统特征。流域生态系统是一个相对独立的复杂生态系统，具有以下典型特征（陈德昌，2003）。

（1）整体性。整体性是流域生态系统最重要的一个属性。整体性是流域生态系统的有机整体，其存在的方式、目标和功能都表现出统一的整体特性，难以通过个别或局部部分的调整、研究来彻底理解生态系统的整体性。

流域生态系统以水资源支撑着整个流域社会经济活动。尽管不同的流域维度如上游、中游和下游对应着不同的行政区划，流域生态系统却以水资源为纽带，在生物圈中相互依存、相互制约，共同构成了完整的生态系统。因此，只有将流域生态系统作为一个完整的生态系统，才能准确理解和分析生态系统中自然、经济和社会活动间的关系，并采取科学的策略维持生态系统的持续发展。

（2）开放性。开放性是一切自然生态系统的共同特征和基本属性。流域生态系统的开放性主要表现为：首先，虽然流域生态系统在一定时期内具有相对独立性，但是较长时期内其范围和功能通过与外界的沟通必然会发生变化。其次，流域生态系统通过系统和外部环境熵的交换，使不同系统之间建立了紧密的联系，提升了流域生态系统的适应能力。最后，正是由于开放性的存在，流域生态系统中生态—经济—社会子系统各组间不断进行着交流，促使系统内组分始终处于动态变化之中。

开放的流域生态系统通过系统内部与外部的物质循环、能量流动和生态过程为人类提供了多样的服务，但也必须认识到，流域生态系统服务的供给是有限的。在社会生产和技术发展水平背景下，水资源、生物资源和土地资源等均有其最大的承载阈值（Haynes et al.，2001）。在流域生态系统自我修复和调控能力范围内的资源利用不会对生态系统造成不可逆的影响，反之则会对生态系统带来极大危害。流域生态系统资产流量与存量的实物量核算能够通过账户体系反映出水资源的使用与系统内更替状态，为后续生态系统服务价值核算和补偿政策的策略选择奠定科学合理的基础。

（3）稳定性和变动性。和世界上任何事物一样，流域生态系统也处于不断运动与变化中。在没有人类干预的环境下，流域生态系统处于自组织状态，长期自然演化的流域生态系统在各种组成要素间维持相对稳定的平衡。一个非稳定的流域生态系统通过不断与外界进行物质和能量交换，能够从原来的无序状态根据系统自组织原理转化为相对稳定时空有序的状态。在相对稳定的流域生态系统内，能量流动、物质循环和信息传递能在较长时间内保持平衡状态并对内外部干扰拥有一个正负反馈机制，维持流域生态系统的稳定性。但是，当人类的干扰因素超过系统资源可承受的阈值时，系统就会因失去内在的平衡与稳定机制而崩溃。一般流域生态系统的稳定性与生物群落的数量和食物链的网状结构有关，通常物种群落越丰富，食物链结构越复杂，其对外界干扰的抵抗能力就越强。

（4）区域性。流域生态系统与特定的空间相联系，包含一定地区和范围的空间概念。流域生态系统展示了跨区域结构和功能的规律性（Levin，1998）。不同区域的空间都存在着不同的生态条件，栖息着与之相适应的生物群落。按照自组织规律，每个区域性的生命系统与物理环境系统的相互作用及生物对物理环境的长期适应，使流域生态系统的结构与功能反映了一定的区域特性。同是内陆河流域生态系统，西北干旱区内陆河黑河流域与东北黑龙江乌裕尔河流域生态系统相比，无论是物种丰度、生物群落结构或系统功能均有显著差别。这种差异是区域自然物理环境不同的反映，也是生命系统在长期进化过程中与各自空间环境适应和相互作用的结果。

2. 流域生态系统层级结构。系统层级控制理论认为，流域生态系统之所以显示出层级性是因为各种要素和子系统间的相互作用，使不同层级具有不同特点和性质，从而形成相对独立的层级。不同层级间通过兼容，使低层级过程可被高层级过程包含。这样，小尺度上非平衡性或空间与时间上的一致性就可以转化为大尺度上平衡性和均质性。在这种层级间的转化过程中增加流域生态系统的复杂性。流域生态系统的层级结构布局直接影响生态系统功能的作用范围与深度（靖学青，1997）。

流域生态系统结构是流域生态系统不同要素按照特定的数量与质量分配，依从特定运行秩序实现整个生态系统有序运转的内在规律。根据系统层级控制理论可知，流域生态系统的层级结构由平面、网络和立体空间组成。流域生态系统结构的层级表现为一维链、二维网和三维体的整体结构布局（沈满洪，2016）。其中，一维结构链是指维持整个流域生态系统有序运行的能量循环、物质流动和信息传递按照特定的结构链条进行逐级流动与传递，典型的结构链如投入产出链、食物链等，这是流域生态系统按照持续可得性方向演化的基础。二维结构网是不同时点上，由流域生态系统链状结构组成的平面组合，如流域水资源流经水坝建筑时，同时包括水资源物质流动、能量利用和价值产生三者的信息传递。三维结构体是指流域生态系统由自然、经济和社会生态系统三个子系统组成，资源要素、经济要素和技术要素能够依据各自的特性，在不同空间层次实现有效配置，占据各自生态系统的位置构成多维立体网络。实际上，每个空间层次的流域生态系统都包括矿物潜能、势能和土壤生物能的生产网络，这些要素与地域空间上的其他要素相连接，就形成了流域生态系统的立体结构网络。

3. 流域生态系统功能。流域生态系统的功能是系统中能量流动、物质循环和信息传递的过程。这个过程使生态系统各个营养级和系统要素组成相对完整的功能单位。生态系统是通过系统内部与外部的能量流动、物质循环和信息传递进行着有序转换和无序循环，把系统内的各个组成部分紧密联结成一个有机整体，并成为系统自身运动、变化和发展的动力。流域生态系统功能包括生态功能、经济功能和社会功能三部分（刘青、胡振鹏，2012）。其中，生态功能是指流域生态系统过程形成的支撑与维持整个地球生态系统的功能，经济功能是指流域生态系统过程形成的与人类生产活动中价值流动相关的功能，社会功能是指流域生态系统为人们生活提供各种娱乐、休憩、美学等精神享受的文化功能。流域生态系统功能中与人类生产和生活相关的功能即为流域生态系统服务（孟祥江，2011）。流域生态系统功能中服务只是流域生态系统能够为人类带来收益的部分，不包括流域对整个地球其他生命系统提供的支撑。

二、经济理论基础

流域生态系统具有典型的区域性特征，整个流域尺度往往跨越两个或两个以上行政区划，若想实现整个流域的社会福利最大化就需要在不同区域间对生态系统实行价值补偿。流域生态系统中适应性主体行动的信息流和控制情况（见图 3.2）显示流域生态系统中通过在环境中加入针对适应性主体行动的奖励与惩罚机制能够有效改变适应性主体行动的消息特征，进而影响其行为选择路径。流域生态系统的价值补偿就是典型的奖励与惩罚机制。本部分主要针对流域生态系统价值补偿背后的经济学原理进行科学分析，力争为流域生态系统资产和服务的核算与价值补偿提供分析思路。

（一）生态经济学理论

1. 可持续发展理论。在人类发展的进程中，具有划时代意义的"产业革命"开启了经济发展新的篇章。传统的耕作劳动方式被机器生产代替，生产力水平出现前所未有的提升。伴随产品生产时间的节约，作为重要生产要素之一的自然资源随即出现过度耗损，排放到生态系统中的废弃物远超过其自身净化能力。由此带来了人口爆炸性增长、粮食出现供给短缺、能源危机频现、生态系统恶化等严重后果。

20 世纪 60 年代出版的《寂静的春天》强调必须在人与自然之间建立"合作协调"的关系；70 年代发布的《人类环境宣言》旨在呼吁世界各国

为了全体人们和后代利益共同承担环境保护的责任；80 年代世界环境与发展委员会（The United Nations World Commision on Environment and Development，WCED）经过对经济系统、社会系统和自然生态系统相互关系的细致考察，在《我们共同的未来》中为未来发展道路指出明确的方向，即"可持续发展"。

图 3.4 展示了社会发展过程中社会系统、经济系统和生态系统之间的内在关系。

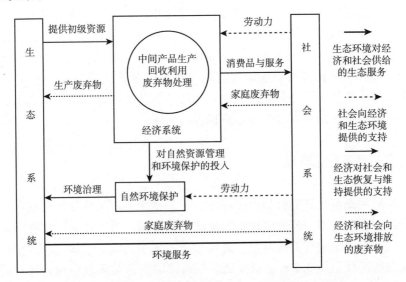

图 3.4　社会系统、经济系统和生态系统的内在关系

社会发展不应仅仅是社会经济的快速增长，而应是各系统之间和谐共赢的结果。从图 3.4 中可以看出，作为最易被人类忽略的生态系统，通过供给生态系统资产如森林资源、水资源和土地资源及生态系统服务（如涵养水源、防风固沙、休憩、景观观赏等）支撑着经济系统和社会系统正常运转。同时，经济系统在生产过程中产生的产品废弃物和社会系统产生的家庭废弃物均由生态系统承担其分解和净化。当经济系统与社会系统对生态系统中的资产耗损过快时，就会产生生态系统资产过度开采使用的现象；当生态系统承担的废弃物超过其自身净化能力时，就会出现空气颗粒物含量、土壤重金属水平和水域污染物超标的现象。这是生态系统中自然资源和环境问题产生的根源。经济系统一方面运用由生态系统供给的资产生产商品或服务维持社会系统的运行，另一方面为生态系统的修复与改善提供资金支持。社会系统一方面消费着经济系统提供的商品与服务，享受着生态系统提供的服务，另一方面为保障经济系统运转和生态系统恢复提供必不可少的劳动力支持。

从经济学的角度来看，可持续发展是一种以维持生态环境持续可得性为前提、以可持续性为特征、以改善人民的生活水平为目的的社会发展模式。可持续发展把生态系统的问题与社会经济发展结合起来研究，通过探求它们之间相互影响和相互依托的关系，寻求各系统实现共同发展的途径。可持续发展与生态系统价值补偿关系密切，可持续发展的核心思想是：健康的经济发展应建立在生态保持持续可得性和社会公正决定自身发展决策的基础之上。可持续发展既是生态系统价值补偿所追求的目标、内容和措施，同时还指导着国家和政府生态系统价值补偿政策的实施。生态系统价值补偿是从社会总成本和收益的角度出发，使生态系统资产和服务能够得到公平、合理、高效、循环的利用，从而推动经济增长模式逐步实现向可持续发展模式转化。生态系统价值补偿机制是实现生态—经济—社会系统协调发展的重要途径，是可持续发展的保证。

2. 价值理论。价值理论是经济学的基础理论。在诸多关于价值概念的讨论中，马克思"劳动价值论"和西方主流经济学"效用价值论"一直处于各流派讨论的中心地位。亚当·斯密开创了经济学界关于价值尤其是经济价值来源的讨论，萨伊（Say，1803）认为效用是价值的源泉，马克思（Marx，1956）则认为商品的价值来源于生产商品所耗用的社会劳动量。随着杰文斯"最后效用程度价值论"、门格尔"主观价值论"和瓦尔拉斯"稀少性价值论"的相继公开发表，"边际效用"逐渐成为经济学理论最为核心的概念之一（马歇尔，1983）。其中，杰文斯和门格尔提出了主观效用的概念和边际效用递减的规律，瓦尔拉斯则从效用递减规律与效用最大化原理出发，论证了"稀少性价值论"。其中，稀少性的具体含义是对人类有用且只能以有限的数量供人类利用。

流域生态系统价值的内涵可归因于客观存在的对象、特性以及相关管理工作，这些一并成为价值系统内最终评价的因素，且具有持久性特征的价值偏好会影响人们的选择和行为（Najder，1975）。虽然生态系统中生态系统资产自身的形成、物质循环过程与人类社会劳动量没有必然联系，但是人类通过生态系统资产利用程度对流域生态系统实施着人为干预。因此，流域生态系统水资源"价值"的影响因素包括服务受益对象的效用、偏好及人类利用、修复过程中付出的劳动价值两部分。流域生态系统的价值内涵主要体现在两个方面：稀缺性价值和劳动价值。

（1）稀缺性价值。稀缺性是流域生态系统价值的基础，只有稀缺的物品才具有经济学意义上的价值，形成市场价格。流域生态系统之所以具有价值，是因为在现实社会经济发展过程中流域生态系统资产与服务产生了稀缺性，稀缺性是价值存在的充分条件。同时，流域生态系统的稀缺性也是相对的，流域生态系统资产与服务如水资源在西北地区可能相对稀缺，在东南地区可能并不稀缺，这导致流域生态系统的价值量具有明显的区域差异。

由于可供使用的生态系统资产与优质的生态系统服务日益"稀少"，使其在人们主观观念中开始拥有"价值"，这是人们对所处生态系统环境一种感觉上的直观判断。雾霾的严重使清洁的空气对公众来说更为重要，各种水污染事故的发生使社会对洁净水源的需求更迫切，公众基于健康权考虑从而对更舒适的生态系统服务形成了强烈需求。而当这些需求在较长的时间内成为社会的一种持续性偏好时，它便成为当下"价值"重要的构成要素和管理当局战略决策时需考虑的重要内容。这种对生态系统服务需求价值观的形成，从长远来看必将影响社会经济活动利益主体的策略选择和行为方式。

（2）劳动价值。流域生态系统的劳动价值主要是指流域生态系统资产与服务的所有者和使用者在交易和开发利用过程中对其数量和质量进行管理所产生的劳动价值。

人类在不断开发利用自然资源的过程中，已经使自然资源刻上了劳动的烙印。随着流域生态系统中生态系统资产——水资源的日益严重短缺，人们逐渐认识到生态系统资产与社会经济协调发展的重要性。人们为了保护流域生态系统资产、促进流域生态系统资产的再生产，使流域生态系统的物质循环和能量流动能够与人类社会生产和生活活动同步，付出了艰辛的努力。因此，人类参与开发、利用和保护的流域生态系统资产已经凝结了人类劳动，具有劳动价值。随着社会经济的发展，人类生产和生活活动对流域生态系统资产的影响越大，生态系统资产的数量和质量耗损就越大，保护和改善生态系统资产的难度相应越大，投入的治理费用就会越多。流域生态系统资产的劳动价值主要包括工程规划、环境监测、水文和气象观测及人工绿洲工程等投入。

流域中上游地区实行退耕还林（草）、节水灌溉技术的推广与应用、水源涵养林建设和生态移民等生态建设投入所创造的生态系统服务价值通过使流域下游地区受益并从中获取级差收益间接表现出来。中上游地区生态建设投入所创造的生态系统服务价值转移到流域下游地区发挥效益。按照外部性理论，受益地区应给予中上游地区一定的生态系统价值补偿，以保证整个流域生态系统正常的物质循环和能量传递。

　　3. 国民核算理论。1946 年，西蒙·史密斯·库兹涅茨在《国民收入：发现的概述》一书中详细论述了国民生产总值的概念，构建了国民生产总值核算的理论框架。国民经济核算以国民账户体系（The System of National Accounts，SNA）核算准则为基础，通过 SNA 定义的概念、分类、账户和核算准则，得到一系列反映不同经济主体详细信息的数据报表体系。国民账户体系是以现代宏观经济学为理论基础，按照严格的核算规则编制国家（或地区）经济活动测度的国际标准建议。国民账户体系主要目的是通过汇总单个经济活动账户的详细信息，构建起一个以严谨逻辑关系、科学信息稽核方法、完善结构内容为特征的账户报表体系（United Nations，2014）。国民账户体系可追溯至 1947 年，在国民收入统计联盟委员会统计专家斯通（Stone）的领导下，报告小组第一次讨论了 SNA 核算框架，联合国统计委员会强调需要编制国际统计标准以使世界各国的经济发展具有可比性。1953 年在联合国统计委员会的支持下，联合国经济及社会理事会通过并发布了第一版 SNA 的理论框架，该框架包括 6 个标准账户和 12 个标准表式以呈现经济分类的流动和细节信息，这些国民收入账户（生产、收入分配、积累、资本账户、资产物量变化账户和重估价账户）和账户序列（经常账户和积累账户）的主要作用是反映经济价值创造过程的总量与结构状态，它们在 SNA 核算体系中始终处于中心地位。1968 年，SNA 扩大了经济核算的资产范围，增加了投入产出表（运用国民账户体系最基本的平衡关系：供给 = 使用，全面反映经济资源在各部门产品生产、收入分配与最终产品使用之间的关系）和资产负债表（反映某一时点上，经济体所拥有财富总额的存量状态及其在核算期间的变化过程），并试图把物质流核算体系与国民经济核算体系更加紧密地联系在一起。1993 年，SNA 与以前其他国际统计标准进行了全方位的协调对接，进一步拓展了 SNA 在世界各个经济体的适用范围。2008 年，SNA 进一步发展了资产估价的方法体系，更加注重利益主体的信息需求。

　　国民账户体系通过其内在的账户序列和报表体系全面描述经济体在经济运行过程中的价值形成、收入分配与再分配和消费的详细信息，帮助经济决策者进行经济预测与分析（鲁传一，2004）。整个账户体系具有全面性、一致性和完整性，这要求账户核算不仅需要反映经济体某一时点的经济状况，而且实践中此套账户要能够在多个连续的时期内进行编制。通常，国家（或地区）的国民账户体系主要包含两个分类：商品或服务的流量及其生产和使用过程中的资产存量。这使国民账户体系的最终报告既包含一段时期内经济体发生经济活动的运行信息，又包括一定时点上经济体的资产与负债规模和与之对应的国民财富总体规模等内容。

但是，传统的国民账户体系仅核算与经济体有关的经济活动信息，并未充分考虑生态系统为经济运行提供的生态系统资产和服务核算。为了实现经济活动和环境问题信息的跨学科整合，2012 年联合国统计委员会采用环境经济核算体系中心框架（System of Integrated Environmental and Economic Accounting, SEEA）作为国际统计标准。SEEA 是一个概念框架，旨在通过核算自然资源资产实物量和价值量的存量与流量变化，为权益责任主体提供了解和衡量环境问题与经济行为相互作用的详细信息。作为 SNA 的卫星账户，SEEA 以国民账户体系的核算概念、规则、定义和分类为基础，拓展了有关环境与经济活动核算的详细信息，旨在运用一套系统的统计测度方法编制和表述环境和经济信息，尽可能地覆盖与分析环境和经济活动相关的存量和流量细节信息。

科学合理的绿色国民经济核算理论可以为经济决策者提供宏观分析视角，为研究者提供探索国民经济运行规律的分析框架（刘彦云，2005）。在国民核算理论中，国民账户体系为流域生态系统的实物量和价值量核算提供了基本框架，环境经济核算体系中心框架作为 SNA 的卫星账户，在遵循 SNA 核算框架的基础上，通过实验生态系统核算为流域生态系统核算提供了基本的概念系统、定义、分类和核算规则。后续的流域生态系统核算以 SEEA-EEA 的实验生态系统核算为蓝本，构建流域生态系统核算的基本概念、核算要素、自然资源分类、账户体系和具体的核算规则。

（二）习近平新时代生态文明思想

党的十八大以来，习近平以中华民族长久发展的眼光，提出一系列关于生态文明建设的新思想新理念。这些思想围绕着我国为什么、如何以及建设什么样的生态文明社会进行了系统详尽阐述（杨秀萍，2019）。习近平新时代生态文明思想主要包含以下六项基本内容：第一，生态文明建设基本理念为人与自然的和谐共生。第二，绿水青山就是金山银山，"两山论"不仅从辩证逻辑的视角解释了生态系统与经济社会发展的关系并非绝对对立，而且指出生态文明建设的路径为将区域生态优势转化成生态价值，进而通过生态价值实现提升区域经济发展水平。第三，良好的生态环境是最普惠的民生福祉。第四，山水林田湖草是生命共同体。该思想提出应以系统思想设计、实施生态文明建设制度。第五，以法治保护生态环境，加快生态环境制度创新，强化相关制度执行，切实发挥制度激励与约束功能，为生态环境保护提供强有力的保障。第六，共谋全球生态文明建设。习近平生态文明思想为我国如何处理生态与经济社会系统关系、实现区域生态产品与服务价值化提供了理论基础。

（三）制度经济学理论

制度是人类历史进程中不可回避的社会管理方式。创造条件使自身效用最大化是人最基本的动机。然而，若每个人都以谋求自身效用最大化为出发点选择其行为模式，就会出现任何人都无法实现效用最大化的社会困境。制度就是为解决这一社会困境而创造出来的（Elinor，1998）。制度是社会发展中构成人与人之间各种相互作用关系的约束。设立与变迁制度的初衷是为了调节参与者行为，规范利益主体之间的关系，促进实际情况的发展趋势朝着制度设计者最初设想发展。

由于不同学者对制度进行分析的最终目的不同，其对制度的概念有着不同的理解与内涵解释。诺斯（North，1990、2005）曾将制度界定为"社会内部的游戏或博弈规则"或"影响个人互动关系的人为设计的各种限定"。谢普斯勒（Shepsle，1989）认为，制度是"通过降低交易成本和减少机会主义行为，能够增进收益的有关合作结构的事前协议"。在温加斯特（Weingast，2002）看来，制度对博弈参与者之间的互动顺序、参与者可选择的方案、参与者信息利用能力和相互的信念体系以及个人和社会整体的成本与收益将产生各种影响。因此，一旦确定规则，就可以明确参与者策略的选择集及各种被禁止行动的边界等。此外，这些规则由于能够解决集体行动产生的社会困境，被认为可以给整个社会所有成员带来好处。对于制度理论的讨论有助于后续厘清流域生态系统如何实现价值补偿相关机制的设计思路。

1. 产权理论。产权理论是新制度经济学的核心内容之一。对于产权的本质特征，新制度经济学家主要从两方面进行界定：一是从人与财产的关系角度界定，二是以财产为基础从人与人的关系角度界定。从人与财产的关系角度出发，德姆塞茨（Harold Demsetz，1994）认为"产权是界定人们如何受益及如何受损，因而谁必须向谁补偿以使他修正人们所采取的行动"。以财产为基础从人与人的关系角度出发，菲吕博顿和配杰威齐（1994）认为"产权不是指人与物之间的关系，而是指由物的存在及关于它们的使用所引起的人们之间相互认可的行为关系。产权是一系列用来确定每个人相对于稀缺资源使用顺序的经济与社会关系"。袁庆明（2014）认为产权是人对财产的一种行为权利，这种行为权利体现了人们在财产基础上形成的相互认可的关系。

产权权利至少包含四个要素，即产权主体对财产的所有权、占有权、收益权和处置权（刘诗白，1998；张五常，2007）。根据产权是否具有排他性、可分割性、可让渡性与清晰性，可将产权划分为私有产权和共有产权（张五常，2000）。阿尔钦（1994）认为"私有产权是将社会强制实施的经济物品使用权分配给一个特定的人，允许它与附着在其他商品上的类似权利进行交换"。私有产权的产权主体是唯一的自然人。与私有产权相对应的是，共有产权主体（袁庆明，2014）是由多个经济主体构成的共同体，可以是虚拟的社团组织也可以是模糊的一群主体。此时，经济物品的单个或多项权利为共同体内所有成员共同享有，即共有体内的单个产权主体对经济物品均拥有某项权利。

以流域水资源为例，根据我国宪法规定，流域水资源产权归国家所有，但具体使用权则是由水资源流经归属地政府具体实施管理。由于流域水资源所有权是共有的，每一个理性的地方政府都会尽可能多地运用属地能够控制的水资源，只要地方水资源带来的经济价值大于管理成本，地方政府就会提高本地水资源开发利用水平。地方政府提高水资源开发利用水平的动力来自其行为的外部性，即地方政府从水资源利用中得到直接受益，仅仅承担过度使用所造成损失的一小部分。结果，流域水资源的开发使用就会陷入哈丁（Harding，1968）描述的"公共悲剧"，即任何时候只要多个经济主体共同使用一种稀缺资源，便会相应产生自然资源和生态环境退化的结果。对于如何减少或化解流域水资源的困境，奥斯特罗姆（Ostrom，1992）提出通过制度设计协调产权主体间的利益关系，具体原则包括如下内容：界定清晰水资源使用权的边界、规定水资源使用规则、允许利益主体参与管理规则的制定与修改、对水资源状况和使用者的行为实行有效监督、对违反集体管理规则的使用者进行分级制裁、建立有效的冲突解决机制等。这为后续构建流域生态系统价值补偿机制提供了科学的制度设计思路。

2. 制度功能理论。制度的功能即制度在社会发展过程中如何帮助解决社会困境。卢现祥（2004）认为制度具有两种基本的功能：满足与限制人的需求。从经济学的角度来看，可以解释为制度具有两种最基本的功能：利益激励与成本约束功能。林毅夫（1999）认为，制度需要先满足保证国家安全与促进经济发展的功能。陈维（2000）总结了制度的四个功能：利益激励、资源配置、安全保障和成本约束。布罗姆利（Bromley，2004）认为任何经济体制的基本任务都是针对经济活动参与的个人行为形成激励集，由此创造环境鼓励创新并以相互的信念体系为基础促成与他人之间的合作。这些激励集引导经济活动参与者从事那些最大化自身收益函数的经济活动。袁庆明（2014）以诸多学者的见解为基础，归纳出制度功能的几个方面，如图3.5所示。

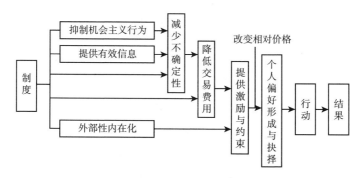

图 3.5　制度功能层次结构

与陈维（2000）和布罗姆利（Bromley，2004）的观点相似，袁庆明认为制度的核心功能是实现对经济活动博弈参与者的利益激励与成本约束。图3.5充分展现了制度功能的层次性及制度发挥作用的实现路径。制度的功能有三个层级：基本功能是抑制社会经济活动博弈参与者的机会主义行为、为利益主体提供有效的信息，次一级是降低交易费用和外部性内在化，最高级是提供利益激励与成本约束。威廉姆森（Williamson，2016）认为，交易中参与者的机会主义行为、优化交易结果有限的信息和交易结果的不确定性等是造成交易费用高昂的重要原因。制度三层功能的实现具有明显的层次性。抑制交易中参与者的机会主义行为和提供有效信息是减少交易不确定性的基础，也是实现交易费用降低的必要条件。交易费用的降低与上述外部性内在化则是最终实现利益激励和成本约束的路径。

制度通过给人们提供有关未来选择的信息集合，能够减少参加博弈的行为者所面对的不确定性，从而起到制约行为策略选择的作用。由此可见，制度或游戏规则具有规范个人间互动方式的意义。不过，制度一旦形成就会约束所有人的行为，即为了从交易中获取利益，只能同时约束自己和对方的自由。然而，人们不会自动遵守规则，因为仍然存在交易当事人使用欺骗手段或者根本不遵守规则的可能性。这就要求具有能够约束交易双方遵守规则的设计，即制度的另一核心要素——强制执行机制。这一机制通过向那些不遵守规则的行为者发出制裁威胁来达到约束经济活动参与者成本耗用的目的。因此，谢普斯勒主张制度具有一种强制功能的事前协商机制，该机制能够促使经济活动参与的利益主体之间实现合作。通过对制度进行改进或重新设计新的制度，可以实现对经济活动参与者利益激励和成本约束的目的。利益激励和成本约束能够改变经济活动博弈参与者运用各种要素的相对价格，要素相对价格的改变则又成为制度变迁的推动因素（诺斯·道格拉斯，1994）。生产要素相对价格的改变会引致经济活动参与者收益函数的改变与个人偏好的调整，推动经济活动参与者重新调整自身拥有的行为选择集，在行为选择集的约束下引导交易结果趋近制度设计的最初目标。

3. 制度变迁理论。莫（Moe，1990）认为制度变迁与制度形成一样，只要变迁主体做出制度变迁带来的收益大于所需成本的判断，就会推动制度改变。斯特雷克和西伦（Streek & Thelen，2005）以制度变迁的过程和结果为维度，提出了制度变迁的四种类型。

（1）替代。替代是指现有制度被另一种更高效的制度完全替代的情况。某一时期内，制度是由多种要素复合而成，这些要素的形成并不是同步进行且相互之间存在逻辑的冲突。因此，当制度环境逐渐成熟，由特定要素组成的新制度将发挥重要作用。如在社会经济水平普遍偏低的时期，自然资源作为生产要素没有出现供不应求的状况。然而，随着经济发展速度的加快和总量的增加，生态系统中自然资源的开采强度与使用管理成为社会可持续发展亟须考虑的要素，包含各种生态系统资产和生态系统服务实物量、价值量核算、补偿标准及效果评价等多种要素的制度机制在此背景下应运而生。

（2）重叠。重叠是指在现有制度基础上，通过增加新的要素改善现有制度结构及其运行方式的情况。与替代完全引进新的制度相比，重叠侧重于通过引进新的要素调整现有制度结构安排或修订现有制度规则改善现有制度，主要是对现有制度的补充与完善。

（3）漂移。与制度环境发生的改变相比，制度的变化未能适应环境的转变，僵化的制度未能履行最初设计的功能，导致制度运行的低效，这种制度功能的衰退现象被称为漂移。例如，在经济发展初期，我国现有的领导干部业绩与绩效考核体系把地方官员的政治升迁与任期内辖区的经济发展水平挂钩，极大地激励了地方经济的快速发展（周黎安，2004）。随着经济的快速发展，缺乏成本约束的激励制度削弱了地方经济发展过程中对自然资源使用的有效约束，致使地方在经济生产过程中默认对自然资源存在过度开发与粗放使用，对生产废弃物的排放疏于管制。在此背景下，流域生态系统价值补偿机制的设计应补充和完善其成本约束规则，旨在通过制度设计约束经济发展过程中对自然资源的使用成本，实现自然资源在生态系统内有效的循环更替。

（4）转换。转换是指制度设计的目的及其实现的功能可能发生变化的情况。所有的制度安排都是由正式与非正式规则组成（诺斯·道格拉斯，1994），这些制度安排相互之间具有显著的关联性。任何一项制度安排的运行都必须与其他匹配的制度安排相互联结才能充分实现制度设计功能。这种制度构成要素之间的关联使制度在变迁的过程中会出现一种连锁效应现象。该效应可分为前向连锁和后向连锁两种。一项制度的变迁将对以该制度为基础的其他制度安排发挥作用产生促进或抑制的现象称为前向连锁，对该制度安排的基础制度产生拉动或限制的影响称为后向连锁。以流域生态系统价值补偿为例，流域生态系统价值补偿机制的变化对后续的自然资源管理绩效评价制度安排的影响即为前向连锁，对提供有效信息的制度安排如流域生态系统核算的改变与推进则属于后向连锁。

通过上述讨论可知，制度经济学理论中制度功能要求流域生态系统价值补偿机制的设计应以实现经济活动参与者的利益激励与成本约束为最终目的，其实质与系统理论分析中在流域生态系统环境变化中加入奖励与惩罚机制起着异曲同工的作用。在流域生态系统价值补偿机制设计中，生态系统资产与服务的产权归属是核心，只有明确生态系统资产与服务的所有权、使用权与收益权的分配才能合理确定中央政府与地方政府间及地方政府间等经济行为主体对奖励与惩罚机制采取何种反应行为。流域生态系统中的适应性主体如农户、中央政府和地方政府均有各自的环境变化反应规则集，规则集的积累与变化即为制度变迁的过程，通过规则集传递水桶算法和遗传算法，适应性主体逐渐适应着环境系统的变化，力争在流域生态系统的经济博弈过程中实现利益最大化。中央政府需要明确农户与地方政府的规则集变化过程，才能通过引入奖励与惩罚机制实现整个流域的社会福利最大化。

（四）外部性理论

外部性（也称外部效应），是指在社会经济发展中某一行为主体的经济行为对其他利益主体的福祉水平产生未能在市场价格体系中充分反映的影响或效应。资源与环境经济学认为，引起自然资源不合理的开发利用及环境污染破坏的重要原因之一即外部性（鲁传一，2004）。外部性作为正式的概念，最早由马歇尔提出，庇古在此基础上区分了外部经济与外部不经济。外部性问题的本质是经济主体 A 在对经济主体 H 提供特定支付代价的行为过程中，附带使其他经济主体受益或受损，却不能从受益方取得支付，也不用对受害方施以补偿。经济学家针对外部性产生的原因不同，提出不同的解决办法，被学者普遍认可的是庇古手段和科斯定理。庇古认为：市场失灵是外部性产生的重要原因，政府干预是解决问题的必要手段。政府应对正向外部性问题予以补贴，对负向外部性问题则课征税收或罚款，使得产生外部性问题的生产过程中私人成本与收益和社会成本与收益相等，最终提升社会的整体福利水平。但是，由于准确定义边际外部成本十分困难，西方经济学界对于依靠政府的补贴与税收手段能否实现外部性矫正的目的存在较大争议。

科斯（Coase，2013）则认为，引起外部性的原因不能简单地看成市场失灵，其实质在于交易双方产权界定不清，出现行为权利和利益边界不确定的现象，从而产生了外部性问题。因此，要解决外部性问题，必须明确产权，即确定人们是否有利用自己财产采取某种行动并承担相应后果的权利，针对市场交易费用为零的情况，科斯提出了科斯第一定理：若产权是明晰的，同时交易费用为零，那么无论产权最初如何界定，都可通过市场交易使资源配置达到帕累托最优状态，即消除外部性。针对市场交易费用不为零的情况，科斯提出了科斯第二定理：当交易费用为正且较小时，可通过合法权利的初始界定提高资源配置效率，实现外部性内在化，无须抛弃市场机制。

庇古手段和科斯定理的目的都是通过社会成本与收益内在化的手段解决外部性问题。两者在自然资源保护与环境治理领域的典型应用即为生态系统价值补偿，如森林生态系统价值补偿、流域生态系统价值补偿。生态系统价值补偿的内在实质是从整个生态系统的角度出发，通过机制设计实现自然—经济—社会系统的协调发展。以流域生态系统价值补偿为例，流域的干流水系往往会涉及不同的行政区划，上中游水资源的质量和数量状况直接影响下游生态系统的能量更替和物质循环。在产权没有清晰界定的情况下，无法确定流域生态系统外部性的受益对象、补偿范围及补偿标准。在产权界定清晰的情况下，通过政府设计流域生态系统价值补偿机制，或通过水资源产权的市场交易，引导流域不同区域的经济活动主体采取更有效的行为方式，使流域生态系统的社会价值最大化，实现自然资源和生态环境以高持续可得的状态被开发和利用，社会生活和经济生产活动与生态系统平衡协调。

（五）博弈论

博弈论是研究代理人如何战略决策的学科。在经济发展的过程中，伴随着经济活动中劳动分工越来越专业，交易活动涉及的各种商业信息也越来越烦琐，出现了精通经济活动中各方面工作的专业人才。拥有资源和生产要素的参与方因不擅长、没有精力或专业知识不够等原因不得不把部分管理和交易工作交于其他专业人士完成。此时，拥有大量资源的参与者（委托人）为了通过高效的资源配置获得更高的利益，把资源的使用权转移至专业资源管理者手中，委托专人管理资源的具体配置工作，并支付相应的报酬，受托完成该项工作目标的参与者即为代理人。在有限经济人假设的基础上，较委托人而言，代理人对具体资源的使用和配置情况拥有更多的信息。当代理人可以利用这些私有信息为自身谋取一定利益而不易被委托人觉察到时，就会出现委托—代理问题。博弈论最初是在经济学中发展起来的，目的是了解大量的经济行为，包括公司、市场和消费者。

博弈论是一种分析和解决利益冲突分配问题的数学工具，是委托—代理冲突的数学形式化（Boonen et al.，2018）。由安东尼·奥古斯丁·古诺于 1838 年提出，他的解决方案是古诺双寡头垄断。现代博弈论开始于冯·诺伊曼和约翰·摩根斯坦所撰写的《博弈论和经济行为理论》（Von Neumann，1947）。博弈论在 20 世纪 50 年代被大量的研究者推入应用研究快速发展的时期（Satyaramesh，2009）。从应用的观点来看，博弈论是一种战略互动的数学模型，也是一种交互决策过程，它试图从影响参与者利益的诸多策略中，在参与者之间的均衡中找出最优策略（Davila et al.，2005）。博弈论的应用领域并不是经济学所特有的，我们可以在社会网络形成、行为经济学、政治投票和生物学等方面找到博弈论的应用。一般来说，博弈论分为两个分支，分别是非合作博弈和合作博弈。基于理性规范要求，博弈通常是参与者（参与人）在特定的环境中，按照各自利益函数的构成要素和策略集，选择解决问题的方案即均衡状态（Boonen et al.，2018）。两种博弈分支在参与者之间的相互依赖如何形成方面是存在差异的。在非合作博弈理论中，博弈是参与者可获得的所有策略的详细模型。相比之下，合作博弈抽象出所有策略细节，只描述当参与者组合在一起时产生的结果。非合作博弈理论假设参与者之间没有具有约束力的可执行协议，以此为基础考虑参与者之间策略互动，以参与者利益最大化为目标决定执行协议是否达成。该理论的典型特点是达成的执行协议是基于个体利益而非集

体利益最大化，在信息传递机制和监督惩罚机制无效时，参与者有足够的
动力背弃协议，打破原有均衡。合作博弈理论是在关注参与者之间存在公
平和公正协议基础上讨论合作收益与成本分配问题。在现实中，由于市场
经济存在的基础是竞争，在大多数参与者之间达成合作需要诸多完善的配
套机制，不易实现。这使得现实世界中，非合作博弈领域的发展为公共资源
冲突治理提供了重要分析方法（Sebastiáncano-Berlangaa et al.，2107；Soltani
et al.，2016）。

　　流域生态系统中生态系统资产——水资源具有委托代理的典型特征，
根据我国宪法规定可知，水资源的所有权属于国家，国家对水资源实行具
体管理不现实，其使用权和开发管理的职责则归属于地方政府，形成"委
托—代理"关系。在流域生态系统资产和服务的价值补偿机制研究中，中
央政府以及上游、中游和下游地方政府具有不同的利益函数与诉求，非合
作博弈理论通过分析中央与地方政府间的静态博弈和地方政府间的演化博
弈过程，得到中央与地方政府间和地方政府间合作协议达成的影响因素及
演化方向，为流域生态系统价值补偿机制的设计和有效实施提供科学
论证。

第三节　基于生态系统核算的流域生态补偿分析框架

　　若想实现人类发展的可持续目标，生态系统对人类福祉的实质性贡献
应成为经济理论和实践根本变革的核心（Costanza et al.，2017）。生态系
统和生物多样性经济组织建议国家和国际决策者、区域决策者、企业管理
和决策者及个人等利益主体以生态系统公共产品和服务流的核算与评估为
核心，围绕核算与价值评估的目的开展工作（布林克，2015）。生态系统
评估是一种反映人类思维方式、人与自然关系以及特定现实感知、世界
观、思维模式和信仰体系的文化投射系统。包含经济价值的生态系统评估
也可作为人类社会决策系统的反馈工具，可以帮助人们重新思考与自然环
境的关系，增强对消费、选择和行为后果的认知。由于生态系统价值评估
是功能强大的信息"反馈机制"，利益主体进行决策时对价值核算与评估
方法的选择必须与估值目的保持高度契合。

　　作为相对独立的流域生态系统，往往跨越多个行政区划，流域生态系
统资产与服务的跨区域特征使其正的外部性内在化在自然资源管理和环境
治理中显得尤为重要，这是持续提升流域生态系统对环境变化适应能力的

关键。生态系统核算是一种综合核算方法，旨在通过估算生态系统的流量与存量状态，将生态系统资产和生态系统服务统一至国民账户体系框架内，反映其与社会经济活动之间的相互作用关系（Obst et al.，2016），以满足生态系统综合管理的需求（Costanza et al.，2017）。对生态系统资产和生态系统服务的核算需要充分整合生态系统存量，并通过账户设置使其并入国民账户体系。综合的生态系统核算方法极大地推进了生态系统服务（Mea，2015；UKNEA，2011）、生物多样性（Hooper et al.，2005）、生态系统功能测算（Folke et al.，2004）、围绕生态系统的环境经济核算和环境非资源功能核算等相关研究的发展（UKNEA，2011）。奥布斯特（Obst，2016）和石薇等（2017）学者认为生态系统核算包含两方面的内容：一是对生态系统资产进行存量和流量的核算；二是对生态系统服务进行存量和流量的核算。目前，国内外学者对于流域生态补偿的重要性已取得较为一致的意见（Guerry et al.，2016；谢高地、肖玉、鲁春霞，2006），认为流域生态系统的价值补偿是实现生态系统正外部性内在化的有效途径，研究框架具有一定的相似性。其中，补偿主体、补偿标准与补偿模式（毛显强、钟瑜、张胜，2002）被认为是实现生态系统价值补偿的关键。但是，出于不同的分析动机，研究的出发点和侧重点会有所不同，存在不重视补偿主体行为选择机制的研究、补偿标准不合理的现象，且不同的核算方法得出的结论差异较大。由此可知，流域生态系统核算的准确性和科学性是实现有效价值补偿的基础，价值补偿的最终目标则是实现流域生态系统的可持续发展。

一、流域生态系统中资产与服务间的相互影响

为避免研究中生态系统服务范围过大和内涵混淆，本书根据戴利（Daily，1997）和奥布斯特（Obst，2016）的定义将流域生态系统划分为流域生态系统资产和流域生态系统服务两部分。流域生态系统资产是指流域自然资产中的水资源、矿藏资源、草原和森林资源、土地资源等；流域生态系统服务是指生态系统资产进入人类活动范围，结合其他非自然资产创造的人类福利。根据戴利（1997）和奥布斯特（2016）等学者的定义可知，流域生态系统核算与价值补偿研究主要是探索生态系统资产通过进入经济生产和社会生活范围为人类社会所带来的福利水平如何实现整体区域最大化。因此，流域生态系统研究中生态系统资产服务之间的关系（见图 3.6）支撑着整个研究逻辑主线。

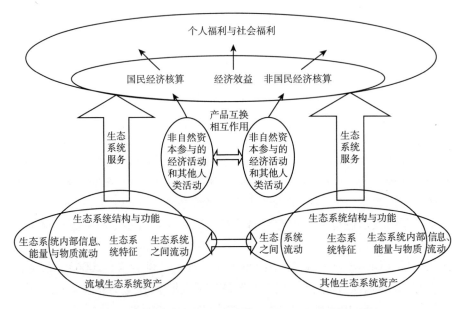

图 3.6　生态系统间及生态系统资产与服务的相互作用模型

图 3.6 以联合国《环境经济核算框架——实验性生态系统核算》（2014 版）的生态系统资产和生态系统服务的关系模型为基础，描述了流域生态系统与其他生态系统间及流域生态系统的生态系统资产与服务关系。根据生态系统的概念和分类可知，其他生态系统主要包括区域外的森林、草地、农田和城镇生态系统等。流域生态系统与其他生态系统之间通过气候变化、水源流动和人类活动进行着信息的相互交换、能量流动和物质循环。流域生态系统的生态系统资产——水资源通过参与人类经济生产和社会生活活动，把流域生态系统的部分功能转换为流域生态系统服务，与其他非自然资产相结合，生产出具有经济效益的商品，最终转化成个人与社会福利。从图 3.6 可以看出，流域生态系统结构与功能是流域生态系统服务的流量与供给量的决定因素，流域生态系统资产与其他生态系统资产内外的信息、能量和物质流动是生态系统服务产生的基础。由此可知，流域生态系统资产的实物量核算是生态系统服务价值评价的基础，而流域生态系统服务的价值补偿则是实现流域生态系统服务社会福利最大化的有效途径。

系统理论分析是从系统论的角度对图 3.6 下半部分进行深入分析，通过剖析流域生态系统的特征、结构与功能，梳理了流域生态系统中生态系统资产与服务之间的关系，结果显示，流域生态系统资产的实物量核算是生态系统服务价值量评价的基础。接下来，经济学理论基础的主要任务是从经济学的角度出发对图 3.6 上半部分进行分析，目的是为流域生态系统中由生态系统服务产生的生态系统资产能够在不同区域间进行价值补偿，最终实现整个社会福利最大化提供科学基础。

二、经济理论对流域生态补偿研究的作用

流域生态系统的经济理论基础主要包括生态经济学、制度经济学、外部性理论与博弈论。其中，生态经济学和制度经济学为流域生态系统研究提供了研究基础，外部性理论和博弈论为流域生态系统研究提供实现社会福利最大化的分析思路与解决方案。图 3.7 展示了经济学理论与流域生态系统研究之间的关系。生态经济学中的可持续发展理论为流域生态系统研究提供基本的研究理念，指明了流域生态系统研究的方向是实现生态—经济—社会系统的协调发展。以此为基础，价值理论为生态系统的价值内涵分析提供了理论基础，国民经济核算为生态系统资产与服务的实物量与价值量核算提供了方法框架。制度是流域生态系统适应性主体对环境变化做出反应的规则集，处于流域生态系统研究的核心位置。制度经济学的产权分析是流域生态系统价值补偿的起点，制度功能是流域生态系统价值补偿机制要实现的目标，制度变迁则为流域生态系统价值补偿机制的调整变化指明了方向。外部性理论解释了市场经济中流域生态系统服务下降的原因，为流域生态系统的价值补偿路径提供了思路。博弈论则为流域生态系统价值补偿过程中适应性主体的行为选择方式提供了分析方法。

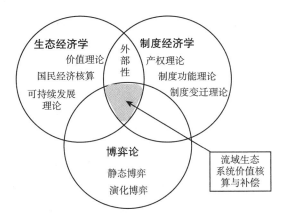

图 3.7 经济理论与流域生态系统研究的关系

三、流域生态补偿分析框架

根据系统论和经济学分析可知，流域生态系统价值核算与补偿的实质是以流域生态系统适应性主体行为的控制过程为核心，运用生态系统资产与服务的流量与存量状态核算数据，通过跨区域价值补偿机制，有效促进流域生态系统的可持续发展，进而实现流域整体社会的福利最大化。由此得出流域生态系统价值核算与补偿的分析框架（见图3.8）。

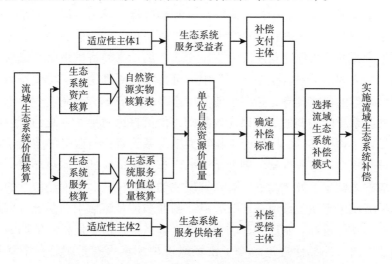

图3.8　流域生态系统核算与价值补偿研究的分析框架

（1）流域生态系统资产核算。以《环境经济核算框架—实验性生态系统核算》框架为基础，能够通过流域生态系统资产核算得到流域生态系统价值补偿的实物量数据。该实物量数据的运算过程包含严密的逻辑关系，最终形成反映流域生态系统资产存量与流量状态的账表体系。

（2）流域生态系统服务核算。流域生态系统服务的存量数据不易获得，其核算主要是对流量状态进行反映。流域生态系统服务的核算是以生态系统资产的价值内涵为基础，选用估价方法得到流域生态系统服务最低与最高的价值量数据。

（3）流域生态系统适应性主体行为分析。适应性主体是流域生态系统中最活跃的系统要素，其行为选择策略的决策机制是流域生态系统价值补偿能够有效实施的关键。流域生态系统价值补偿机制的设计应尊重适应性主体的行为选择路径，使其能够有效奖励或惩罚适应性主体的选择行为，有效引导适应性主体按照流域整体福利最大化的目标选择行为策略。

（4）流域生态系统价值补偿标准确定。为了有效提高生态系统价值补偿的效率，流域生态系统价值补偿的最高标准不应超过其为人类带来的社会效益，最低不应低于维持其持续性的最低成本。结合生态系统资产的存量数据，能够得到流域生态系统单位资产价值，这是确定流域生态系统价值补偿标准的基础。

（5）流域生态补偿模式选择。根据经济学理论可知，流域生态系统的价值补偿模式可分为三种：市场主导、政府主导和政府参与的准市场模式。不同模式的适用性高低与流域生态系统的空间尺度大小和生态系统资产产权界定难易程度相关。

（6）实施流域生态系统价值补偿。针对以系统论和经济学理论为基础提出的流域生态系统价值补偿框架，选取具体的案例进行应用分析，探讨该分析框架的普适性和特殊性。

第四节　本章小结

本章是流域生态系统核算与价值补偿研究的灵魂，运用系统论和经济学的相关理论深入剖析了整个研究的逻辑主线。通过对系统论中系统层级控制理论、自组织理论和复杂适应系统理论基本思想的梳理，本章得到流域生态系统中生态系统资产与生态系统服务相互作用的关系模型。通过对经济学中生态经济学的可持续发展理论、价值理论、国民经济核算理论，制度经济学的产权理论、制度功能理论和制度变迁理论，外部性理论和博弈论基本思想的阐释，本章分析了流域生态系统价值补偿的原因、面临的困境及解决路径。在此基础之上，本章尝试构建了流域生态系统核算与价值补偿研究的分析框架，指导后续章节的安排与布局。

第四章

流域生态补偿利益主体的行为分析

　　博弈论主要是研究决策策略的选择，即当不同的参与者选择策略之间发生相互作用时，每个参与者的策略选择路径以及该选择路径所能实现的均衡结果，它刻画的是决策主体之间的直接互动而非间接互动，是研究不同利益机制的理性决策者之间冲突与合作的一种数量分析工具。博弈论并不是人们发明出来的一个指导参与者做出完美决策的万能工具，重要的是它能够提供一种思维方法，至少能够降低人们做出系统性错误决策的概率。由于流域生态环境问题产生、演化和解决的复杂性，使得流域生态环境的恢复与治理成为全社会面临的难题。在流域生态补偿的过程中，出自中央政府层面的制度设计是根本保障，生态补偿政策的顶层设计中是否以社会整体福利最大化为依据，能否协调中央与地方政府、地方与地方政府、地方政府与自然资源耗用者（企业、农户、牧民等）之间的利益关系，能否合理解决生态补偿中成本和收益分配问题直接关系到生态补偿政策的实施效果；地方政府层面对来自顶层的生态补偿政策采取的态度直接决定了政策的执行力度，我国的财税分权制度使地方政府在自然资源管理中会根据自身的收益函数进行行为选择，进而影响生态补偿政策的真正实施效果；资源耗用者是社会财富的主要创造者，自然资源的过度耗损和生态环境破坏的根源均来自资源耗用者的工厂化生产模式对资源的消耗和废弃物的排放呈几何级数增长，当自然资源的消耗呈现不可持续发展，生态环境自身的纳污能力达到环境自身净化能力的阈值时，则需要政府在市场中设计有效的生态补偿政策减少资源耗用者行为的环境负外部性，内在化其环境成本。

　　在经济学理论中，本章讨论的流域生态系统符合经典的"公共物品"

概念（沈满洪、谢慧明，2009），在其产权无法合理确定时，资源使用极
易导致"公地悲剧"的出现。以机器生产为主的工业经济时代，伴随产品
规模化生产的是整个社会对自然资源的过度耗用及废弃物向自然界的过度
排放，由此造成流域生态系统自我修复功能的弱化，继而回馈给人类的是
颗粒物浓度超标的空气、不再适合水生生物生存的水体、重金属含量过高
的土壤和草原资源的非持续可得状态。根据外部性理论分析可知，改善和
解决流域生态系统问题的关键点在于通过制度安排实现其外部性内在化，
最终达到社会收益与社会成本的均衡状态。作为我国生态文明建设中重要
的制度安排，生态补偿制度拟通过相应的运作机制补偿流域生态系统资产
和服务供给者，惩罚自然资源生态系统破坏者，其最终目的是维持流域整
个自然资源生态系统的良好运转（范明明、李文军，2017）。

　　由于自然资源具有生态系统服务整体化和分布区域化的明显特征，这
一现实冲突导致自然资源生态服务供给区与受益区无法有效统一，自然资
源产权不能合理确定，给自然资源的有效管理带来极大的不便。然而，每
个区域的地方政府都以当地的政治经济利益最大化作为行为指导原则，致
使区域之间存在诸多竞争和利益冲突。因此，在研究生态补偿机制设计之
前有必要探讨符合我国政治管理和财政分配制度背景的生态补偿参与者的
博弈均衡分析，在此基础上核算流域生态系统资产与服务的价值，确定生
态补偿标准，使之能够充分考虑影响流域生态补偿机制有效实施的诸多因
素，合理划分流域生态系统环境保护与自然资源管理过程中各参与者的权
责，纠正社会成本与社会收益在流域生态系统服务供给者与受益者之间的
分配机制，有效调整流域自然资源生态系统的社会成本与社会收益使之达
到均衡状态。

第一节　流域生态补偿中利益主体的行为特征

　　流域生态补偿机制的实施效果直接关系到社会实现可持续发展、关系
到国家长远目标的发展，故代表社会大众根本利益的中央政府会以社会整
体福利最大化为根本出发点，以此制定的流域生态补偿机制应能够充分协
调各地方政府之间、地方政府与自然资源耗用者（企业与农牧户）之间的
利益，使之达成有效的合作联盟，以保证政策的实施效果。地方政府作为
自然资源资产实际的管理者，是中央政府的代理人，接受中央政府委托管
理自然资源资产，然而地方政府既有自己的选择权利，又迫于中央政府的

压力，会在不同程度上完成中央政府提出的自然资源管理任务，使生态环境治理效果在各行政区划出现不同。同时，由于企业税收是地方政府财政收入的主要来源之一，地方政府对企业的污染行为是否约束也是在其各自的利益结构下进行选择。因此，本章构造的博弈模型分析涉及的流域生态补偿参与主体包含以下三个：中央政府、地方政府和企业或农牧户等自然资源耗用者。

一、中央政府的行为特征

作为最高政府层面的中央政府，是以社会经济的综合长远发展为目标，力求以最小的制度成本与资源消耗取得社会经济的快速发展，为社会大众谋求福利最大化。自然资源作为经济运行过程中重要的生产要素是经济增长的基础，同时生态环境作为经济运行中废弃物排放的受纳主体也是人民生存的基本条件。自然资源和生态环境在工业文明之前还不能被称为生产要素或经济品，然而随着工业革命的发展，工厂化的产品生产模式使得经济严重依赖自然资源的使用，自然资源与生态环境由此成为稀缺的经济品。在目前的产权体系中，环境的无排他性产权特征还无法有效解决，由此看来，提升自然资源管理效率，为社会提供高质量的生态环境供给服务是政府行政管理的重要职责所在。

中央政府的发展战略和策略体现着对社会整体经济发展、经济稳定、资源和环境保护等各种发展目标的统筹兼顾。在经济人的理性假设条件下，中央政府力求以最小的成本使社会经济全面发展目标得以最优实现。因此，中央政府是以全社会为基础进行整体决策，以社会大众的福利变化水平作为政策实施效果的评判标准。在流域生态补偿制度设计中，作为自然资源管理的委托人，中央政府的作用更多侧重于战略制定与行动监督，政策具体的执行者则是处于自然资源代理人位置的地方政府。作为流域生态补偿机制的行为主体，中央政府和地方政府由于现实中的各种因素，在管理动力上往往表现出明显的差异。自然资源的产权特征决定了自然资源管理的成本和收益具有不对称性，并且这种不对称性随着地理区域的差异性而增强。在分权的财政体制下，地方政府保护自然资源管理的内源性动力明显弱于中央政府。在经济成本利益分配承担机制没有明显改观的情况下，地方政府往往是迫于中央政府和当地社会大众的压力才进行必要的自然资源保护。

二、地方政府的行为特征

对于地方政府而言，在流域生态补偿中处于自然资源生态服务的供给者位置放弃多少经济代价换取更高水平生态供给的选择权位于代理人地方政府手中。经济学经典假设中的"理性人"意味着地方政府在可能的情况下总是追求辖区利益的最大化。行政辖区利益是以行政辖区内社会公众福利最大化为衡量目标；地方政府的自身利益包含经济利益、社会声誉等综合收益函数最大化。

地方政府具有双重身份，既是地方事务的行政管理主体，代理中央政府行使自然资源的管理职责，也是市场经济中的参与者，会以地方政府的综合收益函数为基准进行行为选择实现自身利益最大化。地方政府的双重身份往往引致了行为动机的双重性：我国地方政府的行为主体资格以及相应的职能权限都是中央政府按照法律规定赋予的，地方政府在中央政府的授权下管理地方社会经济事物。地方政府处于中央政府地方派出机构的地位并承担相应的中央政府下达到地方的国家职能，往往会选择主动遵从中央政府的绩效考核标准，不会与中央政府的战略发展目标相悖，并在行为决策中考虑一定的整体利益；这使地方政府成为本辖区居民公共利益的代表主体，地方政府的行为决策必须以地方利益为重，服务于区域居民，尽可能实现本辖区公共利益的最大化。与此同时，地方政府也是参与和推进地方市场经济发展的行政主体，根据有限理性人假设，地方政府在市场经济中进行行为选择时，力求同时实现综合利益的最大化；当两者利益发生冲突时，地方政府会根据综合收益函数对实施行为的成本和收益进行匹配，通过收益函数中成本和收益总和的分配情形来调整行为选择策略。在流域生态补偿策略选择上，地方政府既要考虑如何实施中央政府层面设计的自然资源保护政策，使管理绩效既符合中央政府的业绩评价标准，又要满足自身发展利益的需要。

三、企业或农牧户等自然资源耗用者的行为特征

在市场经济中自然资源耗用者往往是企业或农牧户，他们是以追求自身利益最大化为目标的行为主体，企业的自身利益包含经济利益、社会责任和社会声誉等内涵。经济利益是以企业利润最大化来衡量；社会责任是以企业利益主体的评价来衡量；社会声誉是以社会公众的评价来衡量，农

牧户的自身利益通过农业种植、水产生产和畜牧业等第一产业获得经济利益。

在流域生态补偿中，以利润最大化为企业行为准则产生的结果对治理废弃物排放有积极的效应，也有消极的效应。利润最大化会推动企业不断完善自身的环境管理体系，在其他条件不变的情况下，有效的管理总是与单位能耗和物耗水平下降联系在一起的；由于我国现有的经济与法律制度安排下，企业可以免费或者低价地向环境排污从而向社会转移一部分生产成本，即传统的成本核算没有将环境损失考虑在内，在企业按环境保护标准对污染物进行处理时，污染物处理成本就会成为生产成本的一部分。在主动参与治理的企业中，环境治理活动实现了环境成本的内部化，却在无形中增加了产品的成本，蚕食企业的产品利润空间，这种情况下企业先天没有足够的内在动力参与降低能耗、减少废弃物排放的生态系统服务供给工作中。从上述分析可以看出，企业只有在环境治理对企业的节能降耗收益大于其产品成本时，才有足够的动力积极参与其中。

对于农牧户而言，其生存的地域往往是生态服务主要供给来源，他们的策略选择是以平衡充分利用自然资源获得的收益与放弃的成本之间进行权衡，若不能得到放弃利用自然资源获得的经济收益与提供丰富生态服务的同等补偿，农牧户就没有动力给生态系统内的受益者供给良好的生态环境。

四、企业与政府在流域生态系统保护中的关系

随着我国市场经济改革步伐的加快，企业在市场经济中的主体地位日益凸显，政府对企业已经失去了原有的高度控制力，企业不可能再无条件地接受来自政府的行政命令，甚至对政府公布的各种政策性措施也不能及时做出市场反应并采取相应的行动，政府和企业的关系由行政隶属关系向契约式关系转变。

中央政府、地方政府和企业三方的行为选择路径如图4.1所示。

对企业而言，企业内部环境治理的技术改进和项目投资活动往往会增加企业即时生产成本，从而在短期内出现获利下降的现象。由于资源环境影响的外部性，若没有外在制度约束，市场机制是不能有效直接引领追求利润最大化的企业自发地开展内部节能降耗的活动。即企业实现绿色转变并不是企业的自觉行为，而是企业在外部环境和社会制度约束下的一种理

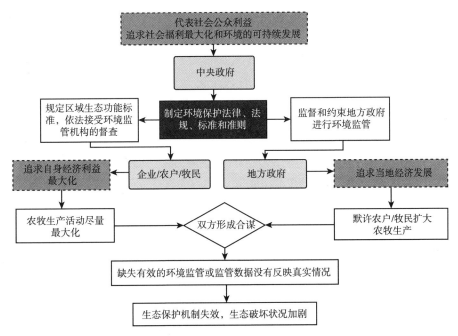

图4.1　中央政府、地方政府和企业/农户/牧民三方博弈的行为分析

性选择。环境治理的项目对企业而言，其选择的过程实质上是政府将其在自然资源保护和管理方面的价值标准传递或强加给企业的过程，而企业追求利润最大化的个体理性往往与政府追求可持续发展的集体理性存在一定冲突，必然会在政策制定执行过程中与政府产生较大的博弈。

对中央政府而言，由于自然资源和生态环境有效供给存在正的外部性，有效的自然资源管理所获得的社会收益远大于治理成本。然而，自然资源保护和生态环境治理所减少的这部分社会损失在企业决策者的收益函数中却得不到任何反映。因此，中央政府进行流域生态补偿机制决策选择的依据是只要自然资源保护和生态环境治理行动所带来的社会收益超过环境治理成本，对社会整体而言就是有利的。这些没有被企业考虑的社会收益和成本则成为企业和政府进行博弈的关键点。

对地方政府而言，谋求本辖区利益最大化是地方政府的主要目标。地方利益由地方公众整体利益和地方政府自身的特殊利益两大部分构成。其中，地方公众整体利益包括地方范围内的充分就业、人均收入增长速度、地方公共品的有效供给等；地方政府自身的特殊利益包括各种政绩的取得、工作环境（如办公大楼、交通工具等）的改善等。从理论上来讲，适宜的生态环境本身也是公共品的构成部分，生态环境资本的形成和积累也

有助于地方物质资本的形成和物质收益的提高。同时，地方生态环境改善
也是广义征集的考核指标，构成地方官员考核及其经济利益实现的影响因
素。然而，在目前的地方政府官员绩效考核评价机制中，经济增长所带来
的利益要比环境质量改善所带来的利益更直接、明显，考核起来也更准
确、简单、方便。因此，不少地方官员的环境责任考核常常流于形式，往
往用经济上的发展来弥补环境上因未能满足中央政府的要求而造成的过
失。地方政府官员绩效考核中经济指标占比越高，地方官员对于经济发展
的动力和愿望越迫切。

根据流域生态补偿利益主体的不同，生态补偿主要包括中央政府与地
方政府之间的纵向补偿、地方政府与地方政府之间的横向补偿、企业和农
户参与的市场化补偿，接下来将对这三种补偿实施过程中利益主体的行为
选择做博弈分析，以期通过揭示利益主体的决策路径，为流域生态补偿的
政策制定者提供决策信息。

第二节　中央政府与地方政府间的两阶段博弈

在流域生态补偿中，中央纵向的转移支付是地方生态补偿的重要途
径。中央政府作为自然资源管理的委托人，是政策制定者和效果评价者，
地方政府作为自然资源的代理人，是具体政策实施者。中央政府制定的生
态补偿机制能否发挥作用，有效改善生态服务供给地区的生态系统，则取
决于地方政府对生态保护策略的执行程度。静态博弈的核心是获得"均
衡"点，该分析适用于博弈方为二个参与者的行为选择研究。因此，对流
域生态补偿的中央政府与地方政府的行为分析选择静态博弈。以下为中央
政府和地方政府在生态补偿中的两阶段博弈分析。

一、中央政府与地方政府博弈的假设与参数设置

在流域生态补偿中，地方政府根据自身的收益函数会选择实现综合收
益最大化的行为路径。因此，地方政府在对待生态服务供给时，有可能选
择"不供给"策略，中央政府有义务对地方政府实施"供给"的行为进行
监督与反馈。

对于地方政府是否按照中央政府关于生态发展策略保护本地生态环
境，若真正执行并达到预期效果，则称其选择为"供给"（F）策略；若并

未执行或宽松执行生态保护策略没能有效改善生态服务供给，则称其选择为"不供给"（D）策略。假设地方政府在"供给"策略第一阶段的总收益为e_1，执行策略所付出的总成本为c_1，综合收益为$e_1 - c_1$；第二阶段的总收益为e_2，执行策略所付出的总成本为c_2，综合收益为$e_2 - c_2$。"不供给"策略的收益在两个阶段均为E。由于生态保护的实质性工作见效慢，大多数地方政府"供给"策略的综合收益要小于"不供给"策略，即$0 < e_1 - c_1 < E$；随着时间推移，地方政府实施中央生态保护战略的综合收益会逐渐增加，若减少则意味着生态保护战略失效，不具有可持续性，第二阶段博弈则不会发生，因此假设$e_2 \geqslant e_1$。当地方政府选择"不供给"策略时，其结果是：企业废弃物排放或自然资源过度耗损产生环境损害（负的外部性），假设"不供给"策略对地方政府的信誉损失为$-u(u > 0)$。

鉴于地方政府不具有实施"供给"策略的强大内在动力，中央政府（central government，CG）为保证生态发展战略的实施效果，有效增加社会生态服务的供给，有必要对地方政府（LG）的实施实行全面监督。中央政府在此博弈中的策略集为（监督，不监督）即（S，R）。假设中央政府实施监督的成本为c，当中央政府实施监督时，发现地方政府没有执行环境保护或执行环境保护效果不达标，会受到处罚p，处罚包含政治和经济威慑两层含义。

从长远来看，地方政府的生态服务供给显现逐渐上升的态势，假设生态服务供给的综合收益（$e_1 - c_1$，$e_2 - c_2$）处于三个水平状态：初始状态（0，E - p]；发展状态（E - p，E]；稳定状态（E，$+\infty$）。

二、中央政府与地方政府博弈的支付矩阵

根据上述假设，可得到两阶段中央政府与地方政府博弈的支付矩阵，如表4.1和表4.2所示。

表4.1　　　　　　　　　　　　**一阶段的支付矩阵**

中央政府（CG）

地方政府（LG）		S	R
	F	$(e_1 - c_1,\ -c)$	$(e_1 - c_1,\ 0)$
	D	$(E - p,\ p - c - u)$	$(E,\ -u)$

表 4.2 二阶段的支付矩阵

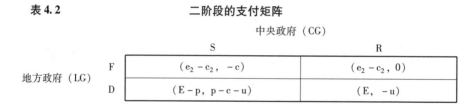

		中央政府（CG）	
		S	R
地方政府（LG）	F	$(e_2 - c_2, -c)$	$(e_2 - c_2, 0)$
	D	$(E - p, p - c - u)$	$(E, -u)$

根据表 4.1 和表 4.2 可推导出两阶段中央政府和地方政府博弈的扩展式，如图 4.2 所示。

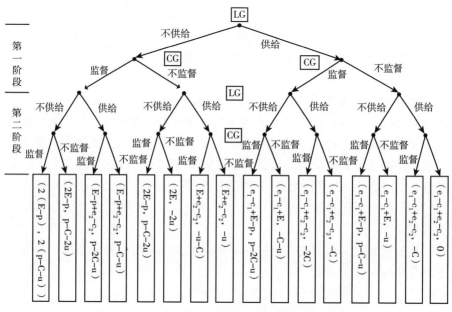

图 4.2 中央政府与地方政府两阶段博弈的扩展描述

三、中央政府与地方政府间的博弈分析

地方政府是生态服务真正的供给者。在地方政府的综合收益函数中，自然资源与生态环境的维护成本具有一定的黏性，且随着处理的废弃物排放数量而递增。因此，只有出现综合收益不断上升的结果才会激励地方政府选择"供给"策略。

（1）两阶段生态服务供给的综合收益都位于初始较低级状态时，即 $0 < e_1 - c_1 < e_2 - c_2 \leqslant E - p$。运用逆向归纳法可知，第二阶段为最后阶段，根据表 4.3 中的支付矩阵可推导出本阶段中央政府与地方政府的均衡策略集为 $(E - p, p - c - u)$；第一阶段的均衡结果可根据与两阶段博弈等价的

一次表述矩阵（如表4.3所示）得出均衡策略集为 $[2(E-p), 2(p-c-u)]$。因此，中央政府和地方政府博弈唯一的均衡策略集为 $[(D, S), (D, S)]$，即两阶段地方政府均采取"不供给"策略，中央政府均采取"监督"策略。由此可知，当地方政府"不供给"所获得的综合收益除去处罚的成本仍然大于"供给"所得时，中央政府的监督就失去了实质的威慑意义；只有当中央政府的处罚力度足够大时，才能促使地方政府有动力采取"供给"策略，但是靠"监督"的处罚驱动地方政府行为选择的方案不具有持续性，只能在短期内产生效果，长期依旧要以提升地方政府的综合收益为主。

表4.3　　　　　　　　两阶段博弈等价的一次矩阵（1）

中央政府（CG）

		S	R
地方政府（LG）	F	$(e_1-c_1+E-p, p-2c-u)$	$(e_1-c_1+E-p, p-c-u)$
	D	$(2(E-p), 2(p-c-u))$	$(2E-p, p-c-2u)$

（2）第一阶段生态服务供给的综合收益位于初始状态，第二阶段综合收益位于发展状态时，即 $0<e_1-c_1 \leqslant E-p<e_2-c_2<E$。运用逆向归纳法可知，中央政府和地方政府在第一阶段的均衡策略集为（不保护，监督），第二阶段则为混合策略集 $\left[\left(\dfrac{p-c}{p}, \dfrac{c}{p}\right), \left(\dfrac{E-e_2+c_2}{p}, \dfrac{e_2-c_2+p-E}{p}\right)\right]$。在第二阶段时，假设中央政府选择"监督"的概率为h，地方政府选择"供给"的概率为k，可得到表4.4的一次矩阵，根据该矩阵可推出：

$$h(p-c-u)+(1-h)(p-c-2u)=h(p-2c-u)+(1-h)2(p-c-u)$$
$$(1-k)(e_2-c_2+E-p)+(e_2-c_2+E-p)=(1-k)2(E-p)+k2(E-p)$$

联立两个等式，可得：

$$h^*=\frac{p-c}{p}, k^*=\frac{E-e_2+c_2}{p} \qquad (4-1)$$

由式（4-1）可知，第二阶段的混合策略集为 $\left[\left(\dfrac{p-c}{p}, \dfrac{c}{p}\right), \left(\dfrac{E-e_2+c_2}{p}, \dfrac{e_2-c_2+p-E}{p}\right)\right]$。此时，地方政府的均衡收益为 e_2-c_2+E-p，中央政府的均衡收益为 $p-c-u-\dfrac{cu}{p}$。

表 4.4　　　　　　　　　　**两阶段博弈等价的一次矩阵（2）**

中央政府（CG）

		S	R
地方政府（LG）	F	$(e_2 - c_2 + E - p, \ p - 2c - u)$	$(e_2 - c_2 + E - p, \ p - c - u)$
	D	$(2(E - p), \ 2(p - c - u))$	$(2E - p, \ p - c - 2u)$

因此，第一阶段最初生态服务供给的综合收益位于初始状态，地方政府则更倾向于采取"不供给"策略，中央政府实施"监督"；第二阶段生态服务供给位于发展状态时，地方政府"不供给"生态服务的行为会受到来自中央政府的处罚，当接受处罚后的综合收益低于"供给"时，地方政府选择以 h^* 的概率"供给"生态服务，中央政府则以 k^* 的概率选择"监督"地方政府的"供给"行为。随着第二阶段"供给"综合收益的稳步上升，地方政府增加"供给"的内在动力也在慢慢增强，同时，"监督"的必要性在逐渐下降。

（3）两阶段生态服务供给的综合收益都位于发展状态时，即 $0 < E - p < e_1 - c_1 < e_2 - c_2 < E$。运用逆向归纳法可知，两阶段最终的均衡策略表现为混合集，同上假设中央政府选择"监督"的概率为 h，地方政府选择"供给"的概率为 k。

根据表 4.5 中的支付矩阵可知，第二阶段的混合策略为 $\left[\left(\dfrac{p-c}{p}, \ \dfrac{c}{p}\right), \left(\dfrac{E-e_2+c_2}{p}, \ \dfrac{e_2-c_2+p-E}{p}\right)\right]$，地方政府的均衡收益为 $e_2 - c_2$，中央政府的均衡收益则为 $-\dfrac{cu}{p}$。

表 4.5　　　　　　　　　　**两阶段博弈等价的一次矩阵（3）**

中央政府（CG）

		S	R
地方政府（LG）	F	$(e_1 - c_1 + e_2 - c_2, \ -c(p+u)/p)$	$(e_1 - c_1 + e_2 - c_2, \ -cu/p)$
	D	$(e_2 - c_2 + E - p, \ p - c - u - cu/p)$	$(e_2 - c_2 + E, \ -c(p+u)/p)$

下面分析第一阶段的均衡混合策略。

根据表 4.1 和表 4.4 可得到两阶段博弈等价的一次矩阵即表 4.5，由表 4.5 可知第一阶段的均衡策略表达式：

$$-\frac{hcu}{p}-(1-h)\frac{c(p+u)}{p}=-\frac{hc(p+u)}{p}+(1-h)\left(p-c-u-\frac{cu}{p}\right)$$

$$(1-k)(e_1-c_1+e_2-c_2)+k(e_1-c_1+e_2-c_2)$$

$$=(1-k)(e_2-c_2+E)+k(e_2-c_2+E-p)$$

联立两个等式，可得：

$$h^*=\frac{p-c}{p},k^*=\frac{E-e_1+c_1}{p} \qquad (4-2)$$

由式（4 - 2）可知，第二阶段的混合策略集为 $\left[\left(\frac{p-c}{p},\frac{c}{p}\right),\right.$ $\left.\left(\frac{E-e_1+c_1}{p},\frac{e_1-c_1+p-E}{p}\right)\right]$。此时，地方政府的均衡收益为 $e_1-c_1+e_2$ $-c_2$，中央政府的均衡收益为 $-\frac{2cu}{p}$。

根据上述分析可知，地方政府"供给"生态服务综合收益大于其"不供给"的综合收益。因此，地方政府均以 $h^*=\frac{p-c}{p}$ 的概率"供给"生态服务，中央政府实施"监督"均衡策略的概率：在第一阶段为 $k^*=$ $\frac{E-e_1+c_1}{p}$，在第二阶段为 $k^*=\frac{E-e_2+c_2}{p}$。在地方政府"供给"生态服务综合收益位于发展阶段时，随着综合收益的提升，地方政府不会轻易改变策略，但是中央政府会减少运用"监督"策略。

（4）第一阶段生态服务供给的综合收益位于发展状态，第二阶段综合收益位于稳定状态时，即 $0<E-p<e_1<E\leq e_2$。运用逆向归纳法可知，第二阶段为最后阶段，根据表4.2中的支付矩阵可推导出本阶段中央政府与地方政府的均衡策略集为（供给，不监督）。

下面分析第一阶段的均衡混合策略，同上假设中央政府选择"监督"的概率为 h，地方政府选择"供给"的概率为 k，根据两阶段博弈等价的一次矩阵表4.6，可得第一阶段的均衡策略表达式：

$$(1-h)(-u)+h=h(-c)+(1-h)(p-c-u)$$

$$(1-k)(e_1-c_1+e_2-c_2)+k(e_1-c_1+e_2-c_2)$$

$$=(1-k)(e_2-c_2+E)+k(e_2-c_2+E-p)$$

联立两个等式，可得：

$$h^* = \frac{p-c}{p}, k^* = \frac{E-e_1+c_1}{p} \quad\quad (4-3)$$

由式（4 - 3）可知，一阶段的混合策略集为 $\left[\left(\frac{p-c}{p}, \frac{c}{p}\right),\right.$
$\left.\left(\frac{E-e_1+c_1}{p}, \frac{e_1-c_1+p-E}{p}\right)\right]$。此时，地方政府的均衡收益为 $e_1 - c_1 + e_2 -$
c_2，中央政府的均衡收益为 $-\frac{cu}{p}$。

表4.6 　　　　　　　　**两阶段博弈等价的一次矩阵（4）**

中央政府（CG）

		S	R
地方政府（LG）	F	$(e_1-c_1+e_2-c_2, \ -c)$	$(e_1-c_1+e_2-c_2, 0)$
	D	$(e_2-c_2+E-p, \ p-c-u)$	$(e_2-c_2+E, \ -u)$

根据上述分析可知，地方政府"供给"生态服务的综合收益至少不小于"不供给"的综合收益。因此，地方政府在第一阶段选择以 $h^* = \frac{p-c}{p}$ 的概率提供生态服务"供给"，在第二阶段则选择实施生态服务"供给"策略；中央政府在第一阶段以 $k^* = \frac{E-e_1+c_1}{p}$ 的概率选择"监督"，直至第二阶段选择"不监督"策略。

（5）第一阶段自然环境保护的综合收益位于初始状态，第二阶段综合收益位于稳定阶段时，即 $0 < e_1 - c_1 \leqslant E - p < E \leqslant e_2 - c_2$；运用逆向归纳法和两阶段博弈等价的一次表述矩阵（如表 4.7 所示）可知，在博弈的两个阶段中，地方政府从"不供给"策略发展为"供给"策略，中央政府则从"监督"策略转变成"不监督"策略。中央政府与地方政府博弈的均衡策略为 $[(D, S), (F, R)]$，地方政府的综合收益为 $E - p + e_2 - c_2$，中央政府的综合收益为 $p - c - u$。

表4.7 　　　　　　　　**两阶段博弈等价的一次矩阵（5）**

中央政府（CG）

		S	R
地方政府（LG）	F	$(e_1-c_1+e_2-c_2, \ -c)$	$(e_1-c_1+e_2-c_2, 0)$
	D	$(E-p+e_2-c_2, \ p-c-u)$	$(E+e_2-c_2, \ -u)$

因此，当地方政府获取综合收益的能力较大时，综合收益的快速增长直接促使地方政府转变"不供给"策略；中央政府"监督"的制度设计充分完成激励作用后，即可转换为"不监督"策略。由此可知，地方政府实施"供给"策略时获取综合收益的能力才是提高生态服务供给质量和数量的关键点。

根据上述分析，可知地方政府是否会选择为社会"供给"生态服务的关键在于"供给"的综合收益是否能补偿其成本。由此可知，在中央政府和地方政府流域生态补偿的博弈中，影响地方政府流域生态补偿决策的基础是区域"供给"生态服务的成本，只有成本得到充分补偿的情况下，地方政府才会思考如何提高其综合收益。中央政府则需根据"供给"综合收益所处不同的状态选择其是否实施"监督"及其实施频率。中央政府和地方政府博弈的政策含义如下：中央政府在流域生态补偿中起着对补偿机制实施监督的作用，其监督的频率取决于地方政府获取综合收益的能力。

第三节　地方政府与地方政府间的演化博弈

在流域生态补偿中，不同行政区划地方政府间的横向转移支付是流域生态补偿的重要途径之一。由于水资源的流动具有从高地流向低地的天然属性，这使得作为整体的流域生态系统被我国属地行政管理制度划分隶属于不同的行政区划。整个流域生态系统的生态保护和自然资源管理难度与隶属行政区划的复杂程度密切相关。例如，我国的太湖流域行政区划隶属于江苏、安徽和浙江三省与上海市，县市级行政区划共包含30个，分别隶属于8个城市，仅太湖流域跨省的湖泊与河流断面共47个（刘晓红、虞锡君，2007）。这增加了太湖流域生态系统的生态保护和自然资源管理难度，也增加了流域生态补偿机制实施的难度。由于流域生态系统生态保护和自然资源管理具体的实施者是地方政府，有时涉及多个利益主体对流域生态系统的生态保护和自然资源管理，且现实中博弈群体的行为符合"有限理性"假设。因此，本节重点分析流域生态系统跨界保护过程中，补偿利益主体地方政府与地方政府间群体性行为的演化博弈。演化博弈研究的对象是由多个利益主体组成的群体，例如按照流域的生态特征划分为上游、中游和下游，流域上游与下游地方政府可能是某一县市，也可能是几个县市的群体集合。

一、博弈基本假设

假设流域生态系统中的上游区域被规划为禁止或限制开发区，该区域具体负责流域源头的水源涵养与水土保持，是整个流域生态保护和自然资源管理工作的重点区域，保护工作的效果在一定程度上影响着中游或下游区域的生态环境状况和经济发展水平。中游或下游区域被规划为优先或重点开发区，该区域是生态系统资产和服务的受益方，对上游提供的优质生态环境按照补偿标准给予补偿。在流域管理机构的协调下，作为生态保护方的上游，利益主体的选择策略包括两种：遵守协商结果，从流域整体的生态系统环境状况出发，放弃自身的经济发展机会与潜力，服从流域水资源的统一调度管理；不遵守协商结果，以本区域的经济发展为重点，选择用消极态度对待生态保护。同样，作为生态环境受益方的下游地区（为方便进行博弈分析，中游与下游受益群体统称为下游地区），利益主体的选择策略也包括两种：遵守协商结果，按照协商的生态补偿标准对上游生态环境保护方给予各种形式的补偿；不遵守协商结果，选择消极的态度对待补偿政策，拖欠或直接拒绝给予上游地区的补偿要求。由于流域生态系统水资源、草原资源和森林资源具有正的生态外部性，根据表 4.1 中生态系统供给者与受益者的博弈结果可知，中游或下游受益方出于自身经济发展考虑，倾向于采取不遵守协商结果的策略，这一选择从长远来看，将减少整个流域的生态系统价值，损害社会利益。

二、博弈双方的支付矩阵

假设中理想协商结果是：整个流域上游负责保障下游社会发展和居民生活的下泄水量与水质，下游按照水量和水质进行补偿。实际中，流域生态补偿上游和下游的利益群体具有不同的行为选择策略，具体的收益矩阵如表 4.8 所示。

表 4.8　　　　　　流域生态补偿上下游收益矩阵

下游生态效益受益者

	选择策略	补偿	不补偿
上游生态环境保护者	保护	（D，Q）	（A，S）
	不保护	（C，M）	（B，N）

其中，流域生态补偿上下游利益主体的收益函数既与自身所选择的行动策略相关，也与博弈对方选择的行动策略相关，即博弈双方的策略选择与收益函数之间有着相互依赖性。上述收益矩阵中，A、B、C、D、M、N、S 和 Q 分别表示上游生态保护者与下游生态受益者的收益。（D，Q）表示上游、下游均采取服从策略时双方各自的收益；（A，S）表示上游服从协商结果，下游不愿执行补偿时双方各自的收益；（C，M）表示上游不服从协商结果，下游愿意执行补偿时双方各自的收益；（B，N）表示上游、下游均采取不服从策略时双方各自的收益。

假设上游区域选择服从策略的比例为 x，则选择不服从协商结果的比例为 (1 − x)；下游区域选择服从策略的比例为 y，则选择不愿实施补偿行为的比例为 (1 − y)。

上游地方政府：

选择服从协商结果的期望收益 $X_1 = y \times D + (1-y) \times A$

选择不服从协商结果的期望收益 $X_2 = y \times C + (1-y) \times B$

因此，上游地方政府利益主体的平均期望收益 $\overline{X}_{12} = x \times X_1 + (1-x) \times X_2$

由此可知，上游地方政府利益主体选择服从协商结果的复制动态方程为：

$$\frac{dx}{dt} = x \times (X_1 - \overline{X}_{12}) = x \times (1-x) \times (X_1 - X_2)$$
$$= x \times (1-x) \times [y(D-C) - (1-y)(B-A)]$$
$$\frac{dx}{dt} = x \times (1-x) \times [y(D-A-C+B) + A - B] \qquad (4-4)$$

下游地方政府：

选择服从协商结果的期望收益 $Y_1 = x \times Q + (1-x) \times M$

选择不服从协商结果的期望收益 $Y_2 = x \times S + (1-x) \times N$

因此，下游地方政府利益主体的平均期望收益 $\overline{Y}_{12} = y \times Y_1 + (1-y) \times Y_2$

由此可知，下游地方政府利益主体选择服从协商结果的复制动态方程为：

$$\frac{dy}{dt} = y \times (Y_1 - Y_{12}) = y \times (1-y) \times (Y_1 - Y_2)$$

$$= y \times (1-y) \times [x(Q-S) - (1-x)(N-M)]$$

$$\frac{dy}{dt} = y \times (1-y) \times [x(Q-M-S+N) + M-N] \quad (4-5)$$

根据上述表达，可以得到流域上游地区地方政府与下游地区地方政府的复制动态方程为：

$$\begin{cases} \dot{x} = \dfrac{dx}{dt} = x \times (1-x) \times [y(D-A-C+B) + A-B] \\ \dot{y} = \dfrac{dy}{dt} = y \times (1-y) \times [x(Q-M-S+N) + M-N] \end{cases} \quad (4-6)$$

复制动态方程反映了流域生态补偿博弈中利益主体选择策略动态的演化过程。令 $\dot{x}=0$，$\dot{y}=0$，得到上述演化博弈在平面 $\{(x, y); 0 \le x, y \le 1\}$ 上的五个局部均衡点，分别为 $(0, 0)$，$(0, 1)$，$(1, 0)$，$(1, 1)$，(x^*, y^*)。其中：

$$\begin{cases} x^* = \dfrac{N-M}{Q-S+N-M} \\ y^* = \dfrac{B-A}{D-C+B-A} \end{cases}$$

根据弗里德曼（Friedman，1991）提出的方法，上述五个均衡点的稳定性可由复制动态系统中雅可比（Jacobi）矩阵的局部稳定性得出。若均衡点 Jacobi 矩阵对应的行列式 detJ > 0，且 trJ < 0，则该点为进化稳定策略（evolutionary stable strategy，ESS）；若均衡点 Jacobi 矩阵对应的行列式 detJ > 0，且 trJ > 0，该均衡点则为不稳定点；若均衡点 trJ = 0，该均衡点则为鞍点（saddle point）。

由式（4-4）和式（4-5）可得到系统的 Jacobi 矩阵为：

$$J = \begin{pmatrix} \dfrac{\partial \dot{x}}{\partial x} & \dfrac{\partial \dot{x}}{\partial y} \\ \dfrac{\partial \dot{y}}{\partial x} & \dfrac{\partial \dot{y}}{\partial y} \end{pmatrix}$$

$$= \begin{pmatrix} (1-2x)[(D-C+B-A)y-(B-A)] & x(1-x)(D-C+B-A) \\ y(1-y)(Q-S+N-M) & (1-2y)[(Q-S+N-M)x-(N-M)] \end{pmatrix}$$

由此可以得出式（4-6）的 Jacobi 矩阵迹 trJ 为：

$$trJ = (1 - 2x)[(D - C + B - A)y - (B - A)] + (1 - 2y)[(Q - S + N - M)x - (N - M)]$$

Jacobi 矩阵行列式 detJ 为：

$$detJ = (1 - 2x)[(D - C + B - A)y - (B - A)](1 - 2y)[(Q - S + N - M)x - (N - M)] - x(1 - x)(D - C + B - A)y(1 - y)(Q - S + N - M)$$

将均衡点 (0, 0)、(0, 1)、(1, 0)、(1, 1)、(x^*, y^*) 的值分别代入表达式 detJ 和 trJ 中，得到式（4-6）均衡点对应的 detJ 和 trJ，如表4.9所示。

表 4.9　　　系统 Jacobi 矩阵行列式 detJ 和迹 trJ 的表达式

均衡点	detJ	trJ
(0, 0)	(A - B)(M - N)	(A - B) + (M - N)
(0, 1)	-(D - C)(M - N)	(D - C) - (M - N)
(1, 0)	-(Q - S)(A - B)	(Q - S) - (A - B)
(1, 1)	(D - C)(Q - S)	-(D - C) - (Q - S)
(x^*, y^*)	$-\dfrac{(D - C)(B - A)(Q - S)(N - M)}{(D - C + B - A)(Q - S + N - M)}$	0

根据上述内容可知，均衡点是否需满足 detJ > 0，且迹 trJ < 0 成为系统稳定点取决于表达式 D - C、A - B、Q - S 和 M - N 的符号。表达式 D - C 的经济意义为当流域下游利益主体地方政府选取实施补偿政策时，上游地方政府保护生态环境的净收益；表达式 A - B 的经济意义为流域下游利益主体地方政府选取不实施补偿政策时，上游地方政府保护生态环境的净收益；表达式 Q - S 的经济意义为流域上游地方政府积极实施生态环境保护时，下游地方政府选择生态补偿的净收益（补偿的收益水平减去不补偿的收益水平）；表达式 M - N 的经济意义为流域上游地方政府选择不实施环境保护，下游地方政府选择生态补偿的净收益。

三、无约束机制时，流域生态补偿地方政府间的演化博弈分析

假设整个流域生态补偿采取的协商结果没有约束机制时，a 表示上游地方政府为了保护生态环境而付出的直接成本（如退耕还林还湖、流域治

理和节水防洪等项目）和机会成本（如禁牧损失、禁止开发矿产资源等）的经济损失；b 表示下游地方政府所支付的生态补偿资金；流域上游采取生态环境保护策略时，c 表示流域上游地方政府环境改善获得的收益，d 表示下游地方政府的收益；流域上游采取不保护生态环境策略时，e 表示下游地方政府的收益。

流域生态补偿博弈的收益矩阵如表 4.10 所示。

表 4.10　　　　　　　　　　　流域生态补偿收益矩阵

下游生态效益受益者

	选择策略	实施	不实施
上游生态环境保护者	保护	$(c+b-a, d-b)$	$(c-a, d)$
	不保护	$(a+b-c, e-b)$	$(a-c, e)$

由此可知，表达式 $D - C = c + b - a - a - b + c = 2c - 2a$；表达式 $Q - S = d - b - d = -b$；表达式 $A - B = c - a - a + c = 2c - 2a$；表达式 $M - N = e - b - e = -b$。

此时，系统 Jacobi 矩阵行列式 detJ 和迹 trJ 的具体表达式如表 4.11 所示。

表 4.11　系统 **Jacobi** 矩阵行列式 **detJ** 和迹 **trJ** 的表达式（无约束机制）

均衡点	detJ	trJ
$(0, 0)$	$(2c-2a)(-b)$	$(2c-2a)+(-b)$
$(0, 1)$	$-(2c-2a)(-b)$	$(2c-2a)-(-b)$
$(1, 0)$	$-(-b)(2c-2a)$	$(-b)-(2c-2a)$
$(1, 1)$	$(2c-2a)(-b)$	$-(2c-2a)-(-b)$
(x^*, y^*)	不定	0

根据弗里德曼（1991）提出稳定均衡点 ESS 的判断准则可知，需同时满足 detJ > 0 和 trJ < 0 的条件。根据系统 Jacobi 矩阵行列式 detJ 和迹 trJ 表达式可知，若均衡策略（保护，补偿）即（1，1）为 ESS，应满足：

$$\begin{cases} \mathrm{detJ} = 2b(a-c) > 0 \\ \mathrm{trJ} = b + 2(a-c) < 0 \end{cases}$$

由于 b > 0，使得 detJ > 0 时，可得（a - c）> 0。由此可知，trJ > 0，
（1，1）点为不稳定点，并非稳定点（ESS）。系统出现无解情况，即理想
状态流域上游地方政府保护生态环境，下游地方政府实施补偿的状况，在
现有假设条件下，不可能出现。因此，有必要对流域上游地方政府和下游
地方政府引入迫使其执行协商结果的约束机制，充分保障流域生态补偿机
制的实施效果。

四、有约束机制时，流域生态补偿地方政府间的演化博弈分析

假设存在对协商结果的约束机制，流域上游和下游地方政府均执行协商
结果，是理想状态，不存在奖励与惩罚机制；流域上游和下游地方政府均不
执行协商结果，需要进一步协商调整补偿机制，补偿机制试验失败，不存在
奖励与惩罚机制；上游地方政府采取不保护生态环境，下游地方政府积极实
施补偿政策时，对上游地方政府的惩罚为 h，对下游地方政府的奖励为 k；
上游地方政府采取保护环境策略，下游地方政府消极实施生态补偿政策时，
则对上游地方政府奖励 k，对下游地方政府实施惩罚 h，且 h > k。

流域生态补偿博弈的收益矩阵如表 4.12 所示。

表 4.12　　　　　　　　　　流域生态补偿收益矩阵

下游生态效益受益者

	选择策略	实施	不实施
上游生态 环境保护者	保护	（c + b - a，d - b）	（c - a + k，d - h）
	不保护	（a + b - c - h，e - b + k）	（a - c，e）

由此可知，表达式 D - C = c + b - a - a - b + c + h = 2c - 2a + h；表达式
A - B = c - a + k - a + c = 2c - 2a + k；表达式 M - N = e - b + k - e = k - b；
表达式 Q - S = d - b - d + h = h - b。

根据式（4 - 4）可知，流域生态补偿存在约束机制下，上游地方政府
的复制动态方程为：

$$\frac{\mathrm{dx}}{\mathrm{dt}} = x \times (1 - x) \times [y(h - k) + k + 2c - 2a] \qquad (4 - 7)$$

根据式（4 - 5）可知，流域生态补偿存在约束机制下，下游地方政府
的复制动态方程为：

$$\frac{dy}{dt} = y \times (1-y) \times [x(h-k)+k-b] \qquad (4-8)$$

系统 Jacobi 矩阵行列式 detJ 和迹 trJ 的具体表达式见表 4.13。

表 4.13　　　　　系统 Jacobi 矩阵行列式 detJ 和迹 trJ 的
表达式（有约束机制时）

均衡点	detJ	trJ
$(0,0)$	$(2c-2a+k)(k-b)$	$(2c-2a+k)+(k-b)$
$(0,1)$	$-(2c-2a+h)(k-b)$	$(2c-2a+h)-(k-b)$
$(1,0)$	$-(h-b)(2c-2a+k)$	$(h-b)-(2c-2a+k)$
$(1,1)$	$(2c-2a+h)(h-b)$	$-(2c-2a+h)-(h-b)$
(x^*,y^*)	不定	0

由式（4-7）和式（4-8）可知，系统博弈的稳定均衡点（ESS）与流域上游是否采取生态环境策略时下游地方政府的收益 d 和 e 无关。这与前述下游地方政府的行为特征分析结论一致，由于流域生态系统的外部性，无论生态环境改善的收益如何，下游地方政府均没有实施协商结果的积极性。

当 h>k 时，表达式 D－C、A－B、Q－S 和 M－N 之间存在如下关系：（D－C）>（A－B），（M－N）>（Q－S）。这种情况下，根据表达式的符号可以派生出 8 种系统存在稳定点（ESS）的状态，如表 4.14 和图 4.3 所示。

表 4.14－1　　　　　博弈系统均衡点稳定性分析

均衡点	系统状态1			系统状态2			系统状态3			系统状态4		
	detJ	trJ	状态	detJ	trJ	状态	detJ	trJ	状态	detJ	trJ	状态
$(0,0)$	+	+	不稳	+	+	不稳	+	－	ESS	－	*	鞍
$(0,1)$	－	*	鞍点	－	*	鞍点	－	*	鞍点	－	*	鞍点
$(1,0)$	－	*	鞍点	+	－	ESS	－	*	鞍点	+	+	不稳
$(1,1)$	+	－	ESS	+	－	鞍点	+	－	不稳	+	－	ESS
(x^*,y^*)	*	0	鞍点	*	0	鞍点	*	0	鞍点	*	0	鞍点

注：＊表示不确定状态。

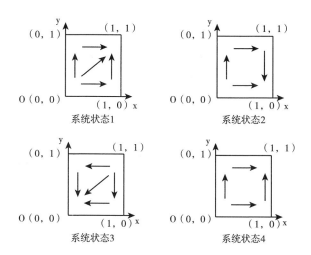

图 4.3 – 1 演化博弈状态（1）

系统状态 1：（D – C）> 0，（A – B）> 0，（M – N）> 0，（Q – S）> 0。

当 h > k > 2（a – c），h > k > b 时，系统处于该状态。如图 4.3 – 1 所示点（1，1）即（保护，补偿）为系统演化的稳定点（ESS）。对流域上游地方政府而言，无论下游地方政府是否对生态环境保护收益实施补偿，上游地方政府保护生态环境的收益都大于其付出的成本，这使上游地方政府有选择保护策略的倾向。对流域下游地方政府而言，无论上游地方政府是否实施生态保护，下游地方政府实施生态补偿的收益均大于其成本，这使下游地方政府有选择补偿策略的倾向。

系统状态 2：（D – C）> 0，（A – B）> 0，（M – N）< 0，（Q – S）> 0。

当 h > b > k > 2（a – c）时，系统处于该状态。如图 4.3 – 1 所示点（1，0）即（保护，不补偿）为系统演化的稳定点（ESS）。对流域上游地方政府而言，无论下游地方政府是否对生态环境保护收益实施补偿，上游地方政府保护生态环境的收益都大于其付出的成本，这使上游地方政府有选择保护策略的倾向。对流域下游地方政府而言，由于上游地方政府始终选择保护策略，当下游地方政府实施生态补偿策略时总成本大于总收益，这使下游地方政府有选择不补偿策略的倾向。

系统状态 3：（D – C）< 0，（A – B）< 0，（M – N）< 0，（Q – S）< 0。

当 0 < k < h < 2（a – c），k < h < b 时，系统处于该状态。如图 4.3 – 1 所示点（0，0）即（不保护，不补偿）为系统演化的稳定点（ESS）。对流域上游地方政府而言，无论下游地方政府是否对生态环境保护收益实施补偿，上游地方政府保护生态环境的总成本均大于其得到的总收益，这使

上游政府有选择不保护策略的动机。对流域下游地方政府而言，无论上游地方政府是否实施生态保护，下游地方政府实施生态补偿也存在其付出的总成本均大于得到的总收益，这使下游地方政府有选择不补偿策略的倾向。

系统状态 4：$(D-C)>0$，$(A-B)<0$，$(M-N)>0$，$(Q-S)>0$。

当 $h>2(a-c)>k>b>0$ 时，系统处于该状态。如图 4.3-1 所示点 (1, 1) 即（保护，补偿）为系统演化的稳定点（ESS）。对流域上游地方政府而言，无论下游地方政府是否对生态环境保护收益实施补偿，上游地方政府保护生态环境的净收益都为正，这使上游地方政府有选择保护策略的倾向。对流域下游地方政府而言，无论上游地方政府是否实施生态保护，下游地方政府实施生态补偿的收益均为正，这使下游地方政府有选择补偿策略的倾向。

系统状态 5：$(D-C)<0$，$(A-B)<0$，$(M-N)>0$，$(Q-S)>0$。

当 $h>2(a-c)>k>b>0$ 时，系统处于该状态。如图 4.3-2 所示点 (0, 1) 即（不保护，补偿）微系统演化的稳定点 ESS。对流域上游地方政府而言，无论下游政府是否对生态环境保护收益实施补偿，上游政府保护生态环境的净收益都为负，这使上游政府没有选择保护策略的倾向。对流域下游政府而言，无论上游政府选择保护还是不保护政策，下游政府实施生态补偿策略时总收益均大于总成本，这使下游政府保护生态环境方政府有选择补偿策略的倾向。

系统状态 6：$(D-C)<0$，$(A-B)<0$，$(M-N)<0$，$(Q-S)>0$。

当 $2(a-c)>h>b>k>0$ 时，系统处于该状态。如图 4.3-2 所示点 (0, 1) 即（不保护，补偿）为系统演化的稳定点（ESS）。对流域上游地方政府而言，无论下游地方政府是否对生态环境保护收益实施补偿，上游地方政府保护生态环境的净收益都为负，这使上游地方政府有选择不保护策略的倾向。对流域下游地方政府而言，当上游地方政府选择不保护策略时，下游地方政府实施生态补偿策略时总收益大于总成本，这使下游地方政府有选择补偿策略的倾向。

系统状态 7：$(D-C)>0$，$(A-B)<0$，$(M-N)<0$，$(Q-S)<0$。

当 $0<k<h<2(a-c)$，$k<h<b$ 时，系统处于该状态。如图 4.3-2 所示点 (0, 0) 即（不保护，不补偿）为系统演化的稳定点（ESS）。对流域上游地方政府而言，无论下游地方政府是否对生态环境保护收益实施补偿，上游地方政府保护生态环境的总成本均大于其得到的总收益，这使上游地方政府有选择不保护策略的动机。对流域下游地方政府而言，无论

上游地方政府是否实施生态保护，下游地方政府实施生态补偿也存在其付出的总成本均大于得到的总收益，这使下游地方政府有选择不补偿策略的倾向。

系统状态8：（D－C）>0，（A－B）>0，（M－N）<0，（Q－S）<0。

当 b>h>k>2（a－c）时，系统处于该状态。如图4.3－2所示点（1，0）即（保护，不补偿）为系统演化的稳定点（ESS）。对流域上游地方政府而言，无论下游地方政府是否对生态环境保护收益实施补偿，上游地方政府保护生态环境的收益都大于其付出的成本，这使上游地方政府有选择保护策略的倾向。对流域下游地方政府而言，由于上游地方政府始终选择保护策略，当下游地方政府实施生态补偿策略时总成本大于总收益，这使下游地方政府保护生态环境有选择不补偿策略的倾向。

表4.14－2　　　　　　　　博弈系统均衡点稳定性分析（2）

均衡点	系统状态5			系统状态6			系统状态7			系统状态8		
	detJ	trJ	状态	detJ	trJ	状态	detJ	trJ	状态	detJ	trJ	状态
（0，0）	－	*	鞍点	－	*	鞍点	+	－	ESS	－	*	鞍点
（0，1）	+	－	ESS	+	－	ESS	+	+	不稳	+	+	不稳
（1，0）	+	+	不稳	－	*	鞍点	－	*	鞍点	+	－	ESS
（1，1）	－	*	鞍点	+	+	不稳	－	*	鞍点	－	*	鞍点
（x^*，y^*）	*	0	鞍点	*	0	鞍点	*	0	鞍点	*	0	鞍点

注：* 表示不确定状态。

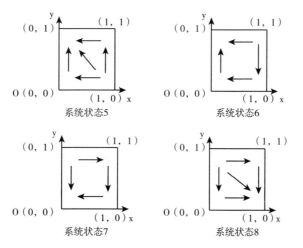

图4.3－2　演化博弈状态（2）

　　上述系统演化的 8 种状态是理论上的演化稳定策略。现实中，当稳定策略 ESS 为（不保护，补偿）时，上游地方政府对生态环境选择不保护策略，仅仅依靠中央政府的奖励与惩罚无法长效维持生态补偿机制，也达不到中央政府奖励与惩罚机制设置的效果，此时即使下游地方政府选择补偿策略，也没有实际意义。同样，当稳定策略 ESS 为（保护，不补偿）时，上游地方政府对生态环境选择保护策略，仅仅依靠中央政府的奖励与惩罚机制，没有下游地方政府生态补偿机制的支撑。从长期来看，中央政府对于流域生态系统保护的持续投入会严重增加财政负担，中央政府没有长期持续投资的动力。在上游地方政府没有持续保护生态环境动力的情况下，即使短期上游地方政府选择保护策略，对于流域生态系统的长期演化也是没有实际意义的。因此，稳定策略（不保护，补偿）和（保护，不补偿）从长期来看，对流域生态系统并没有实际经济意义。

　　通过对系统状态 1 和系统状态 4 的分析可以发现，由于流域生态效益巨大的外部性，上游地方政府和下游地方政府均没有动力实施（保护，补偿）策略，流域生态补偿机制能够长期顺利实施的关键在于中央政府奖励与惩罚机制的设计。该结论与李昌峰（2014）、李磊（2016）等学者的研究结论一致。根据系统状态 1 和系统状态 4 的条件设计可知，若想保证流域生态补偿机制长效发挥作用，保障流域生态系统环境的保护与改善，协商机制中必须加入惩罚和奖励机制。其中，惩罚的资金额应大于奖励的资金额，且奖励资金额的设计应参照下游地方政府的生态补偿资金额。

第四节　企业或农牧户与地方政府监管机构的博弈

　　在流域生态补偿中，除了来自中央政府的纵向补偿和跨行政区划地方政府的横向补偿，由于企业或农牧户生产行为属于市场化行为，企业或农牧户与地方政府之间应遵循市场化补偿机制，地方政府为保证流域生态系统质量，设计具体的补偿实施机制、监督与激励机制，最终实现流域生态系统外部性内在化。

一、博弈假设

　　流域生态补偿中假定博弈主体为企业或农牧户与地方政府者，从"理性人"的角度出发，企业或农户与地方政府均致力于综合收益利益最大化，博弈双方都知道对方采取不同行为策略时的收益函数、行为目标以及策略空间。

企业或农牧户把自然资源和生态环境作为生产基础，就生产过程中的流域生态环境保护而言，与其获取的综合收益成反比，即提供越多的生态环境保护则意味着企业或农牧户收益空间越小。因此，企业在自身经济收益较低时倾向于选择粗放经营，通过减少生态环境保护措施或增加饲养的生物量来降低各种生产成本。由此可见，企业或农牧户在使用自然资源和生态环境时对于地方政府制定的流域生态环境保护政策可选择遵守与不遵守；地方政府若想保证流域生态补偿机制能够有效改善生态系统资产与服务质量则可选择监管机构对企业或农牧户的生产活动实施监督，监管机构可选择的策略为监督与不监督。

二、参数设置

地方政府监督企业或农牧户是否按照流域生态补偿政策规定提高自然资源利用效率，减少牲畜养畜量，降低水体污染废弃物排放水平等，监管机构因发现辖区内破坏或不遵守流域生态环境保护政策行为而得到奖励 E，如各种薪酬、职务提升等考虑声誉和政治成本在内的奖励，但监管需要支付成本 C，故地方政府监管机构的收益为 E - C，此时企业或农牧户因不遵守流域生态环境保护政策行为被发现受到惩罚 L，如商誉受损、行政处罚、降低生态补偿金等，企业或农牧户不遵守流域生态环境保护政策行为收益为 - L；监管者监管，企业或农牧户按照规定遵守流域生态环境保护政策时，监管者付出了监管成本 C，但没有奖惩，此时监管机构的收益为 - C，企业或农牧户的收益为 A（生态补偿金）；监管机构不监管，企业或农牧户没有按照规定遵守流域生态环境保护政策时，监管机构将受到惩罚 W，如承担相关责任、降职、减薪等，监管机构收益则为 - W，而企业或农牧户则获得收益 I，包括自身收益与补偿资金两部分；监管机构不监督，企业或农牧户按照流域生态补偿机制设计规定遵守流域生态环境保护政策时，监管机构得到 N 的社会正效用。

假设监管机构监管时能够发现企业或农牧户不遵守流域生态保护政策行为，但受到监管资源制约，且双方都知道对方和自己的收益函数。E - C > 0 > - W，即监管机构发现企业或农牧户没有按照规定遵守流域生态环境保护政策所需支付的检查成本能够从其得到的奖励中得以弥补；N > C，即监管机构和企业或农牧户各司其职得到的社会效用比监管机构进行监管付出的成本要大。

三、博弈分析

通过上述假设，我们得出企业或农牧户与地方政府监管机构在不同策略下的支付矩阵（见表4.15）。

表4.15　　　　　　　　　　博弈双方的支付矩阵

		监管机构	
	选择策略	监管 q	不监管 1-q
企业	不遵守 p	(-L, E-C)	(I, -W)
	遵守 1-p	(A, -C)	(A, N)

显然，由表4.15可知，若监管机构选择监管，企业或农牧户遵守流域生态保护政策的收益函数 A > -L，其最优策略是遵守流域生态保护政策，保护流域生态环境。监管机构选择不监管时，企业或农牧户不遵守流域生态保护政策可以节约保护成本并向社会传递正相关信息，其收益 I > W，此时企业或农牧户选择不遵守流域生态保护政策。企业或农牧户选择遵守流域生态保护政策时，监管机构的策略收益函数 N > -C，选择不监管；企业或农牧户选择不遵守流域生态保护政策时，监管机构的策略收益函数 E - C > -W，选择监管；因为在监管机构和企业或农牧户的博弈中，双方都会在其策略空间改变决策，即该博弈不存在纯策略纳什均衡，只存在混合策略纳什均衡。

假设企业或农牧户选择不遵守流域生态保护政策的概率为 p，监管机构监管的概率为 q。在均衡状态下，监管机构选择监管与不监管、企业或农牧户选择遵守与不遵守的期望收益均相同。此时，混合策略的纳什均衡求解过程如下。

当监管机构选择监管与不监管的期望收益相同时：

$$P \times (E-C) + (1-p) \times (-C) = p \times (-W) + (1-p) \times N$$
$$p^* = (C+N)/(E+W+N)$$

当企业或农牧户选择遵守与不遵守流域生态保护政策的期望收益相同时：

$$Q \times (-L) + (1-q) \times I = A \times q + A \times (1-q)$$
$$q^* = I - A/(L+I)$$

即混合策略的纳什均衡为：$\{p^* = (C+N)/(E+W+N),\ q^* = I-A/(L+I)\}$。其中，$p^*$ 值为监管机构选择监督与不监督的临界点，当 $p^* > (C+N)/(E+W+N)$ 时，监管机构选择监督的收益大于成本，应选择监督；当 $p^* < (C+N)/(E+W+N)$ 时，鉴于其监督的收益小于成本，应选择不监督。q^* 值为企业或农牧户选择遵守与不遵守流域生态保护政策的临界点，当 $q^* < I-A/(L+I)$ 时，企业或农牧户不遵守流域生态保护政策的收益大于成本，会选择不遵守策略；当 $q^* > I-A/(L+I)$ 时，企业或农牧户出于收益与成本比较，倾向于遵守流域生态保护政策。

先将博弈双方的支付矩阵转化成图 4.4 和图 4.5。图 4.4 中横轴表示企业或农牧户不遵守流域生态保护政策的概率 $p(0<p<1)$，遵守流域生态保护政策的概率则为 $1-p$；纵轴表示对应于企业或农牧户不遵守流域生态保护政策的不同概率，监管机构选择不监督策略的期望得益。图中 N 到 $-W$ 连线上每一点上纵坐标的含义即企业选择该点横坐标表示的"不遵守"概率 p 时，监管机构选择"不监督"策略的期望得益 $(-W)p+N(1-p)$。

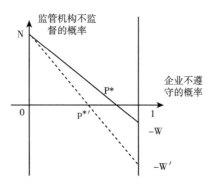

图 4.4　企业和农牧户的混合策略

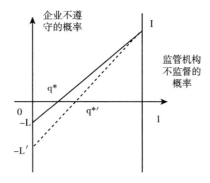

图 4.5　监管机构的混合策略

假设企业或农牧户不遵守流域生态保护政策的概率大于 p^*，此时监管机构"不监督"的期望得益小于 0，应选择"监督"，其结果是企业或农牧户不遵守流域生态保护政策被查出一次，故对企业或农牧户来说大于 p^* 不遵守流域生态保护政策的概率不可取；反之，若企业或农牧户不遵守流域生态保护政策的概率小于 p^*，则监管机构不监督的期望收益大于 0，其急于监督是合算的，此时即使企业或农牧户不遵守流域生态保护政策的概率，只要不大于 p^*，监管机构就会选择不监督，故企业或农牧户不用害怕会被查处。由于企业或农牧户在保证不被查处的前提下，不遵守流域生态保护政策的概率越来越大，企业或农牧户会使不遵守流域生态保护政策的概率趋向于 p^*，均衡点是企业或农牧户以概率 p^* 和 $1-p^*$ 分别选择不遵守和遵守策略。此时监管机构监督和不监督的期望收益都是 0，选择纯策略"监督""不监督"或混合策略的期望得益是相同的。

监管机构采取"监督"和"不监督"的混合策略概率分布亦可用同样的方法来确定。结论是图 4.5 中 q^* 和 $1-q^*$ 是监管机构的最佳概率选择。在企业或农牧户和监管机构的博弈中，企业或农牧户以概率 p^* 和 $1-p^*$ 分别选择遵守与不遵守流域生态保护政策，监管机构分别以概率 q^* 和 $1-q^*$ 随机选择监督与不监督的概率时，双方都不能通过改变策略或概率改善自己的期望得益，故构成混合策略纳什均衡，这也是该博弈唯一的纳什均衡。

四、基于"激励悖论"的博弈模型分析

通常地方政府会采取对企业或农牧户进行奖励（如补偿）和惩罚（如罚款）的措施来促使其遵守流域生态保护政策，从以往的文献研究结果可知，这似乎是一种有效的方法，因为奖惩都会激励企业或农牧户遵守流域生态保护政策，但从长期来看，监管机构受制于企业或农牧户对流域生态环境保护政策执行情况的复杂性和可隐蔽性，无法对其实施有效监管，因而企业或农牧户破坏流域生态环境的行为并未得到有效遏制，约束效果并不理想。

图 4.4 和图 4.5 对企业监管中存在的"激励悖论"现象给予了有效解释。从逻辑常识上来讲，人们认为加大不遵守流域生态保护政策处罚力度 L 可有效遏制生态环境过度消耗或破坏，政府监管政策也遵循该原则。然而，该政策对降低企业不遵守流域生态保护政策的概率 p 并无影响，却会降低监管机构监管概率 q。

（1）对企业或农牧户破坏流域生态环境的行为处罚加重使 L 增大，表现为在图 4.5 中：$-L$ 向下移动到 $-L'$。假设监管机构的监管概率 q 不变，短期内企业或农牧户不遵守流域生态环境保护政策的期望得益变为负值，从而转向遵守政策；从长期来看，企业减少不遵守流域生态环境保护政策概率将导致监管机构更多地选择不监管，最终使其不监管概率提高到 $1-q^*$，此时达到新的均衡。在此状态下，企业或农牧户不遵守流域生态环境保护政策的期望得益又恢复到 0，企业重新选择混合策略。

由上述分析可知，企业或农牧户的策略不受 $1-q^*$ 值的影响，而是由图 4.4 决定。加大对企业的惩罚力度最多只能在短期内降低企业或农牧户的概率 p，长期并不会降低企业或农牧户的概率 p，该政策的主要效果是使监管机构选择"不监管"的概率提高，促使其怠职。其原因在于：在目前的企业监管制度下，监管机构往往倾向于在一个时期内固定检查频率，并不能实现其随时调整监管概率的假设。当监管机构监管的频率 $q > I/(F1+I)$ 时，企业选择遵守策略；当 $q < I/(L+I)$ 时，企业则选择不遵守策略。所以在企业不遵守策略收益不变的情况下，不遵守策略惩罚力度 L 的加大能够改善企业或农牧户行为，但是，当其收益 I 足够大使 $q < I/(L+I)$ 的条件成立时，不遵守的行为又发生了，这就陷入流域生态保护企业或农牧户积极性越来越差的循环。

（2）在图 4.4 中，加重对监管机构处罚使得 W 增大到 W'。若企业或农牧户不遵守策略概率 p 不变，监管机构不监管期望得益变为负值，此时监管机构最优策略是监管。监管机构监管企业只会将 p^* 下降到 $p^{*'}$，从而提高企业或农牧户遵守行为的概率，此时监管机构又会恢复到混合策略。即加重对监管机构的处罚可使其更尽职，从长期来看会降低企业或农牧户不遵守行为的概率 p。

（3）在上述模型分析中，假设监管机构只要检查就一定能够发现企业的不遵守行为，现实中由于环境信息的复杂性和监管技术的限制，该假设并不符合现实情况，将其修改为：监管机构检查时能够发现不遵守行为的概率为 q_c，即监管机构监管未能查出企业或农牧户不遵守行为时，监管机构付出了监管成本 C，只能得到惩罚 $-W$，因此收益函数变为 $-W-C$，企业收益仍为 I，其他收益函数不变，监管机构和企业或农牧户的博弈过程见图 4.4。

假设地方政府监管机构选择监管的概率为 q 时，能够查出企业不遵守策略的概率为 q_c，查不出企业不遵守策略的概率为 $1-q_c$；监管机构执行不监管策略的概率为 $1-q$。此时，监管机构与企业的支付矩阵见表 4.16：

表 4.16 改变监管机构监管能力与企业的支付矩阵

监管机构

	选择策略	监管 q		不监管 1 - q
		查出 q_c	查不出 $1 - q_c$	
企业	不遵守 p			
		(- L, E - C)	(I, - W - C)	(I, - W)
	遵守 1 - p	(A, - C)	(A, N - C)	(A, N)

当监管机构选择查与不查的期望收益相同时：

$$p \times q_c \times (E - C) + (1 - p) \times q_c \times (- C) + p \times (1 - q_c) \times (- W - C) +$$
$$(1 - p) \times (1 - q_c) \times (N - C) = p \times (- W) + (1 - p) \times N$$
$$p^* = (C + N \times q_c) / (E - W + N) q_c$$

同理，$q^* = (I - A) / (L + I) q_c$，即混合策略的纳什均衡为：$\{ p^* = (C + N)/q_c(E + W + N), q^* = (I - A)/q_c(L + I) \}$。其中，$p^*$ 值为监管机构决定监管还是不监管的临界点，$p^* > (C + Nq_c) / q_c (E - W + N)$ 时，监管机构选择监管，$p^* < (C + Nq_c) / q_c (E - W + N)$ 时，则选择不监管；q^* 值为企业决定不遵循行为还是遵循行为的临界点，$q^* < (I - A)/(L + I) q_c$ 时企业选择不遵循行为，$q^* > (I - A) / q_c (L + I)$ 时则选择遵循行为。

计算结果表明，监管机构通过检查发现企业不遵循行为的能力与企业不遵循行为成反比，监管机构发现不遵循行为的能力越强即 q_c 越高，企业不遵循流域生态补偿政策保护生态环境的概率 p^* 就越低，这一结论比较符合现实情况。

综合上述分析可得出以下结论：对企业或农牧户而言，由于"激励悖论"现象的存在，在流域生态补偿中，地方政府若仅加大对企业或农牧户不遵守流域生态保护政策策略的奖惩，只能在短期内约束企业或农牧户不遵守流域生态保护政策的行为。从长期来看由于监管机构的怠职，企业或农牧户不遵守流域生态保护政策概率 p 将保持不变。对监管机构而言，提高企业或农牧户不遵守流域生态保护政策的监管能力和降低监管成本能有效约束企业或农牧户不遵守流域生态保护政策的行为。

由于在流域生态补偿中，无论是纵向补偿、横向补偿还是市场化补偿模式，最终决定流域生态系统生态环境状况能否改善的关键是企业或农牧户是否按照生态补偿设计遵守生态保护政策，地方政府为保证流域生态补偿政策的效果，应利用在线监测和卫星遥感等现代化技术，提升监管机构发现不遵守流域生态保护政策行为的监管能力，有效降低监管成本。通过分析可知，在流域生态补偿中，中央政府和地方政府的随时监管能力是保证补偿效果的重要因素，政府层面应增加提高监管能力建设的投入以动态获取企业或农牧户的行为特征，充分保障流域生态补偿效果。

第五节　本章小结

在流域生态补偿的过程中，中央政府、地方政府、资源耗用者（企业或农牧户）分别有着自身的得益函数。本章运用博弈分析模型对流域生态补偿过程中利益主体根据自身利益偏好在博弈过程中的策略选择及均衡状态进行了分析，从而对现实经济社会中生态补偿政策参与主体的行为选择做出理论上的诠释。通过研究流域生态补偿制度中中央政府、地方政府、自然资源耗用者（企业或农牧户）等主体的行为特征、策略选择及均衡等问题，重点分析维持流域生态补偿机制有效性的影响因素。研究发现：地方政府在流域生态补偿机制中扮演着双重角色，既承担着流域生态系统的保护与自然资源管理，又担负着推动地方社会经济发展的重担。这使地方政府在与中央政府、跨区地方政府和本地企业或农牧户博弈时，收益函数的影响因素是不同的。根据上述三方博弈可得到如下结果：在地方政府与中央政府博弈中，纵向生态补偿能否发挥效益的主要因素是地方政府获得综合收益能否补偿其成本、中央政府是否根据地方政府的综合收益实施"监督"及监督实施的频率。中央政府在流域生态补偿中起着对补偿机制实施监督的作用，其监督的频率取决于地方政府获取综合收益的能力。在地方政府与地方政府博弈中，横向生态补偿能顺利实施的主要因素是补偿政策实施中的惩罚和奖励机制且奖励资金额的设计应参照下游地方政府的生态补偿资金额。地方政府与企业或农牧户博弈时，流域生态补偿机制顺利实施的主要因素是地方政府对企业或农牧户是否遵守生态保护政策的动态监管能力。上述因素的变动会影响中央政府、地方政府与企业或农牧户间博弈均衡结果的实现，这些因素及其变动带来的不确定性应在流域生态补偿机制设计中得到充分考虑，以推动不同的参与主体达成有效的战略联盟，共同实现流域生态系统中资产和服务可持续发展的战略目标。

第五章

流域生态补偿原则与模式分析

流域生态系统价值补偿原则是补偿机制设计的基础，能够有效保障补偿机制设计的科学性和合理性（王丰年，2006）。流域生态系统价值补偿模式是补偿机制具体的实施机制，不同的补偿模式由于补偿对象、补偿主体的不同，呈现出不同的特征和制度交易费用。为了更好地分析流域生态系统价值补偿原则和模式，首先，本章基于外部性理论对流域生态系统价值补偿的经济实质进行了分析，分析结果能够指导原则的选择和模式分析；其次，本章对流域生态系统价值补偿原则的发展和具体内涵进行详细说明；最后，本章对流域生态系统价值补偿模式的基本内涵、特征和机制实施的交易费用进行了讨论，并分析了流域生态系统决策的利益主体如何进行补偿模式组合选择。

第一节　流域生态系统价值补偿经济分析

从经济学的角度来看，实施流域生态系统价值补偿机制的核心问题是如何内在化保护或破坏生态环境行为的外部性（毛显强、钟瑜、张胜，2002）。这种外部性有两种：流域重要生态功能区和上游保护生态环境活动中产生的生态系统服务改善或增值，即存在外部收益或外部经济；自然资源的开发和利用给生态环境带来的破坏及对当地居民生产生活造成的不利影响，即存在外部成本或外部不经济。从社会整体福利水平变化来看，分析外部性产生以及内在化外部性时流域生态系统服务受益利益主体（消费者）与保护利益主体（生产者）剩余的变化情况，可根据社会整体福利水平变化探讨流域生态系统价值补偿的原则、模式、标准确定依据及利益主体的行为策略选择（任勇，2008）。

一、外部经济情况——流域生态系统服务得到改善或增值

图5.1描绘了当流域生态服务改善或增值时如何通过价值补偿实现外部收益内在化。根据市场理论，把流域生态系统服务看作是可交易的商品。图5.1中横轴表示流域生态系统服务生产量，纵轴表示流域生态系统服务的价格。MPB表示边际私人收益，MSB表示边际社会收益，两者之差表示边际外部收益MEB；MPC＝MSC表示边际私人成本与社会成本相同。

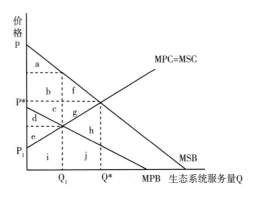

图 5.1　外部收益的补偿

当流域重要生态功能区和上游地区利益主体的保护行为改善了生态系统服务时，流域生态系统产生外部收益，此时MSB＞MPB，即每单位流域生态系统服务产生的社会收益要大于私人收益。在完全竞争的市场经济条件中，流域重要生态功能区和上游地区利益主体的保护行为所产生的外部收益没有内在化，利益主体的实际行为是由MPB和MPC决定的。此时，利益主体行为产生的流域生态服务量（包括质量和数量）是Q_1，对应价格为P_1。Q_1有两层含义：一是满足保护利益主体社会经济发展需要的生态系统服务量；二是社会成员遵守国家规定承担环境保护责任时应实现的环境质量。这种状态下，流域生态系统保护利益主体的剩余为e，流域生态系统受益利益主体的剩余为d，外部收益为a＋b＋c，即流域生态系统受益利益主体所享用而没有支付给保护利益主体的补偿。社会整体福利水平为a＋b＋c＋d＋e。

由于流域生态系统保护与受益的利益主体所处的地理位置不同，生态

环境服务重要性程度就会出现不一致。此时，若国家建立生态功能区，提高某些地区的生态环境标准，或受益利益主体（如中下游地区）为自身利益考虑提出更高的生态环境质量请求，要求流域生态系统保护利益主体提供的生态系统服务量不是 Q_1，而是 Q^*。若流域生态系统保护利益主体仍然提供 Q_1 的生态系统服务量，就会出现生态系统服务供给不足。然而，在流域生态系统服务外部收益没有实现内在化的状况下，流域生态系统保护利益主体会选择自身利益最大化，放弃提高生态系统服务供给量，不会将生态系统服务水平从 Q_1 提高到 Q^*。

　　这种情况下，需要对流域生态系统保护利益主体所提供的每单位生态系统服务给予奖励，中央政府和受益利益主体应补偿保护利益主体 $b+c+d$，激励保护利益主体所提供的生态系统服务量达到社会需要的最优水平 Q^*。在实施流域生态系统价值补偿后，受益利益主体剩余增加至 $a+b+f$，保护利益主体剩余增加至 $c+d+e+g$，社会整体福利水平为 $a+b+c+d+e+f+g$。当流域生态系统价值补偿实施后，生态系统服务提高到 Q^*，社会整体福利净增加 $f+g$（h 为净增加收益，没有实现内在化）。

二、外部不经济情况——流域生态系统服务被破坏或丧失

　　在流域生态系统中自然资源的开发与使用活动减弱生态系统功能或使其丧失，同时没有得到相应补偿的情况下就会产生外部不经济性或外部成本，例如水力发电等水资源开发利用过程中造成的生态系统服务减弱。图 5.2 描绘了当生态系统服务出现减退时如何通过价值补偿实现外部成本内在化。横轴为自然资源利用状况，如矿产资源开发量、草原畜牧产量或森林采伐

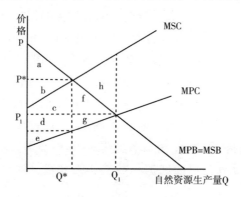

图 5.2　外部成本的补偿

量，纵轴表示自然资源的价格或开发利用成本。MPC 为边际私人成本，MSC 分为边际社会成本，两者之差为外部成本；MPB = MSB，即边际私人收益与社会收益相同。在完全竞争的市场状况下，自然资源的开发利用量是由私人成本 MPC 和收益 MPB 决定的 Q_1。此时，流域自然资源使用者的剩余为 a + b + c + f 部分，自然资源开发者剩余为 d + e + g，外部成本为 c + d + e + f + g + h。这些外部成本意味着流域自然资源开发对生态系统服务价值的损害并没有得到补偿或内化成开发成本。

从社会整体福利水平来看，社会最佳开采量为社会边际成本 MSC 和边际收益 MSB 决定的 Q^*。中央政府和地方政府可向自然资源开发利用者按单位征收税赋或规定自然资源开发者有责任和义务将生态环境恢复至原貌，此时流域自然资源使用者剩余为 a，自然资源开发者剩余为 e，b + c + d 为政府税收或自然资源开发者为恢复生态环境付出的成本，该部分可视为对外部成本补偿。在 Q^* 新的均衡条件下，社会整体福利水平为 a + b + c + d + e，比原来降低 f + g，该部分为社会整体福利的额外损失。但是在新的均衡下，流域自然资源开发带来的外部成本降低了 f + g + h，考虑到福利损失，外部成本实际净减少 h。由此可知，当自然资源开采量为 Q^* 时，仍然存在不可避免的生态环境破坏或损失，即 c + d + e。只不过这些生态环境破坏以政府税收或开发者恢复等补偿形式实现 b + c + d 内在化。

根据上述经济分析可知，流域生态系统价值补偿的实质是中央政府或地方政府以价值补偿为手段，实现流域生态环境保护和自然资源管理行为带来的外部收益或外部成本内在化。后续流域生态系统价值补偿机制原则、模式、利益主体行为选择策略和标准确定等内容的探讨均在此经济分析的基础上展开。

第二节　流域生态系统价值补偿原则

根据流域生态系统价值补偿经济分析可知，流域生态系统价值补偿机制是以恢复、维护和改善生态系统服务为目的，通过调整利益主体的生态环境及经济利益分配关系，以外部收益或成本内在化为原则的具有经济激励作用的制度安排（任勇，2008）。由此可知，流域生态系统价值补偿机制是以内在化外部收益或成本为指导准则（柯坚，2010），实现流域生态环境与自然资源可持续发展。

一、污染者付费与使用者负担原则

根据生态系统理论和外部性理论可知，造成生态环境恶化的原因有两类：污染者过度排放超出生态系统自身的更新能力；自然资源使用者过度开发和使用自然资源超过其自身更替周期。针对第一种情况，1972 年经济合作与发展组织（以下简称经合组织）颁布的《环境政策国际指导原则》中提出将"The Polluter-Pays Principle"即污染者付费原则（PPP）作为国际贸易的指导原则之一。该原则意味着生态环境的污染者应承担污染治理、污染控制和环境修复的相关费用，以保证生态环境的持续可得性。1974 年，经合组织将 PPP 原则作为基本原则在所有成员国之间实施。PPP原则是保证生态环境外部成本内在化的原则。与污染者付费原则相对应的是 1989 年经合组织颁布《水资源管理建议》等文件、1990 年颁布《经济手段在环境政策应用中的建议》等文件、1992 年颁布《海岸线综合管理》等文件，提出保证外部收益内在化的生态系统价值补偿原则为使用者负担原则（user-pays principles），即自然资源的使用者或受益者承担保护生态环境和自然资源管理的费用与成本。依据上述国际惯例和规则，结合我国的实际情况，2015 年施行的《中华人民共和国环境保护法》第五条规定环境保护坚持损害担责的原则，第六条规定从事经营活动的单位或个人对造成的环境损害承担责任。国务院办公厅于 2016 年颁布的《关于健全生态保护补偿机制的意见》规定，生态补偿机制基本原则是"谁受益、谁补偿"。

污染者付费原则的补偿主体是污染物排放者，使用者负担原则的补偿主体是自然资源所有的受益群体。其中，污染者付费适用于所有流域生态系统从事生产经营活动的利益主体，为生产活动所产生的废弃物处置、生态环境治理承担相应成本费用。使用者负担原则是指流域生态系统受益的利益群体有责任向生态系统服务的保护与因保护行为而受损的利益群体支付补偿。流域生态系统价值补偿原则为后续生态系统价值补偿机制的设计与实施奠定了科学基础。

二、区域协调均衡原则

流域生态系统价值补偿机制的目的是通过流域不同行政辖区之间外部成本和收益的转移实现流域生态环境的改善，最终实现流域的可持续发展。流域经济生产和社会生活需要水资源的安全保障，区域协调均衡原则要求流域水资源在至少满足流域整体生态用水需求的基础上提升经济潜力，推动社会发展。某一区域为了经济发展过度消耗水资源的行为势必会给流域其他行政辖区的生态环境、社会生活和经济生活带来困境。区域协调均衡原则旨在实现流域生态系统整体社会收益与区域社会经济增长的协调发展，保障流域生态系统的完整性、系统性和持久性。

三、公平原则

流域生态系统是有机联系的整体，往往具有跨行政辖区特点。流域不同行政辖区具有平等发展权和环境权（王丰年，2006）。流域上游地区为了保障中游和下游地区生态与生活用水，需要减少或限制产业发展，这使上游地区为整个流域生态系统服务的提升牺牲了诸多发展机会，放弃了提升人民生活水平的机会。从整体来看，依据"公平发展"原则，流域受益区域或发达地区需对保护区域的这部分损失给予不同形式的补偿，以维持和提高流域整体社会福利水平。

第三节　流域生态系统价值补偿模式

从复杂适应系统理论的视角出发，模式是系统保存与传播的机制（颜泽贤、范冬萍、张华夏，2006；李曙华，2006），是研究对象系统要素在系统中的结构、特征和功能的概括（刘俊威、吕惠进，2011），包括系统要素的表现形式和要素间关系处理方式。从经济学的视角来看，模式是经济现象发展规律的总结，具有科学研究的标准样式。模式具有如下特征：首先是参照性。模式对于经济发展规律具有参照性意义，在系统要素特征相近的情况下，相似的系统结构按照模式运行能得出相近的结果。模式能够保证系统运行结果的可预见性。其次是动态性。模式不是固定的结构样式，模式能够随着周围系统要素特征的变化调整系统要素结构，是动态变化的系统。最后是中介性。模式是理论与实践研究的中间环节，通过理论研究上升至研究模式，以实践效果进行检验，修正模式系统要素，提升理论研究的科学性。理论研究使模式对实践具有科学的指导意义，实践研究则对模式的参照性进行了检验，保证了模式的现实操作性。流域生态系统价值补偿模式是流域生态系统价值补偿理论与实践研究的结合（胡旭珺、翟尤佳、张惠远等，2018），融合了理论研究的内在逻辑，意在为后续补偿机制的实施提供指导意见。

根据不同的关注点可以对流域生态系统价值补偿模式进行不同的分类（高玫，2013）。根据补偿主体的不同，葛颜祥等（2007）将补偿模式划分为政府补偿与市场补偿两种形式；毛显强等（2002）将补偿模式划分为政府模式、市场模式和准市场模式。根据流域尺度和补偿主导利益主体的不同，郑海霞（2006）将补偿模式划分为：全国整体保护项目补偿，该补偿模式以中央政府专项基金补偿为主，包括地方政府补贴，如退耕还林还草项目、天然林保护项目等；大流域项目，该补偿模式以地方省、市政府补偿为主，如千岛湖流域、珠江流域、密云水库等；小流域自发交易项目，该补偿模式以政府、企业或农户资助参与为主，如小寨子河金鸡村和罗寨村、保山苏帕河水电公司项目等；水权交易，该补偿模式以市场补偿为主导，地方政府为谈判协调机构，如黑河水权证（李珂，2010）、东阳/义乌水权交易（胡鞍钢、王亚华，2001）等项目。本节从流域生态系统价值补偿不同的利益主体出发，将补偿模式按照政府和市场模式的形式、特征、交易成本等内容分别进行探讨。

一、政府补偿模式

政府补偿模式是以政府行政手段为主对流域生态系统的生态环境改善和自然资源保护实施补偿。政府补偿模式中补偿主体是中央政府或上级地方政府，补偿客体是下级政府、企业或农牧户，补偿目标是提升流域整体生态系统服务水平，实现流域的可持续发展（王军锋、吴雅晴、姜银萍等，2017）。

（一）主要形式

1. 财政转移支付。该类补偿包括纵向补偿和横向补偿两类。纵向补偿是指由中央政府通过公共财政预算以财政支出的形式将流域生态环境保护和自然资源管理所需的资金无偿让渡给下一级地方政府、企业或农牧户。由中央政府让渡的转移支付资金往往具有专项性质，是根据流域生态系统或重要生态功能区规划项目专项拨付，如"山水林田湖"项目、天然林保护工程、退耕还林还草补偿项目和沙化区禁牧项目等均是由中央专项补偿资金完成。横向补偿是指流域上游、中游和下游地区同级财政预算主体按照协商的补偿协议，每一核算期满进行财政资金的转移支付。横向补偿是提高地方政府保护流域生态环境程度，维持自然资源持续可得性的重要制度，旨在平衡流域跨行政区划的利益格局，尽量缩小社会收益/成本与私人收益/成本之间的差距，实现整个流域区域生态系统服务的均衡发展。

2. 补偿基金。补偿基金是由政府、民间组织、企业或个人出资，用以支持保护、修复和改善流域生态系统生态环境项目（竺效，2011）。补偿基金的来源包括财政支出、由生产经营单位上缴的税收、社会资本投入和社会捐助资金等渠道。流域补偿基金是财政转移支付的补充，当流域生态系统治理投入资金缺口较大时，需要利用财政资金撬动社会资本，根据基金运行规则，充分实现流域外部效益社会化。当流域生态系统破坏的损害范围超过污染者的支付能力时，则需要以政府为主导利用资金来源多样化将流域治理的责任分担至更多的承担者，能够集中更大的力量实现流域生态恢复。全球比较成功的流域生态补偿基金有：日本"广岛县水源林基金"，由太田河下游的受益利益主体用联合筹集资金的方式补贴上游地区的水源林维持及保护工作（龚高健，2011）；美国"超级基金"，依靠金融领域严格的基金管理和运作机制恢复了拉夫运河流域的生态环境（Schnapf，1998）；德国"易水河补偿基金"，通过政府与受益者双向补偿模式实现整个易水河流域的差异化补偿；我国的新安江流域补偿基金，在政府财政支出的基础上，撬动社会资本参与流域治理的积极性，有效拓展了基金筹资渠道（聂伟平、陈东风，2017）。

3. 政策补偿。政策补偿是根据流域生态环境保护和自然资源管理的需要，由中央政府或上级地方政府通过制定优先选择和发展权及其他具有优惠性质的政策对下级政府实施补偿。在流域生态系统价值补偿中，实行具有差异性的区域发展政策能够鼓励不同区域选择有利于流域整体生态系统保护的生产生活方式，在资金匮乏的区域，能够有效地将社会资本吸纳到流域生态系统的保护中。在资金匮乏、经济基础薄弱的地区，政策补偿是一种极为有效的补偿方式，如浙江金磬的异地开发，就是一种有效的补偿模式（刘礼军，2006）。从流域尺度来看，针对跨多个行政区划的江河流域，制定有针对性的财政政策，如实施环保产业税收优惠政策、增加绿色产业的金融支持力度、优先安排与生态环境保护有关的基建和投资政策等；针对省内较小尺度的流域，逐步培育不同区域的水权交易市场，制定市场和技术项目补偿政策、地方给予人才支持政策，大力引进产业发展急需的专业人才等。

4. 产业补偿。产业补偿是指通过协调流域整体上游、中游和下游之间的产业发展，通过产业外部收益与外部成本在不同区域间的转移实现流域整体的均衡发展。产业补偿需要把流域生态系统作为整体，在整体框架内打破行政区划束缚，实现流域产业布局安排和资源的有效配置。如石羊河流域通过整体规划产业布局，有效增加上游地区自身的"造血"功能，运用产业政策实现上游地区绿色生态产业的快速发展，为石羊河流域上游地区的生态系统保护提供了有效的激励机制，保障了石羊河流域整体生态补偿效果（尚海洋、丁杨、张志强，2016）。

（二）特征

1. 补偿的行政指令性。由于政府财政支出应按照财政预算拨付，使中央政府和地方政府的财政转移支付具有明确的目的性，即拨付款项的用途、流向和目标在补偿项目实施之前均有明确而详尽的规划。这使流域生态系统保护利益主体在政府补偿实施过程中没有参与谈判与协商的机会，政府补偿模式对保护利益主体的激励和惩罚作用受到很大限制。政府补偿的行政指令特点使其动态调整性和适应性较差，影响流域生态系统价值补偿实施效果。根据系统理论可知，流域生态系统是不断动态变化的过程，政府补偿需要定期对价值补偿效果进行评估以调整政府补偿的力度与方向。

2. 补偿的中介性。横向补偿中，补偿主要是跨行政区划间根据协商的补偿协议以地方政府的名义实施补偿，补偿的出资方和受资方均为地方政府，由地方政府将补偿资金在保护利益群体中重新进行分配，并非直接由受益利益群体给予保护利益群体补偿。地方政府在补偿中起着中介作用，从受益利益群体中汇集补偿资金转移至保护利益群体。

3. 资金来源单一。政府补偿的补偿资金来源基金、税收或资源收费，来源相对单一，流域生态系统维持和建设资金容易出现短缺。

（三）交易费用

流域生态系统价值补偿机制的实施效果能否实现其社会收益/成本与私人收益/成本的平衡和匹配，取决于机制实施过程中交易成本的高低，过高的交易成本会大大降低价值补偿机制的实施效果，导致资源错配。根据第三章制度功能理论可知，制度的主要功能是通过降低信息不对称性，提高信息有效性、抑制机会主义行为，减少利益主体决策的不确定性，从而降低交易费用。然而，流域生态系统价值补偿集中政府补偿模式在降低交易费用方面不具备优势，具体原因如下：一方面，在现有的自然资源核算体系下，中央政府和省级地方政府对于流域生态系统资产在具体的生产生活过程中的使用、消耗与增值情况，尤其对于流域不同区域生态系统资产在某一时期的存量和流量状况存在严重的信息不对称。这使中央政府和省级地方政府的决策容易背离流域生态系统的实际情况。中央政府和省级地方政府决策信息的不对称，极大地增加了流域辖区地方政府机会主义行为发生的概率，在以 GDP 为核心的政绩考核体系中，流域生态系统资产使用情况不明的问题尤其突出，流域辖区地方政府为了当地社会经济与民生发展，会对流域自然资源采取掠夺性开采和使用方式，损害流域生态环境，且流域辖区面积过大使政府的机会主义行为不易被上级政府察觉，不易受到上级政府严厉的惩处。这使流域生态环境保护与自然资源管理陷入恶性循环，流域生态系统服务日渐衰减。流域辖区地方政府的机会主义行为，极大地增加了中央政府或省级地方政府在流域生态系统价值补偿决策时与流域辖区地方政府协商、实施流域生态系统价值补偿机制的不确定性，无法保障公共财政资金的绩效水平。不确定性的增加使政府模式的交易费用偏高。另一方面，流域生态系统的改善与维护对于大型基础设施需求量较大，如水利设施、水源涵养防护林、地表水/地下水监测工程、城镇污水管网建设等资产具有典型的专用性，不易实现资产用途转换，且投资周期长，保护效果短时间内不易显现，使流域生态系统保护利益群体在流域补偿谈判中易处于弱势地位，增大交易费用。

二、市场补偿模式

市场补偿模式是以市场交易为主对流域生态系统的生态环境改善和自然资源保护实施补偿。在市场补偿模式中，交易主体在现有自然资源产权的法律法规范围内，根据流域生态系统服务的市场供需平衡，运用经济手段，改善流域生态环境，经济活动以利益主体的自发参与为主导。与政府补偿模式相比，市场补偿模式中交易的主体可以是组织、基金机构、企业、农牧户和政府，政府在市场补偿模式中只是参与者，并非补偿规则制定者，所有的参与主体均应遵守既定的补偿规则。补偿目标为通过运用经济手段和市场交易，平衡流域各行政辖区内生态系统服务收益与成本，实现流域上游、中游和下游地区的均衡发展。

（一）市场补偿模式的主要方式

1. 水权交易。水权交易（田贵良、张甜甜，2015）是制度经济学中产权理论在水资源管理中的具体应用。根据《中华人民共和国水法》（简称

《水法》）第三条规定可知，水资源的所有权属于国家。根据产权理论可知，产权要素包括资产所有权、使用权和经营权，市场用于交易的水权只是水资源的使用权。水权交易是在按照既定规则对流域内行政辖区水资源总量控制的基础上，根据国务院发布的《取水许可和水资源费征收管理条例》规定，将流域内从事生产经营活动组织或个人通过节水措施节约的水资源在不同行政辖区间、不同行业间进行水资源使用权的转移和交易。水权交易中政府承担的角色主要是规则制定者、交易双方的中间调解人及规则执行监督者；在具体交易过程中，政府、组织、机构、企业或农牧户个人则是交易的主体。根据交易主体不同，与政府补偿相似，水权交易包括地方与上级政府间的交易、跨行政辖区政府间的交易以及水资源用户间的交易。由于水资源的非排他性、水权的分离性和水资源流动带来的正负外部效果，水权交易案例的特殊性较强，水权制度在具体应用中需根据流域实际情况进行具体设计。

　　根据田贵良等（2015）绘制的水权交易流程（见图5.3）可知，水权交易设计的核心是交易信息的公开、水资源价格即水资源补偿标准的确定及机制运行的监督。在水资源的水权交易中，国外典型的案例有（王金霞、黄季焜，2002；黄河、柳长顺、刘卓，2017）：澳大利亚东部墨累—达令河流域在流域用水总量控制的基础上，规定流域新用水户用花费0.8～1澳元/立方米的代价从拥有取水权用户手中购买生产经营所需的用水权，水权交易作为水资源的再分配机制引导水资源流向资源利用效率较高的用户（李代鑫、叶寿仁，2001）；美国加利福尼亚州为了解决连年干旱的困

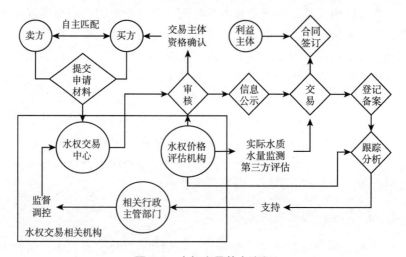

图5.3　水权交易基本流程

境，以水银行作为中介组织，负责协调结余水资源的再次分配，水银行出面购买农耕结余用水，按照出价高低和优先顺序卖给需水用户（付实，2016）。国内典型的水权交易案例有（刘峰、段艳、马妍，2016；王海静，2016）：内蒙古鄂尔多斯市的水权转让，通过点对面的统一节水工程规划与建设，大幅提高了黄河流域鄂尔多斯段的水资源使用效率；在西北内陆河黑河流域的分水计划及黑河张掖段水权交易的支持下，黑河下游地区生态环境得到有效改善，有效保证了下游地区的科学研究及生态用水需求；在钱塘江流域东阳和义乌市（沈满洪，2005）的水权交易中，义乌市一次性买断位于东阳横锦水库所属水资源的使用权，通过水权交易降低了义乌市水资源的使用价格，提高了东阳市水资源利用效率，有效实现了水资源利用效率在上游和下游区域的合理配置。

2. 排污权交易。水资源的排污权交易（马中、Dan Dudek、吴健等，2002）是在流域范围内根据流域水文特征、气候条件和生物多样性等因素，测算不同时期流域水体对于污染物总量的承载能力，以此为基础，利用市场交易规则和水资源价值等信息向从事生产经营活动的组织或机构分配水资源污染物排放权。组织或企事业单位通过安装污染物净化设备、改善生产工艺流程、提高原材料使用效率等措施将结余的水污染物排放权通过排污权交易机构遵循平等、自愿、有偿的原则转让给其他生产经营单位。与水权交易对象相似，水资源排污权交易的是生产经营企业经过减排措施实现的结余排污量。常见的水资源排污权交易包括化学需氧量、溶解氧含量和氨氮。在排污权交易中，政府的主要职能是负责设置交易机构、制定交易规则及监督规则的实施；市场交易的主体可以是流域跨行政辖区的地方政府、区域内产生结余污染物排放权的经营单位和需要多余污染物排放权的经营单位。通过水资源污染物排放权交易，能够在明确流域整体水资源污染物排放总量的基础上，运用市场手段的再分配机制有效降低流域水资源污染物的治理成本，以最低的社会成本实现流域污染物减排目标。基于公平、自愿原则的流域水资源污染物排放权交易能够保障流域污染物控制目标，即污染物排放不超过流域环境容量、不降低区域环境质量；降低使用水资源经营单位的行政管理成本，用较低的行政管理成本最大限度地激励经营单位挖掘自身减排潜力，提高经营单位污染物治理水平。美国环保局（杨展里，2001）利用"水体系统"，结合污染物排放权交易条件，通过识别具有减排和交易潜力的水体协助全国性水体污染物排放权的交易。澳大利亚的"泡泡计划"协调了霍克斯堡—内恩河流域悉尼三个污水处理厂排放物的磷含量，实现以最低管理成本减少水资源污染物排放量的目标。2004 年，江苏省南通市泰尔特公司以 1000 元/吨化学需氧量的价格将其因上线污水设施结余的排放指标转让给因没有排放指标停工待产的亚点毛巾，转让期限为三年（肖加元、潘安，2016）。

3. 碳排放交易。碳排放交易的实质是碳汇交易，其交易机制与水权交易类似。碳汇交易是运用市场机制规制区域二氧化碳和温室气体排放行为的重要政策工具，随着全球气候变化治理行动的深入，该工具已被广泛运用。目前，多样化的总量控制与交易体系主要包括欧盟、韩国、新西兰碳排放交易体系、区域温室气体和西部气候倡议。截至 2018 年底，全球碳市场已从不同领域通过拍卖筹集 573 亿美元资金（ICAP，2019）。国际碳行动伙伴组织（ICAP）于 2016 年出版的《碳排放交易实践手册》总结出碳交易机制设计十个步骤：确定碳交易覆盖范围；设定区域碳排放总量；根据排放企业的具体情况，分配初始配额；设计可运用的碳排放抵消机制；确定碳交易区域特征的灵活措施；考虑单位碳价格的预测性与成本控制；设计碳交易的履约与监督机制；加强利益相关者参与、交流的机制建设；考虑市场链接；碳排放交易的实施、评估与改进。

4. 环境标志。环境标志又称生态标记，是指通过市场消费者的自主选择对获得第三方认证的生态友好产品给予补偿。环境标志将产品的生态服务附加值表现在销售价格中，消费者通过购买具有环境标志的产品，实现优质生态系统服务的市场认可。消费者认可生态友好产品的关键是需要建立起消费者信赖的认证体系。环境标志通过消费者选择以间接的方式对流域生态系统的优质服务提供补偿。欧盟在 1992 年形成环境标志制度，该项制度属于自愿性制度，生产商需向欧盟指定管理机构提出申请，由第三方对产品的生命周期，即产品设计、工厂生产、绿色销售、环保使用和废弃物回收环节对生态环境带来的危害进行程序测试，根据测试数据的高低，管理机构决定是否授予"绿色产品"标志。欧盟 2002 年的调查显示，75% 的消费者更愿意购买"绿色产品"，以实际行动支持生态系统保护利益群体（黄河、柳长顺、刘卓，2017）。

（二）补偿特征

1. 补偿交易的自愿平等性。根据水权交易和排污权交易分析可知，政府在交易中的作用更大程度上是制定交易规则、提供双方的交易信息及监督交易的实施对交易规则遵守程度。市场补偿交易中流域生态系统的保护与受益利益主体，无论是地方政府还是水资源经营使用组织，均通过交易机构直接参与到补偿机制中，以自愿、平等原则为基础，完成市场生态价值补偿。所有的参与利益主体在市场交易中通过交易规则实现流域水资源的再分配，以流域最低的管理成本与减排成本有效缩小流域生态环境治理中社会成本与私人成本的差距。

2. 补偿交易参与主体的广泛性。在市场补偿中，政府以参与者的身份与使用水资源的生产经营单位、组织、企业或农牧户平等竞争水资源的使用权和污染物排放权，规划区域经济发展前景。参与主体的广泛性能够保证价格机制在交易中充分发挥资源配置的作用，从而运用价格机制真正激励生产经营者挖掘资源利用的潜力，有效提高资源利用效率。

3. 资金来源的多元化。市场补偿的补偿资金主要来源于地方税收或资源收费、项目基金、企业自筹资金或银行绿色金融项目等，来源具有多元化特征。市场补偿资金的多元化与市场化运作，有效保证流域生态系统价值补偿机制能够长效发挥作用，从长远保障流域生态系统的改善与维持。

（三）交易费用

根据制度功能理论可知，制度降低交易费用的途径主要有以下两点：提高信息的有效性，降低信息使用的不对称性，以此为基础抑制交易参与者的机会主义行为，降低利益主体决策的不确定性；或者通过制度设计降低交易活动的外部性特征，从而实现交易费用的降低。与政府补偿相比，市场补偿的交易费用有如下特点。

1. 补偿设计的前期信息搜寻成本较高。在市场处于主导地位的流域生态系统价值补偿中，流域生态系统资产和服务的外部性加大了流域不同辖区地方政府谈判的难度。同时，流域复杂的生态环境使流域生态系统价值补偿谈判中不易找出补偿的关键因素，为保证补偿方案的实施效果，方案设计需由调查人员对流域的社会、生态和经济活动等信息进行大量实地走访调查，梳理出影响流域补偿方案的关键因素。流域的复杂性使方案的可替代性较差，补偿方案的前期信息搜寻成本必不可少。这增加了市场补偿机制谈判的不确定性。在流域生态系统基本数据缺失的情况下，市场补偿机制实施中由于流域不同辖区地方政府信息搜寻成本过高，会极大增加市场补偿机制的不确定性。

2. 市场补偿机制能够有效降低运营成本。与政府补偿相比，市场补偿机制的参与主体呈现多元化状态，能够有效推动各种交易信息的流动与交换。信息交换的频率能够有效提高信息的有效性，交易供需参与主体能够利用市场自主选择机制，有效抑制参与主体的机会主义行为。市场补偿能够运用价格手段和信息选择机制激励补偿利益主体挖掘水资源的减排潜力，提高水资源利用效率。机会主义行为的抑制作用能够有效降低市场补偿机制的运行成本。

3. 市场补偿机制实施的监督成本要小于政府补偿。在政府补偿中，由于地方政府机会主义行为的存在，流域生态系统改善与维护利益主体的行为需要政府单方面监督，水质与水量的监测设备、人力成本都增加了政府补偿机制的监督成本。与之对应的是，市场补偿机制的监督来源于两方面：交易方和政府的监督。其中，流域生态系统保护利益主体为了提高生态系统服务的价值或得到更高的利润，倾向于向受益利益群体和交易机构展示保护效果，保护利益主体有动力自行承担部分监督成本，受益利益群体为了保障自己购买服务的质量也会承担部分监测费用。市场机制有效地将政府承担的监督成本内化为市场交易成本一部分，有效降低政府监督成本。

三、政府与市场补偿模式的比较与选择

根据两种模式的分析可知，在流域生态系统管理中，流域生态系统价值补偿模式的政府和市场模式各有优缺点，两者解决问题的作用机制和侧重点均存在不同。流域生态系统的复杂性，使抑制流域生态系统环境的恶化与生态系统服务的衰退需政府和市场相互补偿、相互依赖，真正起到激励流域生态系统保护行为、惩罚生态环境破坏行为的作用。

以价值补偿的流域尺度而言，大尺度如流域面积跨越的行政辖区较多，涉及的生产经营单位、个人或农牧户较多，利益群体受众范围广泛，政府补偿在统一规划和协调方面具有无法比拟的优越性，小尺度流域面积有限，涉及的利益群体简单，市场补偿能够很好地解决外部性内在化问题。从价值补偿的不确定性而言，政府补偿模式根据前期的财政预算和各种资源/功能区规划实施，不确定性较小。市场补偿模式需根据流域具体情况进行前期调查，交易各方能否顺利达成协议实施补偿的不确定性较大。从补偿行为的机会主义而言，政府补偿模式中由于政府监管不及时、成本过高等原因，使流域各行政辖区内地方政府的机会主义行为较强；市场补偿模式监管成本通过价格机制实现部分内在化，相比而言，地方政府的机会主义行为较弱。从补偿机制的运行成本而言，政府补偿模式的运行成本由于流域生态系统基础信息的不对称和上级政府获取真实信息存在一定困难，补偿机制的运营成本较高；市场补偿模式由于交易信息的公开和流动，补偿机制一旦确立，运营成本要小于政府补偿模式。对流域生态系

统价值补偿的参与主体而言，政府补偿模式参与主体相对单一，市场补偿模式参与主体呈现出多元化状况。对价值补偿的资金形式而言，以财政资金为主体的政府模式能够保证流域生态系统环境改善和自然资源保护所需的资金；由于市场模式适用于产权能够明确的情况，需要配套成熟的信息监测体系，适用范围较小，在流域生态系统保护中发挥的作用受到很大限制。

由此可知，政府和市场模式在流域生态系统价值补偿中发挥着不同的作用，政府模式以行政指令的强制性保证了流域生态系统保护行为的资金需求，市场模式以自愿、平等为指导，以价格机制和自由选择机制激励了流域生态系统保护利益群体的自主行为选择。这使流域生态系统价值补偿模式具体选择时应当根据流域具体情况选择适合的补偿模式。结合国内外流域生态系统价值补偿案例可知，由于流域生态系统往往具有跨行政辖区的特点，使流域生态系统价值补偿以政府补偿模式为主，政府在补偿机制中处于主导地位，规划基础设施的建设，调度资金安排，制定市场交易规则，负责补偿机制的监督等工作；市场补偿主要适用于小尺度、产权明晰、利益主体关系简单背景下的补偿工作。要实现改善流域生态系统环境、维持流域自然资源持续可得性目标，需要政府与市场补偿模式的相互配合、相互补充。

第四节　流域生态系统价值补偿模式优化机制

从流域生态系统的整体性出发，可以发现流域生态系统的生态环境保护和自然资源管理往往跨多个行政管辖区域，其生态系统价值补偿是在流域各行政辖区范围内实施的，流域生态环境保护利益主体与生态系统服务受益利益主体应当共同分担成本和收益。对于流域生态系统而言，一般情况下流域上游地区是生态环境的建设与保护区，承担着生态系统的诸多功能，如水源涵养、水土保持、沙化防治，社会生活和经济生产受到地理条件、气候条件、国家规划等因素影响，经济发展往往受到制约与限制；中下游地区是流域生态系统服务的受益地区，上游地区输送给中下游地区充沛的水量和良好的水质是中下游地区社会生活和经济生产的重要影响因素。根据流域生态系统价值补偿模式讨论可知，由于外部性和利益主体行为博弈带来的复杂性，且每种补偿模式在交易费用和补偿效果方面具有不同的优缺点，使实践中流域生态系统价值补偿单一模式较少，多是政府与市场混合补偿模式。因此，有必要对流域生态系统价值补偿模式进行优化选择，从诸多补偿模式中选择出最优组合。

一、理论分析

在流域生态补偿中，利益主体对流域整体补偿的收益、成本与风险往往根据自身收益函数有着主观判断。由于影响补偿实施效果的因素较多，流域生态系统是融生态、社会和经济运行于一体的复杂系统，这使补偿利益主体未来的收益水平具有很大的模糊性。补偿模式组合的选择就是为了研究如何对各种补偿模式进行有效配置，从而得到符合补偿利益主体收益水平最有效的组合方式。补偿模式的优化选择能够帮助流域利益主体在收益水平不确定的环境中做出有效决策。市场决策中，利益主体选择决策组合最经典的模型是马科维茨模型（Markowitz，1952）。一般选择决策组合模型可以分为两阶段：一是通过观察和实践得到单个决策模型的收益预期；二是通过单个决策模型的收益预期选择决策模型组合。马科维茨模型是帮助决策者进行第二阶段模型组合的选择。马科维茨模型选择用方差度量决策选择的风险，假设决策者对于风险的态度是厌恶型，以此为基础建立了"均值—方差"决策组合选择模型（姜玮怡，2010）。马科维茨模型在使用过程中要求所有的补偿模型根据过去利益主体收益函数的方差、收益值数据能够准确预测未来补偿模型中利益主体的收益与风险值，即所有利益主体对相同补偿模型未来的收益分布具有相同的判断（田振明，2013）。现实的流域生态系统价值补偿利益主体由于信息的不对称性很难实现这一点。在马科维茨模型应用中，补偿模型收益函数通常不能准确地被预测。为了克服这个问题，塔玛卡等（Tamaka et al.，2000）提出用函数元素模糊集的方差、均值对组合模型进行改进。里昂等（Leon et al.，2002）则将模糊理论的思想引入组合选择模型中，试图把函数约束条件的不确定状态转化为模糊数学中的规划问题，旨在运用模糊数学解决多项目选择模型的规划问题，这样便得到了模糊理论指导下的决策组合选择策略。在模糊理论中，模糊集是由查德（Zadeh，1965）在1965年提出，查德借助该概念发展了位于［0，1］区间的连续逻辑，并以此为基础创建了模糊理论。模糊理论中隶属度函数是一个很重要的概念，其内涵是用一种连续的方式展示了函数元素在规定的区间内对集合的隶属度。在模糊理论中常用的函数有高斯、三角和梯形隶属度函数等。本节用改进的马科维茨模型和模糊理论研究流域生态系统价值补偿模式组合选择问题。

在流域生态系统价值补偿模型的决策中，利益主体需要对单个补偿模型的收益和面临的损失即风险进行衡量。当运用决策组合理论进行流域生态系统价值补偿模型的选择时，决策者需要对未来单个模型获得的收益水平进行预先评估，这些评估过程中就包含了不同利益群体选择补偿模型时的模糊性。由于不同的流域生态系统价值补偿模式对流域中不同的利益主体而言收益函数是不同的，这就需要研究何种补偿组合模式能够在补偿标准核算方法既定的情况下，使保护利益主体获得的收益函数值最大，受益利益主体付出的收益函数值最小。

二、建模

在流域生态系统价值补偿机制中，补偿模式具体包括纵向上级政府资金补偿、横向同级政府资金补偿、产业补偿、政策补偿和水权交易等补偿模式。

流域生态系统价值补偿组合模型选择的马科维茨模型（张婕、徐健，2011）：

$$\max f(x) = \sum_{j=1}^{n} E(r_j) x_j$$

$$s.t. \sum_{i=1}^{n} \sum_{j=1}^{n} \sigma_{ij} x_i x_j \leq w$$

$$\sum_{i=1}^{n} x_i = 1$$

$$0 \leq x_j \leq \gamma_j, j = 1, 2, \cdots, n$$

其中，$X = (x_1, x_2, \cdots, x_j, \cdots, x_n)$ 表示流域生态系统价值补偿的组合模式；x_i 表示第 i 种补偿模式在补偿总金额中所占比例；σ_{ij} 表示第 i 种与第 j 种补偿模式间的协方差；ρ_{ij} 则表示第 i 种与第 j 种补偿模式间相关系数；σ_j 表示第 j 种补偿模式获得收益的标准差。r_j 表示第 j 种补偿模式的收益值；$E(r_j)$ 表示第 j 种补偿模式给利益主体带来预期的收益期望值；$\sum_{i=1}^{n} \sum_{j=1}^{n} \sigma_{ij} x_i x_j$ 表示组合模式 X 收益期望值的方差；w 表示流域生态系统价值补偿标准的成本限额；γ_j 表示第 j 种补偿模式中补偿成本限额。

由于上述模型包含二重约束，根据埃尔顿和格鲁伯（Elton & Gruber，1973）研究发现，在估计模型未来收益水平相关系数时，不同模型的收益水平相关系数相等时的假设效果优于系数不同时。假设不同补偿模式的收益水平相关系数相等，可得到：

$$\rho_{ij} = \rho, i, j = 1, 2, \cdots, n; i \neq j$$

此时，可推导出：

$$\sum_{i=1}^{n} \sum_{j=1}^{n} \sigma_{ij} x_i x_j = \sum_{i=1}^{n} \sum_{j=1}^{n} \rho \sigma_i \sigma_j x_i x_j$$

$$= \rho \left(\sum_{i=1}^{n} \sigma_i x_i \right)^2 + (1 - \rho) \sum_{i=1}^{n} \sigma_i^2 x_i^2$$

其中，$\rho \left(\sum_{i=1}^{n} \sigma_i x_i \right)^2$ 表示影响流域生态系统价值补偿模式选择的宏观因素；

$(1 - \rho) \sum_{i=1}^{n} \sigma_i^2 x_i^2$ 表示影响流域生态系统价值补偿模式选择的微观因素。

由于组合补偿模型的选择一般不考虑流域本身的异质性，微观因素忽略不计。因此，可根据模糊理论将约束条件简化为：

$$\sum_{i=1}^{n} \sum_{j=1}^{n} \sigma_{ij} x_i x_j = \rho \left(\sum_{i=1}^{n} \sigma_i x_i \right)^2 \leqslant w$$

当 $\sigma = \sqrt{w / \rho}$ 时，可知 $\sum_{i=1}^{n} \sigma_i x_i$ 模糊小于 σ。

根据模糊理论中三角隶属函数可知，当 s，m，u 分别为模糊数值的上限、可能最大值和下限时，隶属函数 x ∈ ［s，m］时，μ（x）＝（x－s）／（m－s）；x ∈ ［m，u］时，μ（x）＝（x－u）／（m－u）。

当 $\sum_{i=1}^{n} \sigma_i x_i$ 模糊小于 σ，m ＝ σ，u ＝ σ ＋ e 时，e 取决于流域生态系统保护区域的规划，隶属函数如下所示：

$$\mu(x) = \left(\sigma + e - \sum_{i=1}^{n} \sigma_i x_i \right) / e, \sigma < \sum_{i=1}^{n} \sigma_i x_i \leqslant \sigma + e;$$

根据利昂等（Leon et al.，2001）的研究可知，流域生态系统价值补偿模式组合选择问题可以简化成模糊线性规划问题，即：

$$\max f(x) = \sum_{j=1}^{n} r_j x_j$$

$$s.t. \sum_{i=1}^{n} \sigma_i x_i < \sigma + e$$

$$\sum_{i=1}^{n} x_i = 1$$

$$0 \leqslant x_j \leqslant \gamma_j, j = 1, 2, \cdots, n$$

由于部分不同补偿模式的收益与成本难以转换成货币价值，如流域河道治理对生物多样性的长期影响，流域生态保护地区为了保障优良的水质，拒绝高排放企业的成本，这使补偿模式的收益、成本和风险均具有不同程度的模糊性。将组合选择问题模糊线性化后，可选用三角模糊函数建立流域生态系统价值补偿模糊模型，即：

$$\max f(x) = \sum_{j=1}^{n} \tilde{r}_j x_j = \left(\sum_{j=1}^{n} r_j^p x_j, \sum_{j=1}^{n} r_j^m x_j, \sum_{j=1}^{n} r_j^o x_j \right)$$

$$\text{s. t.} \sum_{i=1}^{n} \sigma_i^p x_i < \sigma^p + e^p,$$

$$\sum_{i=1}^{n} \sigma_i^m x_i < \sigma^m + e^m,$$

$$\sum_{i=1}^{n} \sigma_i^o x_i < \sigma^o + e^o,$$

$$\sum_{i=1}^{n} x_i = 1$$

$$0 \leqslant x_j \leqslant \gamma_j, j = 1, 2, \cdots, n$$

其中 $\tilde{r}_j = (r_j^p, r_j^m, r_j^o)$，其中 $r_j^p \leqslant r_j^m \leqslant r_j^o$，$r_j^p$，$r_j^m$，$r_j^o$ 为三角模糊数。同理，σ^p，σ^m，σ^o，e^p，e^m，e^o 均为三角模糊数。

流域生态系统价值补偿规划模型追求最满意解以尽可能满足流域决策者的需求，要求即使满意解未进入满意范围也会要求偏差最小。这就需要满意解满足以下三个条件之一：首先满意解不低于目标值；其次满意解不超过目标值；最后满意解恰好达到目标值。根据成亚丽（2011）和李荣钧（2002）关于三角模糊线性规划问题的研究，将上述三角规划模型转换成如下模型：

$$\max f_1(x) = \sum_{j=1}^{n} r_j^m x_j;$$

$$\max f_2(x) = \sum_{j=1}^{n} r_j^p x_j;$$

$$\max f_3(x) = \sum_{j=1}^{n} r_j^o x_j;$$

$$\text{s. t.} \sum_{i=1}^{n} (\sigma_i^p + \sigma_i^m + \sigma_i^o) x_i < (\sigma^p + \sigma^m + \sigma^o) + (e^p + e^m + e^o)$$

$$\sum_{i=1}^{n} x_i = 1$$

$$0 \leqslant x_j \leqslant \gamma_j, j = 1, 2, \cdots, n$$

三、优化选择模型求解

流域生态系统价值补偿模糊线性选择模型是典型的多目标求解问题，运用齐默尔曼（Zimmermann，1978）模糊算法进行求解，在齐默尔曼算法中，所有隶属函数被定义为线性函数：

$$\mu f_i(x) = \frac{f_i(x) - f_i^-}{f_i^+ - f_i^-}, i = 1, 2, \cdots, n;$$

其中，$f_i^+ = \max f_i\ (x)$，$f_i^- = \min f_i\ (x)$，$x \in X$。

（1）第一阶段。

令 $\sum_{i=1}^{n} (\sigma_i^p + \sigma_i^m + \sigma_i^o) x_i < (\sigma^p + \sigma^m + \sigma^o) + (e^p + e^m + e^o)$，$\sum_{i=1}^{n} x_i = 1$，

$0 \leqslant x_j \leqslant \gamma_j, j = 1, 2, \cdots, n; f_1^+ = \max f_1(x), f_1^- = \min f_1(x); f_2^+ = \max f_2(x),$
$f_2^- = \min f_2(x); f_3^+ = \max f_3(x), f_3^- = \min f_3(x)$。得到隶属函数：

$$\mu f_1(x) = \frac{f_1(x) - f_1^-}{f_1^+ - f_1^-}, \max f_1(x) \leqslant f_1(x) \leqslant \text{mix} f_1(x)$$

$$\mu f_2(x) = \frac{f_2(x) - f_2^-}{f_2^+ - f_2^-}, \max f_2(x) \leqslant f_2(x) \leqslant \text{mix} f_2(x)$$

$$\mu f_3(x) = \frac{f_3(x) - f_3^-}{f_3^+ - f_3^-}, \max f_3(x) \leqslant f_3(x) \leqslant \text{mix} f_3(x)$$

$\mu f_1\ (x)$，$\mu f_2\ (x)$，$\mu f_3\ (x)$ 的隶属函数等价于如下线性规划问题：

$$\max \varphi$$

$$\text{s. t. } \varphi \leqslant \frac{f_1(x) - f_1^-}{f_1^+ - f_1^-}, \varphi \leqslant \frac{f_2(x) - f_2^-}{f_2^+ - f_2^-}, \varphi \leqslant \frac{f_3(x) - f_3^-}{f_3^+ - f_3^-}, x \in X$$

一般情况下，不能确定上述多目标模型的解是唯一解；若存在，亦不能确定该解是原模糊函数的最优解。解的有效性需经过再次检验。

（2）第二阶段。

$$\max \tilde{\varphi} = 1/3 (\varphi_1 + \varphi_2 + \varphi_3)$$

$$\text{s. t. } \varphi \leqslant \varphi_1 \leqslant \frac{f_1(x) - f_1^-}{f_1^+ - f_1^-}, \varphi \leqslant \varphi_2 \leqslant \frac{f_2(x) - f_2^-}{f_2^+ - f_2^-},$$

$$\varphi \leqslant \varphi_3 \leqslant \frac{f_3(x) - f_3^-}{f_3^+ - f_3^-}; \varphi_i \in [0.1], x \in X$$

根据两阶段的齐默尔曼算法，经过第二阶段的检验，始终能够得到原决策问题的有效解（李荣钧，2002）。

第五节　本章小结

流域生态系统价值补偿原则是补偿机制设计的基础，指导着后续补偿机制设计的方向，为补偿机制的设计细节提供了科学基础。基于流域生态系统服务外部性分析的补偿原则揭示了流域整体实施价值补偿时应遵循的基本规律。污染者付费原则由经合组织提出后，日渐成为国际贸易应遵守的基本原则，该原则通过市场价格机制有效将污染者对流域生态环境造成的部分破坏行为实现流域外部不经济的内在化。受益者负担原则根据污染者付费原则演化而来，旨在运用价格机制将受益者额外享受的流域生态系统优质服务实现流域外部经济的内在化。由于流域水资源的流动性使不同行政辖区在流域生态系统生态环境保护中发挥的作用不同，根据环境和发展的公平原则和区域协调发展原则，需要运用补偿机制平衡不同地区的发展状况。

根据补偿原则的作用机理和补偿主体，可将流域生态系统价值补偿模式划分为政府补偿模式和市场补偿模式。根据不同补偿模式的特征和交易费用分析，可知政府和市场在流域生态系统价值补偿机制中各自有着不同的优缺点和适用范围。政府补偿模式以其明确的目标性和强有力的行政保障有效保障大尺度生态系统的修复与改善，但欠缺持久性；市场补偿模式可以充分发挥价格机制的作用，使其交易范围适合小尺度生态系统。这种情况下，流域整体的生态系统价值补偿机制往往是多种补偿模式的组合选择。本章在对补偿模式的基本内涵、特征和交易费用分析的基础上，运用马科维茨模型和齐默尔曼模糊算法分析了决策者如何有效选择流域生态系统价值补偿最优的组合模式，以期科学地指导决策者进行补偿组合模式选择。

第六章

流域生态补偿标准分析

　　流域生态补偿制度实现最初设计目标的关键问题之一是补偿标准的核算（段靖、严岩、王丹寅等，2010）。流域生态补偿的领域主要包括河流、森林、生态保护区、水源涵养地、大型生态项目如退耕还林等、大型工程项目如南水北调等、地方行政区划间补偿等。通过外部性理论的经济学分析可知，生态补偿的目标是通过生态补偿资金的再分配机制完成外部性内在化的过程，最终实现整个社会的社会收益与社会成本均衡。其中，社会正外部性供给者与负外部性承担者均是生态补偿资金最终的受助对象，如地方政府鼓励当地民众放弃经济收益来为社会供给更多的生态服务，扩大生态系统的服务范围，这些民众作为生态服务的直接供给者至少其付出的成本是应该得到补偿的；地方政府为了降低废弃物排放对生态环境损害的负外部性，积极采取治理措施消减负外部性的影响程度，降低社会治理成本，政府为恢复生态环境所付出的成本即为生态补偿制度至少要弥补的。根据第四章流域生态补偿中各方利益主体的博弈分析可知，地方政府作为生态系统资产与服务的主要供给者，能够为社会供给更高质量生态服务的关键在于综合收益函数，只有在供给生态系统资产与服务的收益能够至少弥补所付出的成本时，生态系统资产与服务供给者才有足够的动力实施"供给"策略，中央政府和地方政府"监督"与否只能在一定程度上激励或惩罚该行为，却不能从本质上改变这一现状。由此可知，根据经济理论分析，流域生态补偿标准应与生态系统资产/服务的外部性相等。原则上，流域生态系统所提供的生态系统资产与服务的效益都可以使用货币进行量化估价，然而现实中外部性定量需考虑诸多社会经济因素，难以得出准确的定量值。根据博弈均衡分析可知，流域生态补偿的标准应以生态系统资产与服务的生态价值为上限值，至少以生态系统资产与服务的成本为下限值，此范围是实现流域生态补偿制度设计目标、推动地方政府达成合作联盟的基础。因此，本章拟探讨流域生态补偿标准的核算（见图 6.1），主要内容以 SEEA-EEA 中心框架和《中国国民经济核算体系（2016）》为指导，对流域生态系统资产——自然资源进行实物量核算，确定流域自然资源资产的流量与存量变动情况，为单位自然资源价值量的确定提供科学、合理的基础数据；以流域生态系统服务的价值内涵为基础，测算区域生态系统服务的价值量。并在此基础上，以单位自然资源价值量确定流域生态补偿标准。

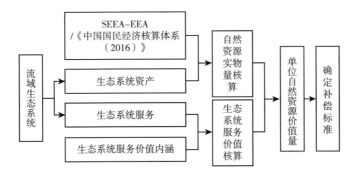

图 6.1　流域生态系统补偿标准分析

第一节　流域生态系统资产的实物量核算

通过第三章的分析可知，完善有效的流域生态系统资产——自然资源资产核算是开展流域生态系统保护和自然资源管理工作的基础。本节的主要内容是借鉴国际公认的 SEEA-EEA 中心框架和《中国国民经济核算体系(2016)》，构建和完善我国流域生态系统资产实物量核算机制。流域生态系统资产实物量核算通过自然资源资产实物量核算报表向自然资源的利益主体详细描述了各类型自然资源在某一时期经济体的流量和存量情况及其变化状态，清楚划分了自然资源使用过程中产权所有者、资产使用者和资产管理者所应承担的不同职责，为科学估算流域生态系统服务的价值量和流域生态补偿标准提供基础信息。

一、资产实物量核算基本要素

根据流域生态系统资产实物量核算的目的，自然资源核算报表可以通过净资产实物量和价值量的变动情况全面反映某一时期一定地区自然资源资产在社会运行和经济发展过程中对自然资源资产开采、使用、消耗，废弃物排放和生态恢复的细节信息（林忠华，2014）。通过自然资源单一要素净资产变动以及由各单一要素汇总而成的自然资源净资产实物量变动，为流域生态系统服务单位资产价值量的确定提供基础信息。

（一）自然资源资产

自然资源资产是指能够运用科学的技术手段实现价值计量，同时满足经济用途上的稀缺性与明晰产权特征的自然资源（姜文来，2000）。对应于企业资产的概念，自然资源资产首先能够满足计量的要求，只要是在合理的科学核算方法之内，无论是实物量还是价值量均能实现计量，如林业资源、草场资源、水资源、矿产资源等均应能够实现实物与价值量化。能够被实物量化却不能被计入自然资源资产的如太阳能资源、风能等自然资源，虽然拥有很大的经济价值，却无法界定明晰的产权，进入自然资源资产负债报表只能明确其价值量无法确定其权益责任主体。《中国国民经济核算体系（2016）》对纳入核算范围自然资源资产的定义为具有稀缺性、有用性及产权明确的自然资源，包括土地、林木、水、矿产和能源资源等内容（中华人民共和国国家统计局，2017）。

（二）自然资源负债

自然资源是工业时代社会运行和经济发展的强大基石，在新能源时代全面到来之前，社会经济价值的创造往往是建立在自然资源资产消耗的基础上。社会人口的迅速膨胀，经济的快速发展，往往伴随着自然资源资产的过度消耗，废弃物排放超过自然资源的自我净化能力，自然资源对生态系统的修复能力由于人为破坏和干预不当呈逐渐下降趋势，由此便形成了对自然资源进行生态补偿和环境治理的需要。其中，生态补偿包含两部分：一部分是针对自然资源使用者对自然资源超过其承载力阈值的开发与利用部分，该部分自然资源负债造成自然资源不可持续利用甚至枯竭；另一部分是自然资源使用者在转换自然资源价值产品的生产过程中排放的废弃物超过自然资源自身修复能力的超额部分，该部分自然资源负债造成了自然资源质量的严重恶化。环境治理同样包含两部分：一部分是指恢复自然资源至原有某一状态或指定时点状态所需付出的代价与成本；另一部分是指维护自然资源现状不致使其恶化所需付出的代价与成本。因此，社会运行和经济发展过程中污染废弃物排放超过环境自我净化能力的部分被称为自然资源的法定负债；由于权益主体过度开采和使用超过环境生态承载力阈值或国家保护标准的超额部分被称为自然资源的推定负债；由于权益主体经济行为造成的自然资源生态系统功能下降的部分被称为自然资源的生态负债。由上述内容可知，自然资源负债并不是自然资源本身所具有的属性，根据生态系统可持续指标判断，它来源于自然资源开采和使用机构管理不善或过度耗损。由于自然资源负债本质是自然资源管理和使用的问题，属于生态系统评价内容，本书不过多涉及。

具体到单一的自然资源要素中，水资源的负债包含三个部分，即水资源在使用过程中造成的废水排放超过国家排放标准的部分为权利主体的法定负债；某一地区根据现有经济规模和行业标准的需水量与实际地表水供给量的不相符部分为地表水负债，缺水地区表现为实际需水量超过供给量，丰水地区则表现为供给量超过需求量的部分得不到合理配置；某一地区在一定时期内对地下水的超采部分则为地表水负债。土地资源的负债，即土地资源承担的固体废弃物排放如重金属、生活垃圾等以及微生物如农药残留物等超过土壤自身修复功能的部分为法定负债，土地资源在经济活动的使用过程中过度使用造成土壤质量下降的部分如土壤肥力下降盐碱化面积扩大、林场和草场资源过度利用导致其跟不上自身的植被恢复速度进而产生草场沙化、森林资源更新速度下降等生态破坏，成为生物资源的土地使用负债；由于擅自改变土壤的生态面貌如把天然林改为人工林、草场改为耕地、围湖造田等人为行为导致环境恶化的则为土地资源的生态负债。矿产资源具有不可再生性，其负债主要是由于矿产资源开发和利用带来的不可持续发展后果，如矿区生态系统的恶化、周围地下水污染、农作物产量下降、矿区地表下陷等问题。

（三）自然资源净资产

自然资源净资产对应于企业资产负债表中的所有者权益项，数量上等于自然资源资产与其负债的差额（洪燕云、俞雪芳、袁广达，2014），内涵与所有者权益的相似点在于均表示某一时期一地区权益责任主体对自然资源资产的最终实际拥有量，自然资源净资产与企业所有者权益的不同之处在于，该数值既要反映自然资源的拥有量，还要反映不同权益责任主体在自然资源的开发与使用过程中各自应承担的责任，分别列报于自然资源核算报表中负债对应的实物量与价值量数额。

二、国内外自然资源实物量核算的经验与启示

从 1946 年希克斯第一次提出绿色 GDP 的思想，到进入 21 世纪后可持续发展思想的发展，直至 2012 年 3 月《环境与经济核算体系 2012——中心框架》（SEEA2012）的颁布，国际上对环境与经济综合核算的标准才算正式形成并在全球得到认可。然而作为国民账户体系（SNA2008）卫星账户的 SEEA2012 也仅仅是提出了全球通用的核算指导框架，从其编制理念来看，各个经济体若想构建符合自己国家实际情况的自然资源核算框架并得以广泛推广运用，发挥其经济分析、决策和政策制定的作用，仍需根据各国的实际情况做出大量努力。尽管不能从 SNA2008 与 SEEA2012 得到直接进行环境与经济核算的具体步骤，却并不妨碍本书从联合国国际核算框架借鉴其思想精髓，设计与我国统计核算体系接轨的自然资源核算理论框架。

（一）国民账户体系（SNA2008）

国民账户体系（SNA2008）是联合国发布的一套适用于全球各种类型的经济体的核算，不论其大小抑或经济制度不同均可依照 SNA2008 的核算框架得到关于经济运行的连续可比数据。国民账户体系是以经济学原理为基础，按照严格核算规则编制测度经济活动指标的标准建议。这些账户以极其凝练的方式为各国经济管理机构提供了有关经济体经济运行的大量细节信息。该账户体系的主要目的是按照严格的核算程序将经济数据予以编制，并运用账户表式的形式呈现给利益主体，进而辅助各国经济管理机构从实物量和价值量不同角度不同层次对经济运行数据进行测度与分析，以此为基础形成区域与行业的发展规划决策，进而制定国家经济管理政策。

SNA2008 本身包含两套账户序列：一套是流量账户序列，反映一定时期经济部门各类有联系的、相互关联的经济活动；每个流量账户均反映了不同经济部门所消耗资源的供给与其对应的分配、使用，从而反映经济价值的产生、转换、交换、转移或消失。另一套是存量账户序列，记录经济部门拥有的资产与负债在一定时期期初与期末存量价值的资产负债表（即国家资产负债表，national balance sheet）。由于一定时期内经济部门所拥有的资产与负债及其所有变化均会完整系统地记录在流量账户序列中，从而通过资产与负债的变化量指标把该时期内经济部门从不同侧面反映资产与负债详细信息的流量账户序列和存量账户序列联系起来。其中，流量账户

由经常账户和积累账户构成。经常账户记录经济部门货物和服务的生产投入多少、如何形成收入、收入如何进行分配与再分配以及如何消费等整个经济环节，反映货物和服务的价值是如何形成的。积累账户通过"供给 = 使用"的恒等关系式记录某一经济部门所拥有的资产与负债账户如何在一定时期内发生变化及其变化的累积量即存量变化数据；存量出现在资产负债表和相关表式中（如投入产出表），资产负债表则通过会计恒等式"资产 = 负债 + 净资产"反映经济部门在一定时期所拥有资产与所承担负债的存量价值，通过资产负债表期初与期末的价值变化清晰正确地阐释了积累账户。积累账户、经常账户和资产负债变化表包括资产负债表等所有账户最后构成综合经济账户。综合经济账户为经济总体账户提供了一张完整图像，它能够描述出各主要经济关系及其主要总量。

SNA2008 的主要目的是通过一个单独的价值计量核算单位把经济部门纷繁复杂的经济活动联系起来，基于此，SNA 只是对各个账户中资产或负债的现期交换价值以货币为单位进行测度。因此，在该体系中对经济活动的确认以权责发生制为准，对资产的估价采用市场价格法、净现值法或重置成本法。

SNA2008 中对资产的定义关键在于两点：经济部门对资源实体拥有产权，且能为所有者带来经济利益。从资产的定义可以看出，符合这两点的自然资源可分别划分为土地资源、矿藏和能源资源、水资源、非育得自然资源四大类和其他自然资源如无线电资源等，自然资源资产概念的范围内不包括如空气或公海等所有权不清晰的自然资源与环境。对负债的定义则侧重于在特定条件下，债务人对债权人提供支付的义务，只要该义务存在负债，即得到确立。负债分为两种，由法律合同确定的无条件负债成为法定负债；若负债不是根据法律合同而是由长期普遍接受的惯例确定的，成为推定负债。但是，SNA2008 的核算体系认为不存在非金融负债，仅认定金融负债。由此可知，SNA2008 核算框架并未考虑与自然资源资产相对应的自然资源负债，对于自然资源资产开发和使用过程中造成的自然资源耗减与环境破坏并未反映出权益责任主体应当承担的责任。

（二）环境经济核算体系中心框架（SEEA2012）

关于经济行为和环境问题的信息整合是一项跨学科的活动。2012 年，联合国统计委员会采用环境经济核算体系中心框架（SEEA2012）作为国际统计标准。SEEA 是一个概念框架，旨在通过自然资源资产实物量和价值量的存量与流量变化，为权益责任主体提供了解和衡量环境问题与经济行为相互作用的详细信息。作为 SNA2008 的卫星账户，SEEA 以国民账户体系的核算概念、规则、定义和分类为基础，拓展了有关环境与经济活动核算的详细信息，旨在运用一套系统的统计测度方法编制和表述环境和经济信息，尽可能地覆盖与分析环境和经济活动相关的存量和流量细节信息。SEEA 是一个完整的账户系统，账户之间在概念、方法、定义和分类等方面存在一致性。作为国际首个环境和经济活动核算制度的统计标准，SEEA 在保持各类型自然资源核算测度信息一致的前提下将每个类型的详细信息编入账户和表格中，以便创建具有一致性内涵的目标，为自然资源管理机构的决策提供强有力依据。其最大特点在于自然资源资产实物量和价值量核算规则的一致性。

在 SEEA 的测量系统中，中心框架拓展了国民账户体系的自然资源资产范围，汇集了水资源、矿藏资源、能源资源、林业资源、水生资源、土壤、土地资源七大主题以及生态系统，环境污染和废弃物排放，自然资源生产、消费和积累等详细信息。每个类型都有具体而详细的度量方法，这些方法集成在 SEEA 中，为自然资源管理机构提供一个全面的视图。设计 SEEA 的初衷并不是为每个特定类型的自然资源提供丰富的深度数据，而是希望通过 SEEA 核算系统的内在联系和拓展可以为自然资源管理机构及利益主体提供一个探索自然资源管理决策更广阔的视角。SEEA 为相关类型特定的统计体系提供了核算基础。与水资源相关的 SEEA-W 自 2007 年开始运作，与农业资源、林业资源和水生资源相关的 SEEA-AFF 已得到联合国的支持。与能源资源相关的 SEEA-E 模块目前正在开发中。此外，SEEA2012 附带了两个额外的部分：SEEA 实验性生态系统核算以及 SEEA 扩展和应用程序。该部分目前还不是统计标准，SEEA 实验生态系统核算是国家和次国家级生态系统核算发展的基础。SEEA 扩展和应用程序则提供了环境经济核算体系数据进行各种监测和分析的方法，这些方法可以提供以 SEEA 为基础的信息系统。

SEEA 作为一个核算系统，是由一系列连贯的、一致的综合报表和账户集构成，每个表和账户都关注经济与环境之间的相互作用的不同方面。这些表和账户均是基于国际商定的概念、定义、分类和核算规则。在 SEEA 核算制度中有四种主要的账户类型。这些账户被添加到 SNA 的现有货币存量和流动账户：首先是物质流账户；其次是环境交易的功能账户；再其次是资产账户的实物和货币；最后是生态系统账户。前三种类型的账户构成 SEEA 的核心，被称为 SEEA 中心框架。生态系统的描述将在 SEEA 的第二部分被称为 SEEA-EEA 实验生态系统账户。

下面简要介绍前三种主要的账户类型。物质流账户记录了自然输入从环境流向经济体、产品在经济体中的流动以及残余物的流动。这些流动包括用于生产的水和能源（如农业商品）以及废弃物流向环境（例如固体废物到垃圾填埋场）。环境交易的功能账户记录了不同经济单位（即行业、家庭、政府）对环境的经济交易，具体包括环保支出账户、环境货物和服务部门统计、环保税和补贴、环境资产使用许可证和执照，以及与环境关联经济活动所用固定资产有关的交易等环境保护和资源管理。这些与环境有关的交易是环境活动的集合，即那些减少或消除环境压力的活动旨在更有效地利用自然资源。例如投资于防止或减少污染的技术，在污染、回收、保护和资源管理之后恢复环境。环境活动可以划分为环境保护活动或资源管理活动。资产账户主要核算某一时期自然资源资产实物量和价值量的存量变化信息（见表 6.1 和表 6.2），它们包括在会计期间的开始和结束的每一种环境资产的存量，并记录由于提取、自然增长、发现、灾难性损失或其他原因所导致存量的各种变化。SSEA 中心框架对 SNA 中自然资源天然生物资源、矿产和能源资源、土壤资源和水资源的分类进行了细化。鉴于资产记录单位的不同，实物量资产账户通常记录某个特定类型的资产，只有在价值量资产账户中才进行不同类型资产的合并，因此，实物量资产账户只适合于特定类型资产的不同时间段比较，价值量资产账户则在实物量账户的基础上进行合并，得到最终资产账户的价值存量及其变化情况。

表 6.1　　实物型自然资源资产账户的一般结构（实物单位）

项目名称	矿物/能源资源	土地（含林地）	土壤资源	木材资源	水生资源	水资源
期初存量	是	是	是	是	是	是
存量增加量						
存量增长量	na	是*	土壤形成土壤沉积	增长	增长	降水量回归流量
发现新存量	是	na	na	na	是*	是*
向上重估	是	是	是*	是*	是*	是*
重新分类	是	是	是	是	是	是
存量增加合计						
存量减少量						
开采量	开采量	na	取土量	伐取量	收获量	取水量
存量正常减少量	na	na	侵蚀	自然损失	正常损失	蒸发量蒸腾量

续表

项目名称	矿物/能源资源	土地（含林地）	土壤资源	木材资源	水生资源	水资源
灾难性损失	是*	是*	是*	是	是	是*
向下重估	是	是	是*	是*	是*	是*
重新分类	是	是	是	是	是	na
存量减少合计						
期末存量	是	是	是	是	是	是

注："na"表示不适用；＊表示这一项对于资源通常不重要，或在源数据中通常不予单独确认。

表 6.2　　　　　价值型自然资源资产账户的一般结构（货币单位）

项目名称	矿物/能源资源	土地（含林地）	土壤资源	木材资源	水生资源	水资源	合计
期初存量							
存量增加量							
存量增长量							
发现新存量							
向上重估							
重新分类							
增加合计							
存量减少量							
开采量							
正常减少量							
灾难性损失							
向下重估							
重新分类							
减少合计							
存量重计值							

　　每个不同类型的账户都在 SEEA 中心框架内进行连接，但每个不同的账户都关注于经济与环境之间相互作用的不同部分。不同账户之间的关系，例如，资产账户和生态系统账户关注存量和流量的变化；通常存量变化经济活动结果反面即物质流账户；实物供应和使用表中自然输入流量的测量与资产账户中的提取和生态系统账户拨备服务的计量是一致的。

（三）澳大利亚自然资源资产核算制度

澳大利亚环境经济账户（AEEA）研究始终位于全球环境经济账户序列研究的前沿，它的发展是对澳大利亚综合环境经济信息日益增长需求的一种回应。AEEA 是以 SEEA 中心框架为核算基础。实践中，在澳大利亚国民核算体系（ASNA）内开发了森林和土地账户，这些账户都符合国家资产负债表的特征。

目前，澳大利亚环境经济账户通过主题项目展示了 ABS 自然资源账户包含的内容：国家水账户、国家能源账户、国家废弃物账户和其他账户。AEEA 核算框架为解释自然资源资产账户，深度释义了它们对环境政策决策提供的详细信息，展示了这些账户对环境问题决策强大的支持力。AEEA 核算框架为每个主题账户提供了包含时间信息在内详细的统计数据与完整的信息列表。随着 ABS 对环境核算程序的逐步探索研究，不同的账户有不同的时间序列长度（见表6.3）。

表6.3　　　　　　　　　　　澳大利亚自然资源资产账户　　　　　　　　　单位：年

账户类型	首发年份	频率或状态	某一类型账户的时间序列可用数据			
			实物量存量	价值量存量	实物流量	价值流量
土地	1995	1995 年以后每年	1989～2016	1989～2016		
渔业	2012	实验性		2000～2001；2005～2006；2009～2010		
渔业报表	1999	临时性	1996～1997		1996～1997	
能源报表	1996	2011 年开始	1988～2015	1988～2016	1993～1997；2002～2015	2004～2010；2014～2016
矿藏报表	1998	临时性	1985～1996		1992～1994	
水报表	2000	2010 年开始			1993～1997；2008～2015	2008～2016

资料来源：澳大利亚国家统计局（https://www.abs.gov.au/statistics/environment/environmental_management）。

澳大利亚环境经济账户的核算框架以 SEEA2012 为基础，统计局主要从以下方面对 SEEA2012 进行拓展与应用：首先，AEEA 侧重澳大利亚自然资源资产的流量和存量数据核算，在实物量核算的基础上，运用不同的资产估价方法对各类型自然资源资产进行价值量核算；其次，澳大利亚统计局在 SEEA 中心框架的基础上编制了不同类型自然资源资产的资产账户体系，以时间序列建立了不同类型自然资源资产账户可比数据库；最后，AEEA 以 SEEA-W 为蓝本，探索发布了世界首份水核算准则。

（四）其他国家或区域自然资源资产核算框架

表 6.4 呈现了目前国际或区域通用的自然资源核算框架，具体包括联合国 SEEA2012、澳大利亚 AEEA、欧盟 SERIEE 和荷兰 NAMEA。

表 6.4　　　　　不同自然资源资产核算制度模式的比较与特点分析

系统	SEEA2012	AEEA	SERIEE	NAMEA
提出	1. 1993 年发布首本 SEEA 手册； 2. 2000 年发布操作手册； 3. 2003 年发布 SEEA2003； 4. 2012 年发布 SEEA2012	1995 年澳大利亚统计局设计方案并编制了澳大利亚的土地核算账户	欧盟统计局提出基本核算框架并于 1994 年在欧盟内部试行编制相关账户	在荷兰统计局设计方案的基础上于 1991 年编制大气排放物账户
内容	1. 非生产性自然资产的实物量账户； 2. 环境支出账户； 3. 资源 – 环境经济流量实物综合核算账户； 4. 环境资产存量及其变化账户； 5. 调整计算 EDP（绿色国民经济指标）	1. 连续多年发布与环境资产相关主题账户报表； 2. 环境资产供给与使用账户； 3. 环保支出账户； 4. 环境资产流量/存量的变化账户	1. 基本资料收集及相应的信息处理系统； 2. 环保支出账户； 3. 自然资源使用与管理账户	1. 排放物账户； 2. 与环境相关的国家主题； 3. 与环境相关的全球主题
范围	1. 核算自然资源损耗中使用传统的成本法、现值法或市场价格法 2. 核算环境的退化成本使用维护成本法或环境损害损失	1. 核算实物量和价值量账户； 2. 对水资源负债进行详细定义	核算环保支出，排除估计各类环境污染的损害成本	仅核算与环境资源的实物量账户，不计算价值量

资料来源：朱启贵．绿色国民经济核算的国际比较及借鉴 [J]．上海交通大学学报（哲学社会科学版），2006（5）：5 – 12．

通过对世界公认的统计标准中各个自然资源资产核算框架的研究与分析，可以发现各个核算框架对自然资源资产负债核算制度的侧重点各有不同。其中，SNA2008 的主旨是把自然资源资产纳入国民经济核算框架，仅仅对其含义及进入国家资产负债表的方式做出了讨论和解释，并未讨论更多的细节信息。作为全球公认的经济核算标准，SNA2008 框架制度对自然资源资产核算的贡献在于考虑把自然资源资产纳入国家资产负债表进行核算反映，但是未能对其具体的细节信息如账户设置、资产估价方法和自然资源负债做出更多交代。与 SNA2008 相比，作为 SNA2008 卫星账户的 SEEA2012，在其发展过程中借鉴了欧盟统计局环境经济核算方面的经验，该核算制度的进步性在于力求全面反映经济体价值创造过程中环境与经济行为相互影响的作用过程，通过自然资源资产供给与使用情况、环境保护与自然资源管理活动的账户变化以及自然资源资产流量和存量变化账户，为自然资源管理机构详细描述了自然资源资产在经济体经济运行过程中发挥作用的力度与其承受的损害程度。其不足在于和 SNA2008 核算体系一样，均未提及和讨论自然资源负债的定义与处理方式，因而不能对自然资源使用过程中产生的诸多问题进行归责划分，无法反映各权益责任主体在自然资源资产使用过程中应该承担哪些法定与推定的责任和义务。澳大利亚的环境经济核算框架和水核算准则在 SNA2008 和 SEEA 中心框架基础上，结合澳大利亚自然资源的分布与使用特点，既探讨了自然资源资产以价值计量的方式如何更好地被纳入国家资产负债表，又对各类型自然资源的核算细节做了充分的讨论，并以此为基础，提出了水资源负债的概念，以流域和行政区划为基础分别编制了各流域和行政区划详细的水资源资产负债报表体系，全面反映了澳大利亚在水资源供给和使用过程中的详细信息；至此出现了世界第一份既能全面反映自然资源资产分布和使用详细情况，又能对其进行价值计量评价的核算标准，虽然澳大利亚的水核算准则仍存在诸多值得商榷的问题，但无疑该准则已经对以往核算体系有了实质性突破与发展。

（五）中国国民经济核算体系

改革开放以后，随着我国市场经济与国际日益接轨，1992 年，我国彻底放弃之前物质产品平衡表体系，全面选用市场经济国家核算框架 SNA（赵栩，2017）。从 2002 年开始，我国国家统计部门一直采用以联合国 SNA 为蓝本的《中国国民经济核算体系（2002）》。与 SNA 核算框架不考虑自然资源要素不同，我国在 2002 版核算体系中设置附属账户，探索性编制了全国 2002 年土地、森林、水、矿产资源的实物量表，这为后续探索完善我国自然资源资产负债表制度奠定了基础。2017 年，为适应我国社会经济多元化发展的需要，国务院批准国家统计局印发《中国国民经济核算体系（2016）》（以下简称 2016 核算体系）。2016 核算体系在原先基本核算即国内生产总值、投入产出、资产负债、资金流量和国际收支核算的基础上，增加了自然资源、环境、人力、卫生、旅游和新兴经济核算（中华人民共和国国家统计局，2017）。其中，加入自然资源核算的目的是通过自然资源资产核算表和产品供给使用表描述自然资源的变动情况，为全面了解生态与经济系统间的相互作用、制定可持续发展政策提供基础信息。

2016 核算体系明确规定，自然资源核算表包括资产核算表和产品供给/使用表两类。自然资源资产核算表旨在反映自然资源资产（土地、林木、水资源、矿产）特定时间的存量状况及核算期间的变化水平。核算表可分为自然资源资产实物量和价值量核算表两类，实物量表是价值量表的基础，价值量表以市场价格进行估值核算，在不存在市场价格的情况下，采用重置成本法或未来净现值收益法等方法进行估值核算。自然资源资产供给/使用表旨在反映社会经济系统对自然资源产品的供给与使用情况。具体的自然资源资产实物量/价值量核算表与产品供给使用表见表 6.5。

表 6.5 - 1 　　　　　　　　　 **自然资源资产实物量（价值量）核算表**

项目名称	土地资源	矿产资源	林木资源	水资源	合计
期初存量					
本期增加					
自然增加					
经济发现					
分类引起的增加					
其他因素引起的增加					
本期减少					
自然减少					
经济使用					
分类引起的减少					
其他因素引起的减少					
期末存量					

表 6.5 - 2 　　　　　　　　　 **水资源产品供给/使用表**

项目名称	农林牧渔业	采矿业	制造业	水收集、处理和供应	污水处理	住户	进口	来自环境流量	总供给
地表水									
地下水									
降水									

续表

项目名称	农林牧渔业	采矿业	制造业	水收集、处理和供应	污水处理	住户	进口	来自环境流量	总供给
取水									
废水和回用水									
水的回流量									
取水的蒸发、蒸腾									
产品中所包含的水									

随后，为落实我国关于《自然资源资产负债表编制》具体工作，海南省、云南省、甘肃省和江西省先后印发各地《自然资源资产负债表编制制度（试行）》，分别对土地资源、林业资源、水资源和矿产资源资产编制的概念、范围、表式等核算内容做了基本规范。

综上所述，目前国际上的自然资源核算制度并不能为我国自然资源核算制度的构建提供直接的经验与方法体系，我国自然资源核算制度的建立应立足于我国各省区市自然资源分布和使用的实际情况，全面反映区域自然资源资产的实际存储与变化状态，借鉴国民账户体系扩展核算对自然资源资产的概念定义、核算范围、核算原则，以及澳大利亚自然资源核算制度的细节处理探索设计我国自然资源核算的理论框架，旨在能够为我国自然资源管理机构描述我国自然资源资产供给和使用过程中存在的诸多细节信息，帮助提升我国自然资源管理水平，优化自然资源在市场经济中的配置作用，为我国生态文明建设及流域生态补偿提供基础信息支持。

三、流域生态系统资产实物量核算框架

借鉴联合国 SEEA-EEA，我国 2016 核算体系，以及甘肃省、云南省和海南省等各地自然资源核算制度，我国流域生态系统资产实物量核算报表包含三张样表：自然资源资产负债表、自然资源变动表和自然资源流量表。其中，与国家资产负债表一样，自然资源资产负债表反映的是报表要素某一时点状态，属于静态报表，包含资产、负债和净资产要素，三者之间的平衡关系表达式为：自然资源 = 自然资源负债 + 自然资源净资产。

自然资源变动表反映在某一时期自然资源权益责任主体各项要素的增减变动及相应的责任分配情况。与自然资源资产负债表的静态报表相比，自然资源变动表属于动态报表，包括自然资源资产的增减变动、自然资源

负债的增减变动以及自然资源净资产的最终变化情况，三者之间的平衡关系表达式为：自然资源资产净变动量－自然资源负债净变动量＝自然资源净资产变动量。

自然资源流量表核算的是自然资源权益责任主体在某一时期自然资源数量的变化情况。与自然资源变动表相同，自然资源流量表也属于动态报表，反映自然资源资产的动态变化情况，其中包括自然资源资产的增加量、自然资源资产的减少量与自然资源储藏量的变动。三者之间的平衡关系表达式为：自然资源资产的增加量－自然资源资产的减少量＝自然资源储藏量的变动。

从自然资源资产负债表的平衡关系表达式可以看出自然资源资产负债表与自然资源变动表的勾稽关系为：期初自然资源净资产＋自然资源净资产的变动量＝期末自然资源净资产。通过这种勾稽关系使两张表之间的平衡关系式取得了联系，实现自然资源变动量与储存量之间的复核，提升自然资源的管理水平。

自然资源资产负债的报表中遵循两个平衡关系式："自然资源资产＝自然资源负债＋自然资源净资产"与"期初存量＋本期变动量＝期末存量"，拟在此基础上核算自然资源资产期初与期末相应的存量。通过本期变动量的列报可以反映两项内容：一项是自然资源资产的增减变化情况；另一项是将自然资源负债对应其相应的权益责任主体。

结合我国企业的资产负债表模式多按照报表要素性质列示的惯例，以及现金流量表先按其功能划分流入与流出最后汇总的形式，对自然资源资产负债表的具体设计见表6.6、表6.7、表6.8，结构见图6.2。

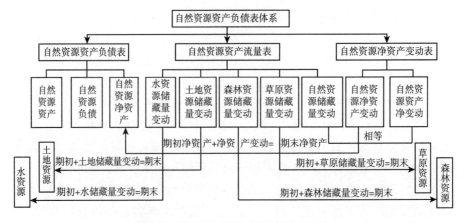

图6.2 自然资源资产负债表关系结构

三张自然资源核算报表之间存在以下恒等关系：

自然资源资产 = 自然资源负债 + 自然资源净资产

自然资源资产变动 – 自然资源负债变动 = 自然资源净资产变动

自然资源资产增加数 – 自然资源资产减少数 = 自然资源资产储藏量变动

表 6.6 **自然资源资产负债表**

自然资源资产	期初 实物量/ 价值量	期末 实物量/ 价值量	自然资源负 债和净资产	期初 实物量/ 价值量	期末 实物量/ 价值量
1. 水资源			1. 法定负债		
1.1 地表水			1.1 废水排放超标部分		
其中：河流			1.2 固体废物排放超标部分		
湖泊			1.3 废气排放超标部分		
水库			1.4 土壤损失		
冰川			1.5 生物多样性损失		
1.2 地下水			1.6 旅游景观破坏损失		
其中：自流水			1.7 噪声超标部分		
矿泉水			1.8 辐射危害		
水资源合计			1.9 其他生态环境责任		
2. 矿产资源			2. 推定负债		
2.1 能源矿产资源			2.1 地表水供需量差额		
其中：石油资源			2.2 地下水超采量		
天然气资源			2.3 天然林超采量		
煤炭资源			2.4 人工林超采量		
2.2 金属矿产资源			2.5 草场超载量		
2.3 非金属矿产资源			2.6 土壤肥力下降损失		
矿产资源合计			2.7 矿产开采环境损失		
			2.8 旅游景观过度使用		
3. 土地资源			3. 生态负债		
3.1 农业用地			3.1 水资源生态功能下降		
耕地资源			其中：湿地缩减		
林地资源			湖泊面积缩减		
其中：天然林			3.2 森林生态功能下降		

自然资源资产	期初	期末	自然资源负债和净资产	期初	期末
	实物量/价值量	实物量/价值量		实物量/价值量	实物量/价值量
人工林			3.3 草场生态功能下降		
草场资源			3.4 湿地生态功能下降		
3.2 旅游用地			3.5 野生植物种群减少		
3.3 消费性用地			3.6 野生动物种群减少		
土地资源合计			4. 自然资源净资产		
自然资源资产合计			自然资源负债和净资产合计		

表 6.7   **自然资源净资产变动表**

自然资源资产	期初	增加	减少	期末	自然资源负债	期初	增加	减少	期末
1. 水资源					1. 法定负债				
1.1 地表水					1.1 废水排放超标部分				
其中：河流					1.2 固体废物排放超标部分				
湖泊					1.3 废气排放超标部分				
水库					1.4 土壤损失				
冰川					1.5 生物多样性损失				
1.2 地下水					1.6 旅游景观破坏损失				
其中：自流水					1.7 噪声超标部分				
矿泉水					1.8 辐射危害				
水资源合计					1.9 其他生态环境责任				
					合计				
2. 矿产资源					2. 推定负债				
2.1 能源矿产资源					2.1 地表水供需量差额				
其中：石油资源					2.2 地下水超采量				
天然气/煤炭资源					2.3 天然林超采量				
2.2 金属矿产资源					2.4 人工林超采量				
2.3 非金属矿产资源					2.5 草场超载量				
矿场资源合计					2.6 土壤肥力下降损失				
					2.7 矿产开采环境损失				
3. 土地资源					2.8 旅游景观过度使用				

续表

自然资源资产	期初	增加	减少	期末	自然资源负债	期初	增加	减少	期末
3.1 农业用地					合计				
耕地资源					3. 生态负债				
林地资源					3.1 水资源生态功能下降				
其中：天然林					其中：湿地缩减				
人工林					湖泊面积缩减				
草场资源					3.2 森林生态功能下降				
3.2 旅游用地					3.3 草场生态功能下降				
3.3 消费性用地					3.4 湿地生态功能下降				
土地资源合计					3.5 野生植物种群减少数				
					3.6 野生动物种群减少数				
					合计				
					自然资源负债合计				
自然资源资产合计					自然资源净资产合计				

表 6.8　　　　　　　　　　　　自然资源流量变动表

自然资源资产	增加数	减少数	资源储量变动数
1. 水资源			
1.1 地下水			
其中：河流			
湖泊			
水库			
冰川			
1.2 地下水			
其中：自流水			
矿泉水			
水资源合计			
2. 矿产资源			
2.1 能源矿产资源			
其中：石油资源			
天然气资源			
煤炭资源			

自然资源资产	增加数	减少数	资源储量变动数
2.2 金属矿产资源			
2.3 非金属矿产资源			
矿场资源合计			
3. 土地资源			
3.1 农业用地			
耕地资源			
林地资源			
其中：天然林			
人工林			
草场资源			
3.2 旅游用地			
3.3 消费性用地			
土地资源合计			
自然资源资产合计			

第二节　流域生态系统服务的价值量核算

根据第三章的系统论和经济理论可知，生态系统资产根据不同的系统特征、系统结构与功能产生生态系统服务给人类社会带来价值。流域生态系统资产是生态系统服务产生价值的物质载体。本节主要内容是在介绍流域生态系统服务价值内涵及类型的基础上，探讨流域生态系统服务的价值量核算方法。

一、生态系统服务价值的内涵及类型

从经济学的视角来看，流域生态系统服务的价值包含两项不同的内容，即保证价值和产出价值（Gren et al., 1994；Balmford et al., 2008）。其中，保证价值是指在变化和存在干扰的状态下，自然资源生态系统维持可持续收益的能力，该能力与系统的弹性有关；产出价值与总体经济价值相似是指在特定状态下自然资源生态系统能够提供的总收益。

价值核算是确定流域生态补偿标准的关键步骤。克鲁梯拉（Krutilla，1967）最早提出将生态系统的总价值（产出价值）分为使用价值和非使用价值两类，每一类均包含不同的价值内涵，并对使用价值中的选择价值进行了核算和评估，成为生态系统价值二分法（即自然资源生态系统的总价值等于有形的实物价值和无形的选择价值）的依据。总经济价值（total economic value）是一个概念框架，可向政策决策者提供生态系统为维持社会经济发展及人们生存健康所创造的全部价值（见图6.3）。

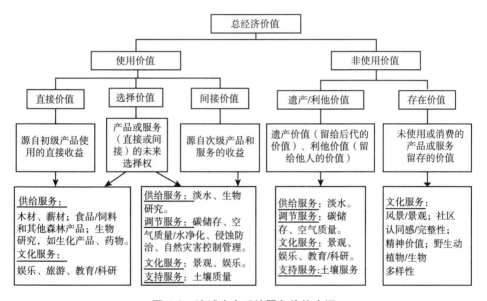

图6.3　流域生态系统服务价值内涵

根据皮尔斯与特纳（Pearce & Turner，1990）、德格罗特等（de Groot et al.，2002）和巴尔姆福德等（Balmford et al.，2008）等学者的相关文献整理可知，图6.3中每种价值的内涵如下：使用价值中的直接使用价值是指人类可以直接从自然资源多样性（可消费或不可直接消费）中获益，间接使用价值是指通过生态系统的管理服务获得的收益，选择价值是一种感觉，是指人类从生态系统中获得收益的可能性；非使用价值中遗赠价值更为关注代际间的公平性，是指子孙后代拥有从生态系统中获益的权利，利他主义价值关注的是代际内的公平性，具体是指其他人拥有从生态系统中获益的权利，存在价值是指生态系统持续存在的情况下对个人获取相关认知的满足感。

二、生态系统服务价值评估模型

根据图 6.3 中流域生态系统服务价值的内涵和分类，可知流域生态系统服务的价值（BTV）可以归结为自然资源供给服务（SV）、气候调节服务（RV）、生态支持服务（RV）和科研娱乐等文化服务（CV）。由于流域生态系统的系统性和复杂性，系统价值核算中针对不同自然资源核算的模型是不同的。这里根据陈亚宁（2009）、刘青（2012）、蔡晓明（2012）、欧阳志云（1999）、薛达元（1997）等学者的研究成果，汇总流域生态系统服务功能的价值评价模型。

（一）物质供给服务（SV）

$$SV = \sum_{i}^{n} S_i \times Q_i \times P_i$$

其中，SV 为生态系统的物质供给价值；S_i 为第 i 种自然资源的种植或分布面积，如农作物、草原资源、森林资源或水资源等；Q_i 为第 i 种自然资源单位面积的产量或生长量；P_i 为第 i 种自然资源的单价。

（二）调节服务价值（RV）

1. 固碳制氧价值。根据光合和植被呼吸作用方程式可知：

$$CO_2(264g) + H_2O(108g) \rightarrow C_6H_{12}O_6(108g) + O_2(193g) \rightarrow 多糖(162g)$$

其中，植被生产 162 克的干叶物质可以固定 264 克二氧化碳（CO_2），释放 193 克氧气（O_2），即植被每生产 1 克干叶物质，可固定 1.63 克二氧化碳，释放 1.2 克氧气（欧阳志云、王如松、赵景柱，1999；薛达元，1997）。

（1）固碳价值：

$$V_{固碳} = Q(CO_2)_i \times P_i;$$

其中，$V_{固碳}$ 为植被固定二氧化碳的价值；Q_i 为第 i 种干叶物质的固碳量；P_i 为每单位二氧化碳的市场价格。

（2）制氧价值：

$$V_{制氧} = Q(O_2)_i \times P_i$$

其中，$V_{制氧}$ 为植被释放氧气的价值；$Q(O_2)_i$ 为第 i 种植被释放的氧气量；P_i 为每单位氧气的制造成本。

2. 蓄水抗洪价值。

$$V_{蓄水} = R \times V$$

其中，R 为洪水的平均调蓄量；V 为单位库容的造价成本。

3. 净化环境价值。流域生态系统净化环境的功能是指流域整个生态系统通过有机与无机生物群落与外界环境的能量与信息交换，使环境污染物数量下降、浓度降低、毒性减轻直至消失。

（1）流域生态系统吸纳大气污染物（SO_2、NO_x、HF）的价值：

$$V_{吸污} = W \times f\% \times S \times n\% \times V_i$$

其中，W 为第 i 种植被每公顷的植被干叶质量；f 为污染物吸收量（干叶中 S、N、F 的含量）；S 为植被面积；n 为植被覆盖率；V_i 为消减第 i 类污染物每单位的工程成本。

（2）流域生态系统净化水体（N、P）的价值：

$$V_{净水} = E_i \times P_i = \max\left(\frac{T_i}{N_i\%}\right) \times P_i$$

其中，E_i 为净化河流污水的量（t/a）；P_i 为污水处理厂处理污染物的单位费用；T_i 为河流和湿地去除 N、P 的量；$N_i\%$ 为河流污水中 N、P、$T\_i/(N\_i\%)$ 含量的最大值为净化污水的总量。

（三）生态支持服务（PV）

1. 保持水土。

$$V_{水保} = \sum_i S_i P_i + \sum_j N_j P_j$$

其中，i 为第 i 种植被土壤类型；S_i 为第 i 种土壤类型的面积；P_i 为第 i 种植被土壤类型单位面积恢复因土壤侵蚀而荒废的经济价值；N_j 为单位面积 j 类营养元素因无植被覆盖的流失量；P_j 为土壤保持单位第 j 类营养元素的价值。

2. 涵养水源。

$$V_{涵水} = (R - E)AV = \theta rav$$

其中，$V_{涵水}$ 为流域生态系统涵养水源的价值；R 为流域地区平均降水量；

E 为流域地区平均蒸散量；A 为流域地区面积；V 为建设每立方米库容需要的成本；θ 为径流系数。

3. 生物多样性。

$$V_{生物} = \sum A_i \times R_i$$

其中，A_i 为第 i 种土地类型的面积；R_i 为第 i 种土地类型单位面积生物多样性的维持价值。

（四）文化服务（CV）

1. 科学研究价值。

$$CV_{科研} = \sum A_i \times R_i$$

其中，A_i 为第 i 种土地类型的面积；R_i 为第 i 种土地类型单位面积的科学研究价值。

2. 旅游观赏价值。

$$CV_{旅游观赏} = TV(t) + P_b(t) + \int_0^{P_m} Y(x)\,dx(t)$$

其中，TV（t）为游客年度的旅行费用支出；P_b 为游客的时间价值；P_m 为增加费用最大值；Y（x）为旅游人次 x 与费用 Y 之间的函数关系；t 为年度。

三、生态系统服务价值核算方法

流域生态系统服务总经济价值中的使用价值包括直接或间接使用生态系统资产与服务，以及未来使用权。其中，直接使用价值是指受益者对流域生态系统服务的直接使用，包括消费性使用和非消费性使用；间接使用价值是指从人们重视的其他产品或服务中获得的潜在隐形收益（如防护林的建设与管理除了可以更新经济林薪材，还有防风固沙的潜在收益）。非使用价值是作为遗产或存在保持生态系统完整性的价值。本节的主要目的是评估核算流域生态系统使用价值，不对非使用价值做过多探讨。

下面对几种常用的流域生态系统服务价值核算方法做简要介绍（樊辉，2016；魏同洋，2015）。

（一）当量因子法

根据谢高地等（2015）改进的"生态系统服务价值当量因子表"（谢高地、张彩霞、张雷明等，2015；Goldstein et al.，2012），按照土地利用类型如流域、耕地/农田、森林、草地、荒漠及城镇居民建筑用地等类型的单位面积生态系统服务价值，核算流域生态系统服务价值。计算公式如下所示：

$$V = \sum A_i R_i$$

其中，V 表示流域生态系统服务价值，A_i 表示第 i 种土地的面积，R_i 表示第 i 种土地利用类型生态服务的单位价值（乔旭宁、杨德刚、杨永菊等，2016）。

（二）重置成本法

SEEA-EEA 和 2016 国民经济核算体系自然资源核算推荐使用重置成本法对生态系统进行核算，根据周一虹（2015）对重置成本法的研究可知，流域生态系统能够供给生态服务，保证整个生态系统价值最优的地区往往是社会经济较落后的区域，存在经济发展和生态保护的内在矛盾，一方面供给生态服务需要付出经济代价，另一方面由于产业结构和产业布局的限制失去很多发展机会。这使生态服务供给的成本至少包含改善自然环境现状的投入成本和减少环境污染的治理成本等直接成本以及放弃的机会发展成本等内容。

1. 直接成本法。流域生态系统服务的直接成本（杨光梅、闵庆文、李文华等，2007）应以维持生态系统供给服务持续可得性为基础，包括基本的生态维护建设成本、治理经营成本和其他成本三部分。其中，生态维护建设成本包括生态工程建设成本、水土保持成本、生态移民成本与保护区建设成本等；治理经营成本包括点源治理成本、面源治理成本与环境监测成本；其他成本包括有机农业建设成本、节能减排设施成本与相关科技成本（见表6.9）。

直接成本核算的数值可通过市场价格法或整理相关财政公报资料获得，方法相对简单极具操作性，指标体系设置的科学性直接决定成本核算结果的准确性。

表6.9　　　　　　　　　　流域生态系统服务直接成本核算体系

成本	指标	指标释义
生态维护建设成本	生态工程建设成本	地区为防风固沙、涵养水源、减少自然灾害投入的建设成本，包括退耕还林/山/林/湖/草、封山育林、虫害防治等
	水土保持成本	地区水土保持与预防水土流失项目建设成本，包括治坡、治沟、固沙、河流综合治理等投入
	生态移民成本	地区为缓解生态功能区自然压力，将辖区人口规模组织化迁移至其他地区的费用，包括异地安置费、基础设施建设等费用
	保护区建设成本	地区为保护生态功能区、国家公园和自然保护区投入的建设、运营与维护费用
治理经营成本	点源治理成本	地区治理点源污染投入，包括城镇污水处理、固体废弃物处理和工业废水/废气治理的设施建设、运营与维护成本
	面源治理成本	地区治理面源污染投入，包括城市交通尾气排放、农业面源、农村禽畜养殖、生活垃圾和废水处理费用
	环境监测成本	地区环保部门对空气质量、水质水量、土壤重金属含量、噪声、核辐射标准等检测费用
其他成本	有机农业建设成本	地区有机农业的建设成本，包括沼气回收利用设施、秸秆资源化利用、有机肥技术的推广与应用、生物农药技术的研发等投入
	节能减排设施成本	地区工业节能降耗设施、农业节水灌溉工程、城市集中供热给水工程、农田水利渠道防渗设施等投入
	相关科技成本	地区为探索生态环境改善提供的科研经费与科普活动投入

2. 机会成本法。在流域生态系统服务价值核算中，机会成本是指生态系统服务供给地区为了整个生态系统的可持续开发与利用而放弃本地区产业扩张、资源开发所得到的最大收益。机会成本的内涵主要包括三个部分：一是增加本地区自然环境保护投入对生产性资本的占用。如污水处理设施/节能设施建设、水土保持工程等占用了本地区的生产性资本，挤占了原本应投入产业发展的资本，从而造成本地区经济收益的潜在减少。投入资本量的减少极大限制了生态服务供给地区的产业发展。二是生态服务供给地区严格的环境质量约束标准，会造成本地区污染企业关停、增加废弃物处理设备的损失。三是生态服务供给地区严格的产品能耗标准，在降低本地区自然资源资本投入的同时，增加了企业使用新技术的成本，并对技术不达标的污染性企业相应提高了引资门槛，造成限制引资的潜在损失。因此，为保证生态服务供给地区有持续的内在动力供给高质量生态服务，有必

要为"限制"或"禁止"开发的生态服务供给地区提供基本生态补偿。

（三）条件估值法（也称支付意愿法）

条件估值法是用问卷调查方法调查人们为了保护或强化生态系统或系统所提供的服务，愿意支付多少费用或者必须接受多少损失或退化赔偿。该方法是模拟市场条件运用技术评估测算生态系统服务价值。条件估值法的核心是通过问卷设计直接咨询人们对于生态系统服务的支付意愿并将其转换成生态系统服务的价值。该方法测算结果的准确性依赖于问卷设计的科学性与被调查对象的主观态度，测算结果容易出现偏差。

（四）INVEST 模型

INVEST 模型于 2007 年研发成功，是以 GIS 为平台的生态系统服务综合评估模型（吴娜、宋晓谕、康文慧等，2018；张福平、李肖娟、冯起等，2018）。该模型耦合了生态系统过程，通过调整不同情境下土地利用数据、社会经济参数、气候降水等物理环境参数测算出生态系统服务价值量。目前，该模型包含淡水、海洋和陆地生态系统三个模块。虽然国内外运用 INVEST 模型进行了不同生态系统服务的价值评估，但由于价值测算所需的参数过多，且该模型仍处于完善阶段，生态系统服务评价局限于个别功能，不能全方位进行估算使该方法尚未成为生态系统价值核算的主流方法（潘韬、吴绍洪、戴尔阜等，2013；唐尧、祝炜平、张慧等，2015）。

通过比较可知，在流域生态系统价值核算中，这四种方法各有利弊与彼此的适用范围。其中，条件估值法最大的弊端是价值估算结果存在受主观意愿计量评估偏差的缺陷，同一个核算对象，不同的评估者运用不同的指标体系会得出差距较大的结论。INVEST 模型本身仍在完善过程中且价值测算过程中所需的参数众多，限制了该模型在生态系统服务价值核算中的应用。鉴于此，本书更倾向于选用当量因子法和重置成本法进行价值核算，以此作为确定流域生态系统价值补偿的基础。

第三节　确定流域生态补偿标准

一、核算单位流域自然资源价值量

根据生态系统资产实物量核算框架可得出流域生态系统中水资源、草原资源和森林资源的自然资源核算报表，核算报表通过自然资源实物量的静态和动态变动信息为流域生态补偿利益主体决策提供自然资源分布和使用的详细信息，能够全面反映流域生态系统资产在经济体经济运行过程中环境投入量、如何参与价值创造以及废弃物对环境的影响程度，能够反映流域生态系统利益主体在具体自然资源开发和使用过程中应该承担的生态环境与自然资源负债，可以为流域生态补偿机制设计机构提供强大的支持力。流域生态系统中生态系统资产是生态系统服务的物质载体，通过生态系统结构与功能转化能够为人类社会带来具体的社会经济价值。运用土地利用类型（高振斌、王小莉、苏婧等，2018）、成本法（林秀珠、李小斌、李家兵等，2017；刘菊、傅斌、王玉宽等，2015）、条件价值法（胡东滨、石凡，2018）、效益转移法（赵玲、王尔大，2011；赵玲，2013；徐贤君，2015）和 INVEST 模型（吴娜、宋晓谕、康文慧等，2018；张福平、李肖娟、冯起等，2018）等方法，可以测算出流域生态系统服务的物质供给服务（SV）、调节服务（RV）、生态支持服务（PV）和文化服务（CV）等价值，从而得到流域生态系统服务的总价值。

根据流域生态系统资产的实物量（Q）与生态系统服务的价值量（T）可以估算出单位自然资源的价值量（t_i），该价值量反映了流域每单位自然资源为人类社会带来的经济价值，能够科学合理地体现出流域上游、中游和下游地区利益主体究竟为流域改善生态环境和保护自然资源所创造的具体经济价值及放弃发展机会向其他地区输送的单位自然资源价值，为流域生态系统价值补偿标准的确定提供科学的信息基础。

当 $\sum T_i = T$，$\sum Q_i = Q$ 时有：

$$t_i = T_i / Q_i$$

其中，Q 表示流域生态系统的实物量，Q_i 是第 i 种自然资源的实物量；T 表示流域生态系统服务的价值量，T_i 是第 i 种自然资源服务价值的价值量；t_i 表示第 i 种自然资源的单位价值量。

二、基于生态系统核算的流域生态补偿标准

根据系统论和经济理论分析可知，流域生态系统价值补偿的实质是通过将生态系统资产与服务的实物量/价值量信息纳入国民经济核算体系，以价值补偿为手段，最终实现流域生态系统整体生态环境状况修复与改善的目的。流域生态系统价值补偿机制的设计旨在能够引导流域利益主体的

行为决策演化路径稳定于（保护，补偿）策略集。流域生态补偿标准是补偿机制中重要的激励与惩罚机制，对流域生态系统利益主体行为决策的演化路径起着至关重要的作用。从流域生态补偿的收益与成本角度来看，流域生态系统服务价值带来的收益包括经济、生态和社会收益，成本主要包括生态修复和治理的直接、间接和机会成本。其中，经济收益包括流域水资源和养殖资源的市场价值，生态收益包括流域生态系统带来的气候、水文调节、生物多样性等收益，社会收益包括文化遗产、观赏、科学研究等收益，直接成本包括将流域生态系统恢复至目标水平所直接投入的成本，间接成本包括为维护流域生态系统现有水平付出的成本，机会成本包括为提高流域生态系统资产与服务供给能力所放弃的代价。

李晓光等（李晓光、苗鸿、郑华等，2009）系统总结了确定生态系统价值补偿标准的理论基础，认为生态价值补偿确定的理论基础主要有三个：生态系统服务价值理论、准市场理论和市场理论。市场理论与准市场理论均是利用供求确定标准，不同的是对市场化的要求不同。市场理论多用于具有成熟交易市场的碳排放权补偿，准市场理论则考虑了诸多宏观和微观因素对生态系统价值补偿标准确定的影响。其中，微观因素中，对于生态系统受益者而言，收入、预期与偏好等因素都会影响受益者的补偿意愿，对于生态系统服务供给者而言，收入、预期和机会成本、直接成本将会影响补偿标准。在准市场理论中，最终生态系统价值补偿标准的确定需要对生态系统供给者和受益者均进行影响因素评估，这与流域生态系统利益主体行为博弈的结论相符。生态系统服务价值理论的核心是生态系统提供的服务对于人类社会而言就有经济价值属性，这是确定生态系统价值补偿标准的基础。基于服务价值理论的生态系统价值补偿标准的确定需要测算出生态系统服务的价值量，以此作为生态系统价值补偿标准的基础。由于生态系统服务价值与实际中能够及愿意提供的价值补偿存在巨大差别，实践中，生态系统服务价值理论应用中的难点是如何协调生态系统服务价值与补偿能力之间的关系（胡海川、曹慧、郝志军，2018）。李意德（2018）提出通过调整系数，使生态系统服务的价值量转换成生态系统价值补偿标准。但是，由于系数的确定很大程度上依赖于科研人员的主观意图，结论的科学性得到学界质疑。虽然实际应用中如何协调生态系统服务价值与价值补偿标准之间的关系仍是研究难点，但生态系统服务的价值应作为生态系统价值补偿的上限（刘传玉、张婕，2014）却得到学界的一致认可。在流域生态系统价值补偿标准的确定中，基于生态系统服务价值总量的流域生态系统价值补偿容易混淆不同自然资源在相关利益主体之间的具体转移量，模糊流域生态系统受益利益主体真实应该补偿的价值量。由于流域生态系统中上游的利益主体为了中下游地区的经济发展需要保护生态环境与自然资源，放弃林木砍伐、减少草场畜牧业、下泄水量、放弃高耗水高排放工业，这些都应成为流域生态系统价值补偿内容，仅根据水质（邹锐、苏晗、余艳红等，2018；刘桂环、文一惠、谢婧，2016）与水量（耿翔燕、葛颜祥，2018；郭志建、葛颜祥、范芳玉，2013）进行利益主体间的补偿容易造成补偿对象的遗漏，影响流域生态系统价值补偿机制的长效实施。本章借助自然资源实物量测算出的单位自然资源价值量，反映出流域生态系统服务在不同区域利益主体之间的转移，以此作为流域生态系统价值补偿标准基础。

第四节　本章小结

流域生态系统价值补偿机制的核心内容之一是确定流域生态系统价值补偿标准。实际应用中如何协调生态系统服务价值与价值补偿标准之间的关系是生态系统价值补偿研究的难点。本章拟通过核算单位自然资源价值量协调生态系统服务价值与补偿标准之间的关系。首先，通过探讨流域生态系统资产的实物量核算框架，了解流域自然资源实物量的静态和动态情况，为流域生态补偿利益主体决策提供自然资源分布和使用的详细信息，以期通过流域生态系统资产的实物量核算全面反映流域生态系统资产在经济体经济运行过程中环境投入量、如何参与价值创造以及废弃物对环境的影响程度，为流域生态补偿机制设计机构提供强大的支持力。其次，以流域生态系统服务的价值内涵及类型为基础，讨论了流域生态系统服务价值核算方法及各种方法的适用范围与优缺点。最后，结合流域生态系统资产实物量和服务价值量，得到单位自然资源的价值量，以此作为流域生态补偿标准确定的基础。通过流域上游、中游和下游地区生态系统资产具体的实际转移量可以得到流域生态补偿标准。

第七章

黑河流域生态补偿案例分析

通过第四章流域生态补偿利益主体的行为分析、第五章流域生态补偿原则与模式分析、第六章流域生态补偿标准分析，可以构建较完整的流域生态系统价值补偿机制理论框架，设计有效的流域生态系统价值补偿机制。本章以第三章的理论分析和第四章、第五章与第六章的流域生态系统价值补偿核心框架为基础，将流域生态系统价值补偿理论框架应用于具体案例研究，分析补偿框架在实际应用中的普适性和特殊性。

为了对流域整体的生态系统价值补偿进行研究，本章选取我国内陆完整的黑河流域为研究对象。整个黑河流域横跨三个省级行政辖区和东风场区，上游发源于青海省，中游为甘肃省，下游尾闾位于内蒙古自治区，同时肩负着保障东风场区生活和科研的重任。在流域生态补偿标准核算中，作为单位自然资源价值量核算基础的实物量因核算单位反映的实质内涵不同，不宜进行自然要素账户和报表体系之间的合并。黑河流域地处我国西北地区，水资源是影响整个流域经济生产、社会生活、科学研究和维持生态的关键因素（程国栋等，2009），草原和森林生态系统的状况受水资源分布的制约，本章主要研究对象为流域生态系统中自然资源。本章生态系统资产实物量核算中水资源核算框架参照联合国水指导框架 SEEAW、欧盟水指令计划、澳大利亚水核算准则和我国 2016 版自然资源核算等国内外自然资源核算准则，草原和森林资源核算框架则借鉴世界各组织的研究成果，依据我国草原和森林的管理特征确定内容与格式。流域生态系统资产的实物量核算可分为水、草原、森林资源和土地资源核算四类，于流域生态系统服务价值量核算中进行统一合并。本章案例分析以黑河流域生态系统资产—自然资源的单位价值量核算为基础，讨论黑河流域上游地区、中游地区和下游地区的生态系统价值补偿机制。

第一节　黑河流域概述

一、流域自然概况

黑河（HI WATER）是我国第二大内陆河，径流量仅次于塔里木河。鉴于黑河流域对西北自然资源生态系统的重要性，从 1985 年开始，我国科研人员通过持续的观测研究，积累了翔实的科研数据资料，具体包括其所处区域的气候条件、水文分布、水质与水量监测、土壤植被、地质地貌等信息，使之成为我国内陆河研究的重要领域。黑河流域位于亚欧大陆腹地（都军、高军凯，2017），发源于祁连山，位于东经 98°~102°，北纬 37°~42°，流域面积为 142814.6 平方千米。黑河流域边界采用黄河水利委员会 2005 年版的流域边界，主要覆盖了青海、甘肃、内蒙古 3 个省区的 11 个县市。

黑河流域地形复杂，按地质特点和海拔高度可划分为上游地区祁连山地，中游地区平原和下游地区阿拉善高地。黑河流域远离海洋，四周高山环绕，河流气候主要受中高维度的西风带环流控制和极地冷气团影响，属大陆性气候。海拔 2300~4500 米，光热资源丰富，祁连山地气温较低，走廊平原年均气温在 5℃~10℃。上游山地属青藏高原气候区，降水相对较多，为 250~500 毫米，山地气候具有明显的垂直分带差异。中游走廊属温带干旱区，降水稀少而集中，年降水量为 103.44 毫米，多集中于 5~9 月，多年平均蒸发量为 2002.5 毫米（刘洪兰、张俊国、董安祥等，2008），年均径流量为 28.723 亿立方米。走廊平原日照时间长达 3000~4000 小时，日照充足，昼夜温差大，有利于光合作用，太阳辐射强烈，水源充沛时，农牧林业具有得天独厚的条件，是发展农业的理想地区。下游地区属荒漠干旱区，降水量极少（40~54 毫米），年日照时间为 3446 小时，干旱指数高达 47.5（程国栋等，2009）。黑河流域所属的行政区划人为将其生态系统的完整性进行了分割和划分，这使流域生态补偿的主体天然倾向于生态系统服务供给与受益行政辖区的地方政府，具有明显的行政区划特点。因此，本章研究的区域范围以省域行政单位进行划分，即青海省、甘肃省和内蒙古自治区，省域划分标准采用国家测绘局公布的 2015 年版我国国界和行政界线。

二、流域社会经济发展概述

黑河流域横跨青海省、甘肃省和内蒙古自治区三个行政省份，包括地级行政区 5 个：海北州（青海）、张掖、嘉峪关、酒泉（甘肃）和阿拉善盟（内蒙古），县 11 个：祁连县（青海）、肃南县、民乐县、临泽县、山丹县、高台县、甘州区、嘉峪关、肃州区、金塔县（甘肃）和额济纳旗（内蒙古）。

根据《中国县域经济统计年鉴》可知，截至 2016 年底，黑河流域总人口 122.58 万人。其中，青海省祁连县 5.2 万人，占 4.24%；甘肃省 11.52 万人，占 93.97%；内蒙古额济纳旗 2.19 万人，占 1.79%。2015 年黑河流域经济总产值为 544.08 亿元，其中第一产业产值为 128.44 亿元（农业增加值为 91.87 亿元，牧业增加值为 33.58 亿元），第二产业产值为 160.83 亿元，第三产业产值为 254.81 亿元。产业结构比例为 23.61∶29.56∶46.83，第三产业成为黑河流域的支柱产业。黑河流域粮食产量为 139.48 万吨，其中中游甘肃段张掖地区产量为 131.1 万吨。

三、流域生态补偿实施进展

随着气候变化与社会经济发展，黑河流域中游甘肃段张掖地区对地表水需求量剧增。20 世纪 60 年代前期，黑河流域下游生态环境恶化情况严重，河流南北两岸大片胡杨林枯死，从 1962 年开始，东西居延海日渐干涸。为改变黑河流域用水现状造成的生态系统破坏，1997 年国务院批准，由水利部印发《黑河干流水量分配方案》。1999 年首次探索了从黑河流域中游向下游调水的分水计划，经过三年修正调整，最终到 2002 年确定了黑河干流的分水实施方案。表 7.1 列示了黑河干流分水制度变迁的标志性事件路线。

表 7.1　　　　　　　　黑河干流分水制度标志性事件路线

时间	政府主导机构	具体内容
1960 年	国家水利电力部	第一次黑河流域分水会议，着手黑河流域规划
1981 年 12 月	内蒙古自治区人民政府	多次提出黑河干流分水问题
1986 年 8 月	水利电力部、水电规划总院	完成黑河干流的全面勘察，研究总体水利布局

时间	政府主导机构	具体内容
1992 年 12 月	国务院批复	黑河干流（含梨园河）水资源分配方案
1997 年 12 月	国务院批准，水利部发文	《黑河干流水量分配方案》
2000 年 1 月	黑河流域管理局	挂牌成立
2000 年 3 月	水利部颁布	《黑河干流水量调度管理暂行办法》
2000 年 3 月	黑河流域管理局	《黑河干流省际用水水事协调规约》
2000 年 10 月	黑河流域管理局	黑河干流水资源首次在分水制度指导下到达下游额济纳旗
2000 年 11 月	黑河流域管理局	首次黑河分水目标完成
2001 年 8 月	国务院批复	《黑河流域近期治理规划》
2002 年 3 月	水利部、甘肃省人民政府	张掖市确定为黑河流域节水型社会试点
2002 年 7 月	黑河流域管理局	黑河水资源到达东居延海
2003 年 9 月	黑河流域管理局	黑河水资源再次到达西居延海（已干涸 42 年）
2003 年 11 月	黑河流域管理局	国务院黑河干流分水目标基本实现
2009 年 5 月	水利部	《黑河干流水量调度管理办法》

　　2000 年，水利部与黑河流域管理局发布的黑河干流分水管理文件是黑河干流中游的张掖市向下游供给生态水资源的依据，形成了实质上的生态补偿。2001 年 8 月，随着国务院批复《黑河流域近期治理规划》，中央政府安排了 23.5 亿元资金用于退耕还林、退耕还草补偿以及水利工程建设和水利设施投资等黑河生态恢复与治理项目（钟方雷、徐中民、窪田顺平等，2014）。黑河干流的分水计划对整个河流的生态系统恢复起着重要的作用（肖生春、肖洪浪、米丽娜等，2017），上游生态环境得到修复，中游地表水利用实现科学规划，分流给下游的水量基本完成规划目标，有效遏制了下游的生态系统恶化。表 7.2 是 2000 年（首次完成分水目标）至 2017 年黑河干流分水的实际执行情况。在表 7.2 中，莺落峡来水量是指黑河干流中游地表水实际水量，目标分水量是依据九七分水计划和实际来水量测算出的正义峡目标分水值，正义峡分水量表示黑河干流中游实际向下游下泄的分水量，年度实际分水量与目标值的差额即为本年度欠账，经过逐年累积形成调度累积欠账值，即黑河干流中游对下游生态系统的累计欠账。可以看出，在过去实施分水计划的 18 年中，仅 2000 年完成分水目标，2001 年超额完成调水计划；从 2003 年黑河干流首次进入丰水年开始，中游对下游的水资源欠账情况愈演愈烈，出现丰年中游来水越多，对下游欠

账越严重的现象。这说明目前的分水制度有着明显的缺陷。

表 7.2　　　　　2000～2017 年黑河干流中游分水计划执行情况　　单位：亿立方米

年份	莺落峡来水量	正义峡分水量	目标分水值	本年度欠账	调度累计欠账
2000	14.62	6.6	6.6	0	0
2001	13.13	6.09	5.33	0.76	0.76
2002	16.11	9.12	9.33	-0.21	0.55
2003	19.03	11.97	13.24	-1.27	-0.72
2004	14.98	7.74	8.53	-0.79	-1.51
2005	18.08	11.16	12.09	-0.93	-2.44
2006	17.89	11.52	11.86	-0.34	-2.78
2007	20.01	11.8	15.2	-3.4	-6.18
2008	18.87	10.21	13.08	-2.87	-9.05
2009	21.3	11.98	15.98	-4	-13.05
2010	17.45	9.57	11.32	-1.75	-14.8
2011	18.06	11.27	12.06	-0.79	-15.59
2012	19.35	11.13	13.62	-2.49	-18.08
2013	19.53	11.91	13.73	-1.82	-19.9
2014	21.9	13.02	16.71	-3.69	-23.59
2015	20.66	12.78	15.21	-2.43	-26.02
2016	22.37	17.28	15.62	-1.66	-27.68
2017	23.55	18.71	15.92	-2.79	-30.47

资料来源：黄河水利委黑河流域管理局网站，http://hrb.yrcc.gov.cn/。

通过表 7.2 可以看出，在以政府行政强制力量实施的分水计划制定与博弈中，并未充分考虑黑河中游甘肃段地方政府经济社会发展过程中对水资源的有效需求，即甘肃省地方政府张掖市执行行政规定的目标下泄水量并未充分考虑当地社会发展所放弃的机会成本，目标分水量得不到充分的生态补偿，即中游放弃发展机会为下游输送的水资源价值量没有得到中央政府和下游地方政府的认可。在此情形下，中游甘肃段张掖市政府没有足够的内在动力为黑河干流下游供给水资源，致使中游的欠账依据生态补偿方案逐年累积增加至 30.47 亿立方米的水量。同时，导致张掖市政府为维持当地经济发展，开发利用的地下水资源远超过其自身补给水平（米丽娜、肖洪浪、朱文婧等，2015）。

实施分水计划以来，2003 年甘肃段张掖市首次进入丰水期，根据分水计划目标值得出其历史欠账逐年累积越来越多。随着分水计划的执行,甘肃段张掖市社会经济发展出现了供需严重失衡。根据历年甘肃省水资源公报数据可知,2005 年,甘肃段张掖市地表水资源来水量正式进入丰水期,农田灌溉水浇地的用水量从 2004 年的 12 亿立方米激增至 2005 年的 17.18 亿立方米,17 亿立方米的用水量水平从 2005 年一直维持到 2013 年才开始小幅下降。这段时间与张掖市向下游的分水欠账高峰期是相吻合的。2010 年,张掖市第一产业的产值水平得到大幅提升,2003~2009 年第一产业的年均增长速度在 6.5%,2010~2012 年的增长速度分别为 13.96%、13.42%、10.01%。根据分水计划的要求,在地表水来水量超过 19 亿立方米之后,所有的超额度水量全部分配给黑河干流下游。甘肃段张掖市在地表水资源供给总量相对稳定的状态下,维持农业高速发展的基础是对地下水资源的开发与使用,从 2010 年开始,在甘肃段张掖市农业用水量总量维持稳态的情况下,地下水资源的使用量出现大幅上升,2010 年的用水量为 4.81 亿立方米,较上年增长 42.74%,之后直至 2015 年,地下水资源每年的用水量均维持在 4 亿立方米以上。表 7.3 描述了 2001~2017 年张掖市地下水蓄水量的年度变化水平。甘肃段张掖市地下水资源允许的开采量为 6.43 亿立方米,经过连续 4 年的高强度开采与使用,2013 年张掖市地下水资源的开采量已接近极限值(赵奕岚、牛生海,2015)。

表 7.3　　　　2001~2017 年甘肃段张掖市地下水蓄水年变化量　　单位:亿立方米

年份	本年地下水蓄水变化量	累计地下水变化量
2001	-1.135	-1.135
2002	0.05	-1.085
2003	-0.03	-1.115
2004	-0.1481	-1.2631
2005	-0.1342	-1.3973
2006	0.2857	-1.1116
2007	0.4112	-0.7004
2008	-0.5233	-1.2237
2009	-0.735	-1.9587
2010	-0.9767	-2.9354
2011	-1.948	-4.8834
2012	0.7667	-4.1167

续表

年份	本年地下水蓄水变化量	累计地下水变化量
2013	1.3628	−2.7539
2014	−0.49	−3.2439
2015	0.49	−2.7539
2016	−0.59	−3.3439
2017	−0.36	−3.739

资料来源：2001~2017 年《甘肃省水资源公报》。

因此，有必要对中央政府和地方政府、地方政府之间的生态补偿运行机制做充分探讨，以保证生态补偿机制的设计中考虑了各参与者的收益函数，从而实现生态补偿机制的有效持续运行，推动生态补偿机制各参与者的行为选择策略从不合作博弈演化至合作博弈，有力保障黑河流域生态系统的可持续发展。

第二节　黑河流域生态系统资产实物量核算

一、黑河流域生态系统资产实物量核算框架

（一）生态系统资产实物量核算思路

根据自然资源资产各要素项目的具体变动情况及第五章自然资源资产负债核算的平衡式基本恒等式，期末自然资源储藏量等于自然资源资产负债表各期的期末数据，自然资源净资产变动为某一时期省域行政区划自然资源净资产的变动值，在自然资源资产负债表中的体现为净资产的期初值与变动值之和为净资产期末值。

黑河流域的自然资源报表根据自然资源类型可分为土地资源、森林资源、草原资源和水资源四种。其中，黑河流域各类土地用地面积数据是运用 Arcgis10.2 软件，将黑河流域土地利用数据的 GCS_WGS_1984 地理坐标重投影为当前的 Albers_CGCS_2000 即 GCS_China_Geodetic_Coordinate_System_2000 投影，将所有边界图层和栅格数据投影到统一的地理坐标中进行计算得出黑河流域 2005 年、2010 年及 2015 年的土地利用及变化数据。由于土地利用年度变化数据较小，本章以草原与森林生态补偿阶段的五年期

为基准，分别编制黑河流域青海段、甘肃段及内蒙古段 2005 年、2010 年、2015 年土地资源资产负债报表、草原资产负债报表、森林资产负债报表。报表中各要素之间的逻辑关系结构见图 7.1。

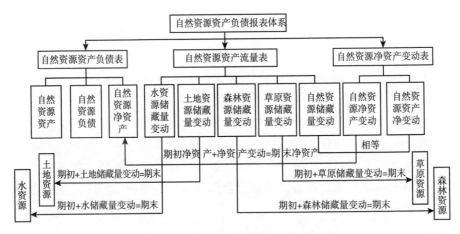

图 7.1　自然资源资产负债报表关系结构

根据《青海省水资源公报》《青海省统计年鉴》《甘肃省水资源公报》《内蒙古水资源公报》等数据资料，以土地利用数据 2015 年为基准，为保证数据连续性，前后各推一年，编制 2014 年、2015 年和 2016 年青海段、甘肃段及内蒙古段水资源资产负债报表，把其运用于不同尺度，以便对某一时期不同地区或部门之间进行全面的综合比较与分析。报表中各要素之间的逻辑关系结构见图 7.2。

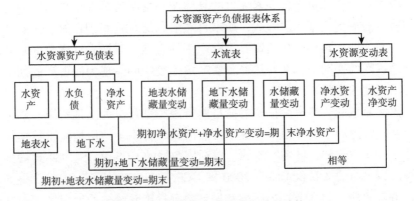

图 7.2　水资源资产负债报表关系结构

（二）生态系统资产实物量核算表

黑河流域生态系统资产的实物量由数量反映，体现计量区域内所拥有某一质量下某种自然资源的数量。按照黑河流域生态系统资产/负债的分类，依据第五章流域生态系统资产实物量核算框架，将核算账户系统划分为土地资产、水资产、森林资产、草原资产四项一级账户，下设相应二级账户（二级账户依据各类自然资源现有核查标准进行设置），二级账户下设明细账户（各类自然资源资产的明细科目可以依据需要进行更改）。依据各类资源的环境特性，对其形成的资产与负债的一级、二级账户进行设计，可对其计量单位与计量依据进行整理。由于本章研究的主要内容为流域生态补偿，并未对黑河流域青海段、甘肃段与内蒙古段自然资源的负债进行详细确认与计量，负债一栏均标注为0。

二、黑河流域生态系统青海段实物量核算

（一）黑河流域青海段水资源核算

2014年黑河流域水资源资产负债表要素的期初数据中，河流数据来自本年度的径流量为30.71亿立方米。地下水资源的数据则为14.60亿立方米。地表水资源负债和地下水资源负债分别以供需平衡表的超额使用量部分和地下水资源的超额开采量部分为计算依据。

2014年黑河流域水资源变动表中，降水量、地表水回归水量、地表水资源入境量、地下水资源流入量均来自青海省水资源公报；取水量则为地表和其他水资源的供水量之和；地下水资源的流出量数据来自地下水资源的供应量。水资源资产的增加量 = 降水量 + 地表水回归水量 + 地表水入境量 + 地下水入流量；水资源资产的减少量 = 取水量 + 地表水资源出境量 + 地下水资源流出，则水资源资产的净变动量 = 水资源资产的增加量 − 水资源资产的减少量。另外，水资源负债的变动量为每年法定，由地表和地下水资源负债的增加量与减少量之差计算得出。

2014年黑河水资源流动表中，根据《黑河流域综合规划》和《水资源公报》产水系数测算得出，黑河流域降水量的23%会形成地表水资源，地表水资源流入为河流降水量、入境流量和地表水的回归水之和，为19.44亿立方米；地表水资源流出为地表水资源供水和出境流量之和，为17.64亿立方米；地下水资源流入为统计数据中的地下水资源流入，地下

水资源流出则为地下水资源的供水量，为 0.012 亿立方米。由此可知，2014 年黑河流域地表水资源储藏量的变动数 = 地表水资源流入 − 地表水资源流出 = 19.44 − 17.75 = 1.6863（亿立方米）；地下水资源储藏量的变动数 = 地下水资源的流入数 − 地下水资源的流出数 = 15.1 − 0.012 = 15.088（亿立方米）。同理，2015 年和 2016 年黑河流域的水资源流动表编制过程与此一致。

根据统计报表"期初数 + 本期增加数 − 本期减少数 = 期末数"的原理，填列黑河水资源资产负债表的要素数据：2014 年黑河流域期末的河流 = 期初数 + 地表水资源储藏量的变动数 = 30.71 + 1.69 = 32.4（亿立方米）；地下水资源 = 期初数 + 地下水资源储藏量的变动数 = 14.6 + 15.09 = 29.69（亿立方米）；水资源负债 = 法定水资源负债 + 地表水资源负债 + 地下水资源负债 = 0；净水资产 = 水资源资产 − 水资源负债 = 32.4 + 29.69 = 62.08（亿立方米）。同理，2015 年黑河流域的期初数为 2014 年水资源资产负债表的期末数，2015 年黑河流域河流的期末数 = 2014 年黑河流域的期末数 + 2015 年黑河地表水资源储藏量的变动数 = 32.4 + 0.7432 = 33.14（亿立方米）；地下水资源的期末数 = 2014 年地下水资源的期末数 + 2015 年黑河地下水资源储藏量的变动数 = 29.69 + 16.3 = 45.98（亿立方米）；水负债为 0；水资源净水资产 = 33.14 + 45.98 − 0 = 79.12（亿立方米）。

根据以上数据资料和计算过程编制 2014 年、2015 年和 2016 年黑河流域青海段的水资源资产负债表、水资源流动表和水资源变动表，具体报表内容见表 7.4。

表 7.4 − 1　　　2014 年、2015 年和 2016 年青海段水资源变动表　　单位：亿立方米

项目	2014 年	2015 年	2016 年
一、水资源资产变动			
水资源资产增加			
其中：降水量	19.44	18.99	18.055
入境量	0	0	0
地表水回归水量	0.00	0.00	0
地下水	15.10	16.31	18.08
水资产增加合计	34.54	35.30	36.135
水资产减少	0.1207	0.1654	0.1773
其中：取水量			
地表水出境量	17.64	18.098	20.29
水资产减少合计	17.7607	18.2634	20.4673

续表

项目	2014 年	2015 年	2016 年
水资产净变动	16.7743	17.04	15.6677
二、水资源负债变动			
水负债增加			
水负债减少			
水负债净变动			
三、净水资产变动	16.77	17.04	15.67

表 7.4 - 2　　　**2014 年、2015 年和 2016 年青海段水资源流动表**　　单位：亿立方米

项目	2014 年	2015 年	2016 年
一、地表水资源流入	19.435	18.9934	18.055
地表水资源流出	17.7487	18.2503	20.4542
地表水资源储藏量变动	1.6863	0.7431	-2.3992
二、地下水资源流入	15.1	16.31	18.08
地下水资源流出	0.012	0.0131	0.0131
地下水储藏量变动	15.088	16.30	18.07
三、水资源储藏量的变动	16.77	17.04	15.67
+期初资源水储藏量	45.31	62.084	79.12
四、期末水资源储藏量	62.08	79.12	94.79

表 7.4 - 3　　　　　　**青海段 2014 年水资源资产负债表**　　单位：亿立方米

水资产	期初	期末	水负债和净水资产	期初	期末
一、地表水 其中：河流	30.71	32.40	一、负债	0	0
地表水合计	30.71	32.40	地下水负债	0	0
二、地下水	14.60	29.69	水负债合计	0	0
地下水合计	14.60	29.69	二、净水资产	45.31	62.08
水资产合计	45.31	62.08	水负债和净水资产合计	45.31	62.08

表 7.4 - 4　　　　　　**青海段 2015 年水资源资产负债表**　　单位：亿立方米

水资产	期初	期末	水负债和净水资产	期初	期末
一、地表水 其中：河流	32.40	33.14	一、负债	0	0
地表水合计	32.40	33.14	地下水负债	0	0

续表

水资产	期初	期末	水负债和净水资产	期初	期末
二、地下水	29.69	45.98	水负债合计	0	0
地下水合计	29.69	45.98	二、净水资产	62	79.12
水资源资产合计	62.08	79.12	水资源负债和净水资产合计	62.08	79.12

表7.4-5　　　　　青海段2016年水资源资产负债表　　　　单位：亿立方米

水资产	期初	期末	水负债和净水资产	期初	期末
一、地表水 其中：河流	33.1	30.74	一、负债	0	0
冰川	0.0	0.00	地表水负债	0	0
地表水合计	33.1	30.74	地下水负债	0	0
二、地下水	45.98	64.05	水负债合计	0	0
地下水合计	45.98	64.05	二、净水资产	79.12	94.79
水资源资产合计	79.12	94.79	水资源负债和净水资产合计	79.1243	94.79

(二) 黑河流域青海段土地资源核算

在综合众多遥感产品基础上，本节以欧洲空间局（ESA）的长序列地表要素分类产品 ESA Climate Change Initiative Land Cover（CCILC）（http://maps.elie.ucl.ac.be/CCI/viewer/）为基础。该数据集时间范围为1992~2015年，空间分辨率300×300米。CCILC数据集因观测序列长，受传感器变更的影响较小，且其空间分辨率较高而一致，被广泛地应用于地表土地利用及其变化的长序列监测中。

本节将原数据的 GCS_WGS_1984 地理坐标重投影为当前的 Albers_CGCS_2000（GCS_China_Geodetic_Coordinate_System_2000）投影，将所有边界图层和栅格数据投影到统一的地理坐标中，在 Arcgis10.3 中计算出2005年、2010年、2015年23个分类用地面积，其中旱地、水浇耕地、有林耕地合并为耕地指标；常绿阔叶林、落叶阔叶林、常绿针叶林、疏林地、灌丛、落叶灌丛合并为林地指标；沙化草地、次生草地和草原合并为草地；水体、冰川积雪和沼泽地合并为水域及水利设施用地。2010年土地资产负债表期初数据为2005年数据，期末数据为2010年数据。森林资产负债表和草原资产负债表数据来源、编制方法与土地资产负债表一致，详见表7.5。

表 7.5 – 1　　　　　**青海段 2010 年土地资产负债表**　　　单位：平方千米

土地资源资产	期初	期末	土地负债及净土地资产	期初	期末
耕地	1139.28	1128.69	法定土地负债	0	0
林地	331.82	331.99			
草地	9208.86	9219.27			
建设用地	5.46	11.36			
水域及水利设施用地	78.03	78.03			
其他土地	69.10	63.20	净土地资产	10832.54	10832.54
土地资产合计	10832.54	10832.54	土地负债及净土地资产合计	10832.54	10832.54

表 7.5 – 2　　　　　**青海段 2015 年土地资产负债表**　　　单位：平方千米

土地资源资产	期初	期末	土地负债及净土地资产	期初	期末
耕地	1128.69	1061.69	法定土地负债	0	0
林地	331.99	332.97			
草地	9219.27	9285.29			
建设用地	11.36	19.27			
水域及水利设施用地	78.03	78.03			
其他土地	63.20	55.29	净土地资产	10832.54	10832.54
土地资产合计	10832.54	10832.54	土地负债及净土地资产合计	10832.54	10832.54

（三）黑河流域青海段草原资源核算

黑河流域青海段 2010 年、2015 年草原资产负债表见表 7.6。

表 7.6 – 1　　　　　**青海段 2010 年草原资产负债表**　　　单位：平方千米

草原资源资产	期初	期末	草原负债及净草原资产	期初	期末
沙化草地	19.49	19.14	法定草原负债	0	0
草地	9162.94	9173.71			
次生草地	26.43	26.43	净草原资产	9208.86	9219.27
草原资产合计	9208.86	9219.27	草原负债及净草原资产合计	9208.86	9219.27

表 7.6 - 2   **青海段 2015 年草原资产负债表**   单位：平方千米

草原资源资产	期初	期末	草原负债及净草原资产	期初	期末
沙化草地	19.14	15.67	法定草原负债	0	0
草地	9173.71	9243.02			
次生草地	26.43	26.61	净草原资产	9219.27	9285.29
草原资产合计	9219.27	9285.29	草原负债及净草原资产合计	9219.27	9285.29

（四）黑河流域青海段森林资源核算

黑河流域青海段 2010 年、2015 年森林资产负债表见表 7.7。

表 7.7 - 1   **青海段 2010 年森林资产负债表**   单位：平方千米

森林资源资产	期初	期末	森林负债及净资产	期初	期末
常绿阔叶林	0.09	0.09	法定森林负债	0	0
落叶阔叶林	1.42	1.42			
常绿针叶林	69.01	69.01			
疏林地（林地面积 >50%）	65.55	65.55			
疏林地（林地面积 <50%）	180.60	180.78			
灌丛	15.15	15.15	净森林资产	331.82	331.99
森林资产合计	331.82	331.99	森林负债及净森林资产合计	331.82	331.99

表 7.7 - 2   **青海段 2015 年森林资产负债表**   单位：平方千米

森林资源资产	期初	期末	森林负债及净资产	期初	期末
常绿阔叶林	0.09	0.09	法定森林负债	0	0
落叶阔叶林	1.42	1.42			
常绿针叶林	69.01	69.01			
疏林地（林地面积 >50%）	65.55	65.55			
疏林地（林地面积 <50%）	180.78	181.76			
灌丛	15.15	15.15	净森林资产	331.99	332.97
森林资产合计	331.99	332.97	森林负债及净森林资产合计	331.99	332.97

三、黑河流域生态系统甘肃段实物量核算

（一）黑河流域甘肃段水资源核算

2014 年、2015 年和 2016 年黑河流域甘肃段的水资源资产负债表、水

资源流动表和水资源变动表见表7.8。

表7.8－1　　　2014年、2015年和2016年甘肃段水资源变动表　　单位：亿立方米

项目	2014年	2015年	2016年
一、水资源资产变动			
水资源资产增加			
其中：降水量	101.08	102.21	115.621
入境量	17.64	18.098	20.29
地表水回归水量	0.2021	0.466	0.7181
地下水流入	23.028	23.8082	27.7604
水资产增加合计	141.9501	144.5822	164.3895
水资产减少			
其中：取水量	28.901	27.358	27.82988
地表水出境量	12.4	11.97	15.22
地下水流出量	10.255	10.302	9.506336
其他	0.0002	0.466	0.7181
水资产减少合计	51.5562	50.096	53.274316
水资产净变动	90.3939	94.95	111.83
二、水资源负债变动			
水负债增加	2.06	1.43	2.1
水负债减少		0.49	
水负债净变动	2.06	0.94	2.1
三、净水资产变动	88.33	94.01	109.73

表7.8－2　　　2014年、2015年和2016年甘肃段水资源流动表　　单位：亿立方米

项目	2014年	2015年	2016年
一、地表水资源流入	118.9221	120.774	136.63
地表水资源流出	41.3010	39.328	43.05
地表水资源储藏量变动	77.6211	81.446	93.58
二、地下水资源流入	23.028	23.8082	27.76
地下水资源流出	10.2550	10.302	9.51
地下水储藏量变动	12.7730	13.5062	18.25
三、水资源储藏量的变动	90.39	94.95	111.83
＋期初资源水储藏量	112.17	202.560	297.51
四、期末水资源储藏量	202.57	297.51	409.34

表 7.8 – 3　　　　　　　甘肃段 2014 年水资源资产负债表　　　单位：亿立方米

水资产	期初	期末	水负债和净水资产	期初	期末
一、地表水 其中：河流	22.85	100.47	一、负债	0	0
冰川	0	0	地表水负债	0	1.24
地表水合计	22.85	100.47	地下水负债	0	0.82
二、地下水	1.92	14.69	水负债合计	0	2.06
地下水合计	1.92	14.69	二、净水资产	24.77	113.10
水资产合计	24.77	115.16	水负债和净水资产合计	24.77	115.16

表 7.8 – 4　　　　　　　甘肃段 2015 年水资源资产负债表　　　单位：亿立方米

水资产	期初	期末	水负债和净水资产	期初	期末
一、地表水 其中：河流	100.47	181.91	一、负债	0	0
冰川	0	0	地表水负债	1.24	2.67
地表水合计	100.47	181.91	地下水负债	0.82	0.330
二、地下水	14.69	28.20	水负债合计	2.06	3.0
地下水合计	14.69	28.20	二、净水资产	113	207.11
水资源资产合计	115.16	210.11	水资源负债和净水资产合计	115.16	210.11

表 7.8 – 5　　　　　　　甘肃段 2016 年水资源资产负债表　　　单位：亿立方米

水资产	期初	期末	水负债和净水资产	期初	期末
一、地表水 其中：河流	181.9	275.49	一、负债	0	0
冰川	0	0	地表水负债	2.67	4.18
地表水合计	181.9	275.49	地下水负债	0.33	0.92
二、地下水	28.20	46.45	水负债合计	3.00	5.10
地下水合计	28.20	46.45	二、净水资产	207.11	316.84
水资源资产合计	210.11	321.94	水资源负债和净水资产合计	210.11	321.94

　　根据黑河流域 2014 年、2015 年和 2016 年连续三年的水资源资产负债表的详细情况可以看出，黑河流域水资源资产的增长态势较为稳定；在黑河流域中游甘肃段水利工程和节水灌溉工程充分发挥作用的情况下，黑河流域甘肃段的地表水资源负债总体呈逐年减少的状态，这说明黑河流域的地表水资源管理状况基本处于良好的状态。然而，黑河流域的地表水负债依旧呈

现逐年增长的状态，这说明黑河流域地表水资源的供给量满足不了当前经济运行状态下的水资源需求量，这是后续黑河流域需重点管理的领域。

（二）黑河流域甘肃段土地资源核算

黑河流域甘肃段土地资产负债表见表7.9。

表7.9-1　　　　　　　　甘肃段2010年土地资产负债表　　　　　　单位：平方千米

土地资源资产	期初	期末	土地负债及净土地资产	期初	期末
耕地	6493.88	6576.10	法定土地负债	0	0
林地	1210.03	1210.11			
草地	27171.70	27351.71			
建设用地	57.75	88.54			
水域及水利设施用地	439.76	439.76			
其他土地	26180.74	25887.63	净土地资产	61553.85	61553.85
土地资产合计	61553.85	61553.85	土地负债及净土地资产合计	61553.85	61553.85

表7.9-2　　　　　　　　甘肃段2015年土地资产负债表　　　　　　单位：平方千米

土地资源资产	期初	期末	土地负债及净土地资产	期初	期末
耕地	6576.10	6411.93	法定土地负债	0	0
林地	1210.11	1211.63			
草地	27351.71	27513.79			
建设用地	88.54	128.67			
水域及水利设施用地	439.76	444.38			
其他土地	25887.63	25843.46	净土地资产	61553.85	61553.85
土地资产合计	61553.85	61553.85	土地负债及净土地资产合计	61553.85	61553.85

（三）黑河流域甘肃段草原资源核算

黑河流域甘肃段2010年、2015年草原资产负债表见表7.10。

表7.10-1　　　　　　　　甘肃段2010年草原资产负债表　　　　　　单位：平方千米

草原资源资产	期初	期末	草原负债及净草原资产	期初	期末
沙化草地	649.39	694.59	法定草原负债	0	0
草地	25859.00	25942.11			
次生草地	663.31	715.01	净草原资产	27171.70	27351.71
草原资产合计	27171.70	27351.71	草原负债及净资产合计	27171.70	27351.71

表 7.10 - 2   **甘肃段 2015 年草原资产负债表**   单位: 平方千米

草原资源资产	期初	期末	草原负债及净草原资产	期初	期末
沙化草地	694.59	651.08	法定草原负债	0	0
草地	25942.11	26154.87			
次生草地	715.01	707.84	净草原资产	27351.71	27513.79
草原资产合计	27351.71	27513.79	草原负债及净资产合计	27351.71	27513.79

(四) 黑河流域甘肃段森林资源核算

黑河流域甘肃段 2010 年、2015 年森林资产负债表见表 7.11。

表 7.11 - 1   **甘肃段 2010 年森林资产负债表**   单位: 平方千米

森林资源资产	期初	期末	森林负债及净森林资产	期初	期末
常绿阔叶林	3.03	3.03	法定森林负债	0	0
落叶阔叶林	7.12	7.12			
常绿针叶林	500.04	499.77			
疏林地 (林地面积 >50%)	166.88	166.70			
疏林地 (林地面积 <50%)	424.30	424.83			
灌丛	93.37	93.37			
落叶灌丛	15.30	15.30	净森林资产	1210.03	1210.11
森林资产合计	1210.03	1210.11	森林负债及净资产合计	1210.03	1210.11

表 7.11 - 2   **甘肃段 2015 年森林资产负债表**   单位: 平方千米

森林资源资产	期初	期末	森林负债及净森林资产	期初	期末
常绿阔叶林	3.03	3.03	法定森林负债	0	0
落叶阔叶林	7.12	7.12			
常绿针叶林	499.77	501.28			
疏林地 (林地面积 >50%)	166.70	166.88			
疏林地 (林地面积 <50%)	424.83	424.65			
灌丛	93.37	93.37			
落叶灌丛	15.30	15.30	净森林资产	1210.114	1211.63
森林资产合计	1210.11	1211.63	森林负债及净资产合计	1210.114	1211.63

四、黑河流域生态系统内蒙古段实物量核算

(一) 黑河流域内蒙古段水资源核算

2014 年、2015 年和 2016 年黑河流域内蒙古段的水资源资产负债表、水资源流动表和水资源变动表见表 7.12。

表 7.12-1　　2014 年、2015 年和 2016 年内蒙古段水资源变动表　单位：亿立方米

项目	2014 年	2015 年	2016 年
一、水资源资产变动			
水资源资产增加			
其中：降水量	1.5933	2.212	2.0385
入境量	12.4	11.97	15.22
地表水回归水	0	0	0.03
地下水	3.98	4.22	4.1
水资产增加合计	17.9733	18.402	21.3885
水资产减少：其中：取水量	8.61	8.67	12.34
其他	0	0	0.03
水资产减少合计	8.61	8.67	12.37
水资产净变动	9.3633	9.732	9.0185
二、水资源负债变动			
水负债增加	6.21	5.88	9.58
水负债减少			
水负债净变动	6.21	5.88	9.58
三、净水资产变动	3.15	3.852	-0.5615

表 7.12-2　　2014 年、2015 年和 2016 年内蒙古段水资源流动表　单位：亿立方米

项目	2014 年	2015 年	2016 年
一、地表水资源流入	13.99	14.18	17.29
地表水资源流出	7.04	6.92	9.92
地表水资源储藏量变动	6.95	7.262	7.37
二、地下水资源流入	3.98	4.2200	4.1

续表

项目	2014 年	2015 年	2016 年
地下水资源流出	1.57	1.75	2.45
地下水储藏量变动	2.41	2.47	1.65
三、水资源储藏量的变动	9.36	9.73	9.02
+期初资源水储藏量	4.02	13.383	23.12
四、期末水资源储藏量	13.38	23.12	32.13

表7.12-3 　　内蒙古段2014年水资源资产负债表 　　单位：亿立方米

水资产	期初	期末	水负债和净水资产	期初	期末
一、地表水 其中：河流	0.32	7.27	一、负债	0	0
冰川	0	0	地表水负债	0	6.21
地表水合计	0.32	7.27	地下水负债	0	0
二、地下水	3.70	6.11	水负债合计	0	6.21
地下水合计	3.70	6.11	二、净水资产	4.02	7.17
水资产合计	4.02	13.38	水负债和净水资产合计	4.02	13.38

表7.12-4 　　内蒙古段2015年水资源资产负债表 　　单位：亿立方米

水资产	期初	期末	水负债和净水资产	期初	期末
一、地表水 其中：河流	7.27	14.54	一、负债	0	0
冰川	0	0	地表水负债	6.21	12.09
地表水合计	7.27	14.54	地下水负债	0	0
二、地下水	6.11	8.58	水负债合计	6.21	12.09
地下水合计	6.11	8.58	二、净水资产	7	11.03
水资源资产合计	13.38	23.12	水资源负债和净水资产合计	13.38	23.12

表7.12-5 　　内蒙古段2016年水资源资产负债表 　　单位：亿立方米

水资产	期初	期末	水负债和净水资产	期初	期末
一、地表水 其中：河流	14.5	21.90	一、负债	0	0
冰川	0.0	0	地表水负债	12.09	21.67
地表水合计	14.5	21.90	地下水负债	0	0

续表

水资产	期初	期末	水负债和净水资产	期初	期末
二、地下水	8.58	10.23	水负债合计	12.09	21.67
地下水合计	8.58	10.23	二、净水资产	11.03	10.46
水资源资产合计	23.12	32.13	水资源负债和净水资产合计	23.12	32.13

（二）黑河流域内蒙古段土地资源核算

黑河流域内蒙古段 2010 年、2015 年土地资产负债表见表 7.13。

表 7.13 - 1　　　　　**内蒙古段 2010 年土地资产负债表**　　　　单位：平方千米

土地资源资产	期初	期末	土地负债及净土地资产	期初	期末
耕地	290.53	307.79	法定土地负债	0	0
林地	5.92	5.92			
草地	2889.32	2890.84			
建设用地	5.25	7.39			
水域及水利设施用地	7.39	7.39			
其他土地	67229.89	67208.98	净土地资产	70428.29	70428.29
土地资产合计	70428.29	70428.29	土地负债及净土地资产合计	70428.29	70428.29

表 7.13 - 2　　　　　**内蒙古段 2015 年土地资产负债表**　　　　单位：平方千米

土地资源资产	期初	期末	土地负债及净土地资产	期初	期末
耕地	307.79	318.38	法定土地负债	0	0
林地	5.92	5.92			
草地	2890.84	2902.45			
建设用地	7.39	10.77			
水域及水利设施用地	7.39	7.39			
其他土地	67208.98	67183.40	净土地资产	70428.29	70428.29
土地资产合计	70428.29	70428.29	土地负债及净土地资产合计	70428.29	70428.29

（三）黑河流域内蒙古段草原资源核算

黑河流域内蒙古段 2010 年、2015 年草原资产负债表见表 7.14。

表7.14-1 　　　　　内蒙古段 **2010** 年草原资产负债表 　　　单位：平方千米

草原资源资产	期初	期末	草原负债及净草原资产	期初	期末
沙化草地	12.72	13.70	法定草原负债	0	0
草地	1518.94	1517.79			
次生草地	1357.66	1359.35	净草原资产	2889.32	2890.84
草原资产合计	2889.32	2890.84	草原负债及净草原资产合计	2889.32	2890.84

表7.14-2 　　　　　内蒙古段 **2015** 年草原资产负债表 　　　单位：平方千米

草原资源资产	期初	期末	草原负债及净草原资产	期初	期末
沙化草地	13.70	14.15	法定草原负债	0	0
草地	1517.79	1524.64			
次生草地	1359.35	1363.66	净草原资产	2890.84	2902.45
草原资产合计	2890.84	2902.45	草原负债及净草原资产合计	2890.84	2902.45

（四）黑河流域内蒙古段森林资源核算

黑河流域内蒙古段2010年、2015年森林资产负债表见表7.15。

表7.15-1 　　　　　内蒙古段 **2010** 年森林资产负债表 　　　单位：平方千米

森林资源资产	期初	期末	森林负债及净森林资产	期初	期末
疏林地（林地＞50%）	0.18	0.18			
灌丛	3.60	3.60			
落叶灌丛	2.14	2.14	净森林资产	5.92	5.92
森林资产合计	5.92	5.92	森林负债及净森林资产合计	5.92	5.92

表7.15-2 　　　　　内蒙古段 **2015** 年森林资产负债表 　　　单位：平方千米

森林资源资产	期初	期末	森林负债及净森林资产	期初	期末
疏林地（林地＞50%）	0.18	0.18			
灌丛	3.60	3.60			
落叶灌丛	2.14	2.14	净森林资产	5.92	5.92
森林资产合计	5.92	5.92	森林负债及净森林资产合计	5.92	5.92

第三节　黑河流域生态系统服务价值量核算

一、基于当量因子法的价值量核算

（一）当量因子法

参照谢高地等（2015）对标准当量因子的计算方法，选取农田粮食生产净利润作为单位生态系统价值当量因子价值量。公式如下：

$$ESV = \sum_{k=1}^{n} A_k \times VC_k, VC_k = D \times Q_i, D = S_{ri} \times F_{ri} + S_{wi} \times F_{wi} + S_{ci} \times F_{ci}$$

其中，A_k 表示黑河流域第 k 类土地利用类型面积（公顷）；VC_k 表示第 k 类土地单位面积生态系统价值（元/公顷）；D 表示单位农田粮食生产净利润（元/公顷）；Q_i 表示第 i 区域单位生态系统价值当量；S_{ri}、S_{wi}、S_{ci} 分别表示第 i 年黑河流域小麦、稻谷和玉米播种面积占总播种面积的比例（％）；F_{ri}、F_{wi}、F_{ci} 分别表示第 i 年全国单位面积小麦、稻谷和玉米的平均净利润（元/公顷）。

（二）数据来源

黑河流域第 k 类土地利用类型的面积数据来源于上一节中 Arcgis10.2 计算的自然资源资产负债表，其中旱地、水浇地及有林耕地合并为耕地指标；常绿阔叶林、落叶阔叶林、常绿针叶林、疏林地、灌丛、落叶灌丛合并为林地指标；沙化草地、次生草地和草地合并为草原；水体、冰川积雪和沼泽地合并为水域及水利设施用地；第 i 区域单位生态系统价值当量参照谢高地于 2015 年修正后的价值当量表；全国单位农田粮食生产净利润数据来源于 2006 年、2011 年和 2016 年《全国农产品成本收益资料汇编》。

（三）黑河流域生态系统价值核算结果

以土地利用类型为基础，运用当量因子法测算的黑河流域生态系统价值 2005 年为 329.62 亿元，2010 年为 568.65 亿元，2015 年为 596.95 亿元。其中，青海段生态系统价值：2005 年为 48.16 亿元，2010 年为 83.15 亿元，2015 年为 88.75 亿元。甘肃段生态系统价值：2005 年为 198.69 亿元，2010 年为 345.75 亿元，2015 年为 368.89 亿元。内蒙古段生态系统价值：2005 年为 82.77 亿元，2010 年为 139.75 亿元，2015 年为 139.31 亿元。从上述数据可以看出，黑河流域生态补偿实施效果显著。

二、基于重置成本法的价值量核算

（一）环境重置成本法

环境重置成本法的内涵为将生态系统恢复至可持续状态所需付出的成本，流域生态系统环境成本具体包括维持流域生态系统的直接成本和区域供给生态系统服务所放弃的机会成本，具体分为三层：生态修复与治理成本 V_r；生态维护成本 V_m；生态机会成本 V_p。参照《黑河流域近期治理规划》《黑河水资源开发利用保护规划》《黑河湿地国家级自然保护区规划》等内容及黑河流域生态系统特征，可将黑河流域生态系统保护工程划分为以下九类：生态修复工程、水土保持工程、节水规划工程、饮水安全工程、梯级规划工程、防洪工程、河道综合治理工程、生态信息化监测工程、管理工程。其中，生态修复工程具体包括禁牧和非禁牧区生态建设、舍饲设施建设、生态移民工程、防风林建设与维护、围栏封育、生态输水工程等；水土保持工程包括水土保持林、防风固沙林、河道护坡等；节水规划工程包括传统和高效节水措施，以及城镇生活节水、工业节水技术改造等；饮水安全可分为城镇和农村饮水安全，包括水源地建设、农村畜禽粪便处理工程、水源地保护工程等；梯级规划工程为干流和支流控制性调蓄工程；防洪工程包括支/干流防洪、山洪灾害防治、病险水库除险加固工程；河道综合治理工程包括河道梳理、下游输水工程等；生态信息化监测工程包括黑河流域生态监测系统、水文站网建设、地下水监测系统、数据集中传输及管理系统；管理工程包括林草管理站和黑河管理局等基础设施建设、监察队伍建设、政策法规和基础研究等内容。黑河流域生态修复与治理成本 V_r 是上述工程项目的建设成本等。生态维护成本 V_m 是维持流域生态系统状态所需要付出的成本，具体包括生态修复与水土保持工程中防护林和禁牧草场的维护成本等，节水、梯级规划、防洪、河道综合治理、生态信息化监测和管理工程后续的运行及维护成本等。生态机会成本 V_p 是流域生态系统维持可持续发展区域所放弃的发展机会，具体包括：地方政府放弃矿产资源开采收益、放弃旅游收入、关闭小水电站放弃收益、禁牧区牧民放弃的放牧收入等内容。流域生态环境成本计算公式如下：

$$ESV = \sum (V_r + V_m + V_p)$$

（二）数据来源

青海段祁连县草原禁牧及草畜平衡区面积来源于青海省农牧厅；内蒙古段额济纳旗数据来源于额济纳旗政府；甘肃段张掖市黑河流域水电站关闭、矿业权退出来源于张掖市国土资源局，污水处理厂建造及运行成本、生态环境信息监测系统工程、小流域综合治理数据来源于甘肃省环保厅，林草奖补及生态移民数据来源于甘肃省林业和草原局。

（三）黑河流域生态系统价值核算结果

1. 黑河流域青海段生态系统价值核算。青海段祁连县是黑河流域主要的水源供给区，该区域在黑河流域生态系统中肩负着水源涵养的重要作用。该区域存在的主要问题包括：水源涵养能力较弱，草地退化、土地沙化情况严重；超载放牧使得草场负担依然较重；鼠害虫害蔓延。青海段应以生态修复和保护为根本，突出生态效益，兼顾经济和社会效益，促进地区经济社会的可持续发展，达到涵养黑河水源目的。青海段为黑河流域生态系统修复与可持续发展所付出的成本主要包括草畜平衡、生态移民、饲草料基地建设和禁牧育草等内容，以加强天然林保护和草地综合治理为主，禁止毁林毁草、超载放牧，实现涵养黑河水源的目的。具体内容如下所示。

（1）生态修复与治理成本 V_r：祁连县相继投资 2.15 亿元实施八宝河流域生态造林灌溉、祁连山水源涵养区生态环境保护综合治理、封山育林造林等工程。祁连县污水处理厂及配套设施建设总投资 3000 万元，其中，中央预算投资 1800 万元，地方投资 1200 万元。祁连县峨堡镇防沙林投入 280 万元，其中，中央资金 200 万元，省级配套 80 万元。生态修复与治理成本共计 2.45 亿元。

（2）生态维护成本 V_m：2015 年，祁连县游牧民定居工程投资 38.25 万元。草原生态站建设 7 个，林业生态站 8 个，根据《黑河湿地自然保护区规划》估计管理站建设成本为 45 万元，共计 675 万元。自 2011 年第一轮草原奖补政策实施以来，祁连县禁牧 34.09 万公顷，年补助 4348.56 万元；草畜平衡区 69.37 万公顷，年奖励资金 1229 万元；良种和生产资料投资 235.9 万元。草原与森林管护员工资为 14400 元/年，其中省级补助 11520 元/年，县级财政补助 2880 元/年。根据祁连县每 5 万亩，配备 1 名草原管护员，310 名草原管护员工资为 446.4 万元/年。森林生态公益性扶贫管护人员为 613 名，工资为 882.7 万元/年。生态维护成本共计 7855.81 万元。

（3）生态机会成本 V_p：青海省为黑河流域生态系统放弃的机会成本主要包含两部分内容，分别为祁连县煤矿矿业权退出所放弃的矿产资源开采收益和草畜平衡/禁牧区损失的放牧收入。祁连县为维护黑河流域生态系统退出的矿业权为祁连县阿柔乡大拉洞柏杨沟和央隆乡玉石沟煤矿，其产能合计为 12 吨/年。参照我国同时期煤矿产能退出市场交易价格为 100 万元/吨，祁连县放弃的矿产资源价值为 1200 万元。根据青海省 2011～2015年《草原生态保护补助奖励政策实施方案》，祁连县划定禁牧区为 34.09万公顷。据测算（雷有鹏，2013），祁连县草原畜牧业产值平均为 407 元/公顷，祁连县为维护黑河流域生态系统平衡所放弃的草原牧业收入约为1.387 亿元。生态机会成本共计 1.48 亿元。

流域生态环境成本为：

$$ESV = \sum (V_r + V_m + V_p) = 2.45 + 0.79 + 1.48 = 4.72(亿元)$$

2. 黑河流域甘肃段生态系统价值核算。黑河流域甘肃段包括黑河流域小部分上游地区和中游地区，该区域在黑河流域生态系统中主要作用为供给黑河流域主要农产品、防风固沙、调节气候、保证下游地区的生态与生活用水。甘肃段流域生态系统存在的主要问题为：农灌区存在盐碱化；绿洲边缘部分天然植被、高台/临夏湿地退化严重；绿洲内部的农田防护林和人工林出现衰败、死亡现象。甘肃段为黑河流域生态系统修复与可持续发展采取的措施主要有：建设节水型城市，压缩农田灌溉面积，加强防洪工程建设，保障生态水量和用水比例，有序推行自然保护区矿业权退出，有序关闭小水电站等内容，以遏制局部地区生态退化趋势，具体内容如下所示。

（1）生态修复与治理成本 V_r：甘肃段 2015 年污水处理工程投入 8400万元；畜禽养殖污染处理项目投入 620.6 万元，水源地保护投入 378.75 万元，农村环境整治投入 37.6 万元，湖泊生态环境保护项目投入 400 万元，节水工程投入 2760 万元，饮用水工程投入 35241 万元，河道治理项目投入7320 万元，水土保持工程投入 500 万元；防护林造林工程投入 1478 万元。生态修复与治理成本共计 57135.95 万元。

（2）生态维护成本 V_m：2015 年，污水处理厂运行成本为 3812.67 万元；森林公安队伍年成本为 363.3 万元，森林管护年投入 60 万元，标准化林果基地建设投入 200 万元；退牧还草工程投入 3100.5 万元，草原奖补资金为 21969.05 万元，秸秆饲料化项目投资 552.25 万元，草牧业试验资金为 2000 万元，优质良种示范项目投入 720 万元。草原防火基础设施项目投入 270 万元，造林补助为 444.23 万元，国家公益林补贴为 2529 万元，幼林抚育补助为 449.13 万元，森林虫害防治投入 830.3 万元。生态维护成本共计 18270.43 万元。

（3）生态机会成本 V_p：2015 年，自然保护区矿业权退出企业年产值约 111645 万元，其中，矿产资源产值 102045 万元，煤炭资源产值 9600 万元；水电站关停损失约 18826 万元；分水工程维护成本 201.92 万元；放弃林业产值约 15571.12 万元。生态机会成本共计 14.6 亿元。

流域生态环境成本为：

$$ESV = \sum (V_r + V_m + V_p) = 57135.95 + 18270.43 + 146244.04 = 22.17（亿元）$$

3. 黑河流域内蒙古段生态系统价值核算。内蒙古自治区额济纳旗为黑河流域下游地区，东西居延海为黑河的尾闾，该区域在黑河流域生态系统中主要作用为防风固沙。内蒙古段流域生态系统存在的主要问题有：天然林草规模小盖度低；天然草场超载放牧；东居延海周边生态环境脆弱。内蒙古段为黑河流域生态系统修复与可持续发展，采取的措施主要包括提高输水效率、加强绿洲周边生态环境修复、严禁超载放牧和垦荒等内容，具体内容成本如下所示。

（1）生态修复与治理成本 V_r：2015 年额济纳旗安全饮用水工程资金为 275 万元，节水增效资金为 5437 万元、中小河流综合治理资金为 2025 万元。生态修复与治理成本共计 7737 万元。

（2）生态维护成本 V_m：额济纳旗森林生态补偿、退耕还林和造林补助等年资金为 3065.6 万元，生态管护员 2080 人，人均工资 3.6 万元/年，年共计 7488 万元；草原年均奖补资金为 1756 万元，专职管护员 85 人，人均工资 3.6 万元/年，年共计 306 万元。农田水利设施维修养护年均 400 万元、县级国有公益性水利工程维修养护年均 100 万元、农村基层防汛预报预警体系补助资金年均 439 万元、山洪灾害防治项目补助资金年均 178 万元。生态维护成本共计 13702.6 万元。

（3）生态机会成本 V_p：内蒙古段阿拉善盟自然资源保护区矿业权退出规划显示，额济纳旗未涉及自然保护区矿业权退出项目。内蒙古段生态系统不适宜进行农耕灌溉，严禁超载放牧和垦荒，生态系统修复未涉及放牧收入损失。

流域生态环境成本为：

$$ESV = \sum (V_r + V_m + V_p) = 0.77 + 1.37 = 2.14（亿元）$$

2015 年，根据环境成本法测算的黑河流域生态系统价值为 29.03 亿元。其中，青海段生态价值为 4.72 亿元，甘肃段生态价值为 22.17 亿元，内蒙古段生态价值为 2.14 亿元。

第四节　基于生态系统核算的黑河流域生态补偿方案

黑河流域的分水制度实质上是由黑河干流中游地区向下游地区供给水资源，多年来分水计划是以行政强制手段来保证实施效果。从表 7.2 中的具体执行情况可以看出，即使在多方监督之下，分水计划也得不到充分的执行，累计欠账依旧在逐年增长。分水制度的实施在黑河流域下游地区取得了很好的生态效益，有效恢复和维持了下游良好的生态系统（肖生春、肖洪浪、米丽娜等，2017）。同时，也加剧了黑河干流中游地区水资源的供需矛盾，直接导致张掖地区从 2010 年开始地下水资源的超采与使用。在现有状态下，分水制度对张掖市地下水资源生态系统造成极大的损害。因此，有必要在执行分水制度时对黑河流域生态补偿制度进行深入讨论。

水资源在黑河流域生态系统中起着主导作用，流域上中下游农田生产力、草原资源/森林资源的数量与质量、生态系统承载力与修复力等均受水资源分配的制约。黑河是我国相对独立的西北内陆河，依赖于水资源的黑河流域生态系统是阻止巴丹吉林、库姆塔格和腾格里三大沙漠合拢天然的生态屏障，黑河流域生态系统的损害将会造成西北青藏高原北部、阿拉善高原东部连片土地的荒漠化，影响我国主要河流黄河源头的水量补给。因此，旨在修复黑河流域生态系统分水制度的潜在受益群体不仅仅是黑河流域。根据第五章利益主体行为分析可知，黑河流域生态补偿制度的利益主体主要包括中央政府、上中下游地方政府即青海段/甘肃段/内蒙古段地方政府、流域进行生产生活的牧民/农民/企业等。针对黑河流域生态系统问题，中央政府从 2001 年开始陆续开展了国家公益林、天然保护林、退耕还林/还草工程，2003 年开始实施《黑河流域近期综合规划》，通过禁牧区生态移民、草畜平衡区产业转移等措施有效遏制了黑河流域生态系统恶化，生态系统价值补偿措施效果显著。根据 2017 年中国科学院肖生春团队对黑河流域的生态评估发现，黑河流域生态系统中生态与社会经济系统用水需求压力仍是流域主要矛盾。黑河流域生态系统整体恶化趋势虽基本得到抑制，但上中下游地区仍面临严峻的生态问题。上游青海段祁连县水源涵养能力较弱，草地退化、土地沙化情况严重，超载放牧使得草场负担依然较重，鼠害虫害仍处于蔓延状态。中游甘肃段张掖地区和金塔县农灌区存在盐碱化；绿洲边缘部分天然植被及高台/临夏湿地退化严重；绿洲内部农田防护林和人工林出现衰败、死亡现象，维护成本较高。下游内蒙古段天然林草规模小覆盖度低，天然草场超载放牧现象依然存在，东居延海周边生态环境脆弱，近年旅游业的快速发展加剧了城镇居民生活用水消耗。中下游农田灌溉面积的增加导致生产用水严重挤占了生态环境用水。

　　面临上述生态问题，黑河流域生态补偿制度应根据不同区域的生态环境特点区别对待，补偿制度主要涉及黑河流域水资源分配、森林和草原资源补偿。上游是黑河流域径流主要来源区，森林和草原补偿以加强天然林保护和草地综合治理为主，强化预防监督，禁止毁林毁草、超载放牧，实现涵养黑河水源的目的。解决草地超载放牧问题，实现草畜平衡，遏制森林带下线退缩和天然草原退化趋势。中游是黑河流域水资源主要消耗区，分布着黑河流域94%的农灌区（米丽娜等，2015），应推广节水技术与管理措施，压缩农灌区面积，提高低耗水农作物种植比例；加强防洪工程建设；保障生态水量和用水比例，遏制局部地区生态退化趋势。下游应提高用水输水效率、严禁超载放牧和垦荒。鉴于黑河分水制度的潜在受益者群体广泛，中央政府应承担黑河流域生态系统服务供给的主要职责，从生态系统整体性和全局性出发，全方位进行生态系统价值补偿制度设计，具体包含整体规划、项目实施计划、实施绩效评价等内容，实施过程中应建立完善的上中下游地方政府协商机制，从可持续发展原则出发，使生态系统价值补偿实施能够体现上中游地区为生态系统修复与维持所放弃的经济社会发展机会，确保黑河流域生态补偿制度实施效果。黑河流域上中下游地方政府是生态补偿制度实际的执行与实施者，根据第五章分析可知，由于地方行政官员任期具有时间限制，地方政府的行为选择具有天然的短视性，生态系统价值补偿制度设计应以地方政府实施成本与收益为基础，通过增加地方政府补偿制度实施收益，降低实施成本，激励地方政府增加流域生态系统资产与服务供给行为，约束其生态环境破坏行为，以实现黑河流域生态—经济—社会的可持续发展。

一、选择补偿模式

　　根据上述分析可知黑河流域上游地区青海段、中游地区甘肃段及下游地区内蒙古段对整个流域生态系统恢复和维持均做出巨大的贡献，下游内蒙古段生态环境的恢复与维持所需的生态用水主要来源于中游甘肃段。上游青海段为黑河流域涵养水源实施了严格的禁牧政策，通过生态移民和养殖产业化有效缓解了黑河上游水土流失问题，通过矿业权退出政策，取缔了黑河流域自然保护区部分矿藏开采。中游甘肃段为保证下游内蒙古段生态用水，在农作物成长需水关键期，全线封闭无条件向下游输水，保障内蒙古额济纳旗生态系统用水量，关闭黑河流域甘肃段水电站，放弃水电收益以减少水土流失，逐步全方位退出矿产开采。中央政府在青海段和甘肃段开展了大规模的退耕还林/还草，实施水土保持和水利输水项目，限制高耗水农作物种植，限批高耗水和高污染排放企业，以确保黑河流域水资源生态状况及转移至下游内蒙古段的水资源数量。根据第四章流域生态补偿模式及其优化选择分析可知，黑河流域生态补偿模式可分为政府补偿和市场补偿两种，具体可采取政府补偿的财政转移支付、技术研发、政策优惠、生态移民、项目建设五种措施，市场补偿的生态（产品）认证、碳汇交易、水权交易三种措施。每种类型的生态模式均有特定的适用条件，根据黑河流域上中游和下游地区生态状况、专家访谈和其他综合因素，利用三角模糊数学可估算出这八种模式的 $\tilde{r}_n$ 和 $\tilde{\sigma}_n$，其中，$\tilde{r}_n$ 表示第 n 种模式模糊预期收益率，$\tilde{\sigma}_n$ 表示第 n 种模式模糊方差平方根，n = 1，…，8。取风险参数 $\tilde{\sigma}$ = （0.028，0.054，0.108），为确保黑河流域生态补偿收益，生态系统修复满意参数 e = 0.82，补偿限额区间 γ = （0.004，0.0042，0.0047），利用马科维茨模型和齐默尔曼模糊优化模型算法，得到最大收益的黑河流域生态补偿组合：财政转移支付 21.9%，技术研发 12.1%，政策优惠 15.7%，生态移民 12.5%，项目建设 23.2%，生态认证 8.2%，碳汇交易 5.6%，水权交易 0.9%。

二、确定补偿标准

根据第三节黑河流域生态系统价值量核算可知，以土地利用类型和自然资源资产负债表为基础，黑河流域生态系统价值核算方法有两种：当量因子法和环境成本法。接下来，依据用两种方法测算的单位自然资源生态价值确定黑河流域生态补偿标准。

第一，运用当量因子法测算出黑河流域生态系统价值 2005 年为 329.62 亿元，2010 年为 568.65 亿元，2015 年为 596.95 亿元。其中：青海段 2005 年森林生态价值为 43523.94 万元，草原生态价值为 392965.4 万元，水资源生态价值为 6680.085 万元；2010 年森林生态价值为 75128.87

万元，草原生态价值为 678649.9 万元，水资源生态价值为 11524.85 万元；2015 年森林生态价值为 80358.25 万元，草原生态价值为 728197.2 万元，水资源生态价值为 12291.99 万元。甘肃段 2005 年森林生态价值为 163802.4 万元，草原生态价值为 1262648.1 万元，水资源生态价值为 104719.12 万元；2010 年森林生态价值为 282611.5882 万元，草原生态价值为 2205748.48 万元，水资源生态价值为 180667.2224 万元；2015 年森林生态价值为 301830.07 万元，草原生态价值为 2354719.498 万元，水资源生态价值为 201608.07 万元。内蒙古段 2005 年森林生态价值为 748.21 万元，草原生态价值为 195041.13 万元，水资源生态价值为 7709.5 万元；2010 年森林生态价值为 1262.79 万元，草原生态价值为 329641.25 万元，水资源生态价值为 13011.76 万元；2015 年森林生态价值为 1257.29 万元，草原生态价值为 329501.9 万元，水资源生态价值为 12955.08 万元。

根据黑河流域不同地区土地资源资产负债表的面积数据，可得出单位面积价值：

$$\mathrm{ESV_i} = \frac{\mathrm{ESV_T}}{\mathrm{Q_i}}$$

其中，$\mathrm{ESV_i}$ 表示单位面积 i 类资源价值；$\mathrm{ESV_T}$ 表示 i 类资源生态系统总价值；$\mathrm{Q_i}$ 表示 i 类资源土地面积。

根据 $\mathrm{ESV_i}$ 公式可得出：青海段森林生态价值 2005 年 131.17 元/公顷，2010 年 226.3 元/公顷，2015 年 241.34 元/公顷；草原生态价值 2005 年 42.67 元/公顷，2010 年 73.61 元/公顷，2015 年 78.42 元/公顷；水体生态价值 2005 年 85.61 元/公顷，2010 年 147.72 元/公顷，2015 年 157.53 元/公顷。甘肃段森林生态价值 2005 年 135.37 元/公顷，2010 年 233.54 元/公顷，2015 年 249.11 元/公顷；草原生态价值 2005 年 46.47 元/公顷，2010 年 80.64 元/公顷，2015 年 85.58 元/公顷；水体生态价值 2005 年 238.13 元/公顷，2010 年 410.8 元/公顷，2015 年 453.68 元/公顷。内蒙古段森林生态价值 2005 年 126.48 元/公顷，2010 年 213.47 元/公顷，2015 年 212.5 元/公顷；草原生态价值 2005 年 67.5 元/公顷，2010 年 114.03 元/公顷，2015 年 113.53 元/公顷；水体生态价值 2005 年 1043.87 元/公顷，2010 年 1761.79 元/公顷，2015 年 1754.12 元/公顷。

根据上述数据可知，2001 年实施的三北防护林工程、退耕还林/还草工程和 2003 年实施的近期规划成效显著，与 2017 年肖生春等学者得到的结论基本一致。与 2005 年基期相比，2010 年黑河流域上中下游森林、草原和水体生态效益均有大幅提升，2015 年增长幅度明显下降。黑河流域森林生态系统价值青海段、甘肃段与内蒙古段接近，并未出现显著差距；草原生态系统价值内蒙古段较青海段和甘肃段平均高出 23 元/公顷；水体生态系统价值内蒙古段最高，甘肃段次之，青海段最低。

第二，由于黑河流域历史环境成本数据获得难度较大，本节运用 2015 年相关数据进行成本测算，得出黑河流域生态系统价值 2015 年为 29.025 亿元。根据黑河流域不同资源资产负债表数据可测算出：2015 年青海段森林单位面积环境成本为 173.22 元/公顷，草原环境成本为 70.81 元/公顷，水资源环境成本为 0.20 元/立方米；甘肃段森林单位面积环境成本为 175.63 元/公顷，草原环境成本为 91.11 元/公顷，水资源环境成本为 0.23 元/立方米；内蒙古段森林单位面积环境成本为 178.39 元/公顷，草原环境成本为 71.04 元/公顷，水资源环境成本为 0.21 元/立方米。

根据两种方法的内涵可知，当量因子法是从生态学视角反映不同地区流域生态系统所创造的价值，环境成本法是从经济视角反映不同地区修复与维持流域生态系统所付出的代价。由于中央出台针对国家公益林补偿的《林业补助资金管理办法》和针对干旱半干旱区八省的《草原生态保护补助奖励资金管理暂行办法》均以亩作为补偿单位，将 2015 年黑河流域生态系统价值进行折算后得出以下结论。

当量因子法测算结果为青海段森林生态价值为 3620 元/亩，草原生态价值为 1176.37 元/亩，水体生态价值为 2362.91 元/亩；甘肃段森林生态价值为 3736.67 元/亩，草原生态价值为 1283.75 元/亩，水体生态价值为 6805.2 元/亩；内蒙古段森林生态价值为 3188.16 元/亩，草原生态价值为 1702.88 元/亩，水体生态价值为 26311.8 元/亩。根据单位面积当量因子测算可知黑河流域青海段、甘肃段和内蒙古段森林生态价值相近，均价为 3514 元/亩；草原生态价值下游内蒙古段最高，中游甘肃段次之，上游青海段最低；水体与草原生态价值分布规律保持一致。

重置成本法测算结果为青海段森林价值为 2598.22 元/亩，草原生态价值为 1062.14 元/亩，水资源生态价值为 0.19 元/立方米；甘肃段森林生态价值为 2634.47 元/亩，草原生态价值为 1166.71 元/亩，水资源生态价值为 0.23 元/立方米；内蒙古段森林生态价值为 2675.97 元/亩，草原生态价值为 1065.65 元/亩，水资源生态价值为 0.21 元/立方米。

由于黑河流域森林和草原生态补偿已实施多年，中央政府针对黑河流域生态系统的森林和草原补偿制度已相对成熟，实施和监测体系相对健全，根据上述价值测算可知，黑河流域青海段、甘肃段和内蒙古段森林和草原生态系统环境成本已接近其生态效益，中央和地方政府持续多年的投入使黑河流域森林和草原生态系统得到有效恢复。根据第五章分析可知，中央政府（草原平均 27.5 元/亩和森林平均 175 元/亩）多年持续的财政资金投入使黑河流域森林和草原补偿基本接近博弈平衡点。虽然黑河流域森林与草原补偿制度仍存在诸多问题，但已能够发挥重要作用维持黑河流域森林与草原平衡。以此为基础，本部分研究的重点为维持黑河流域生态系统重要的水资源。

水资源与草原、森林资源相比显著差别为：水资源具有流动性，由其带来的生态系统服务随着水资源的流动会出现时间和空间转移。黑河流域分水制度是目前实施的水资源分配制度，目的是保证黑河流域不同地区生态系统用水，该制度以行政手段强制进行水资源分配，并未涉及真正的水资源生态补偿从而使得水资源分配制度难以长时间实行。水资源生态补偿制度的确立需建立在合理的补偿标准基础上。在水资源价值核算上，当量因子法估算的基础为水体分布面积，无法合理估计单位水量带来的生态价值，环境成本法估算基础为水资源资产负债表，结合市场价格和机会成本能够估算出某地区维持一定水量付出的单位成本及水量转移所分配的潜在收益。根据 2015 年水资源资产负债表和环境成本法核算不同地区的价值总值可得：2015 年黑河流域水资源资产青海段为 17.04 亿立方米，单位水资源价值为 0.19 元；甘肃段为 94.95 亿立方米，单位水资源价值为 0.23 元；内蒙古段为 9.73 亿立方米，单位水资源价值为 0.21 元。由此可知，为维持黑河水资源可持续发展状态，单位水资源补偿标准青海段不应低于 0.19 元，甘肃段不应低于 0.23 元，内蒙古段不应低于 0.21 元。福建省政府 2017 年印发的《重点流域生态保护补偿办法》中，流域横向补偿标准为 0.018 ~ 0.05 元/立方米。黑河流域水资源的补偿标准约为福建省具体实施的 4 倍，体现了水资源在不同区域的差异化价值。

三、设计补偿方案

根据最优补偿组合财政转移支付 21.9%、技术研发 12.1%、政策优惠 15.7%、生态移民 12.5%、项目建设 23.2%、生态认证 8.2%、碳汇交易 5.6%、水权交易 0.9% 可知，黑河流域生态补偿组合方案符合我国现阶段生态文明建设提议的多元化、市场化生态补偿机制。从上述数据可知，黑河流域生态补偿应以政府补偿为主，市场补偿为辅。

（1）政府补偿方面。由于黑河流域生态系统社会收益较大，地方政府维护生态系统所需付出的成本较高，带来的收益甚微，乃至影响地方经济发展。根据第五章分析可知，中央政府若想实现黑河流域生态系统可持续发展目标，需要通过财政转移支付、项目建设等模式降低黑河流域青海段、甘肃段和内蒙古段地方政府投入生态修复与治理成本，增大生态（产品）节水技术研发，提高地方政府支持黑河流域生态系统维护与治理收益。通过政策优惠推进黑河流域地方政府对区域生态产品与服务价值的识别、开发与实现。提高地方政府生态修复与治理收益、降低生态环境成本是实现黑河流域可持续发展需遵循的科学机理。当地方政府有足够动力选择生态保护策略时，在地方政府与农户/牧民/企业的博弈过程中，地方政府应综合运用3S遥感、天眼工程等生态监测技术强化生态直接受益者的监督与管理工作，积极发挥公共服务型政府的作用，发现、识别和引导农户、牧民和企业挖掘区域特有生态产品与服务价值，最终通过生态产品与服务价值实现，促进黑河流域生态系统可持续发展。

（2）市场补偿方面。运用生态认证、碳汇交易和水权交易模式，利用市场交易机制，切实提高地方政府、企业、农牧户参与生态系统保护的潜在收益。首先，黑河流域拥有丰富的森林和草原碳汇资源，地方政府可通过构建区域交易平台、出台绿色金融等机制，推动区域碳汇市场交易。其次，中央政府除了设计黑河流域森林与草原生态补偿外，应组织协调地区政府间的水资源补偿，根据各地区规划得出的需水量分配水资源初始使用权。如上游青海段生产生活用水超出配额，需向中下游补偿超配额水资源消耗；中游甘肃段农业用水超过初始分配量，需向上游青海段按照0.19元标准购买或补偿超配额用水量；下游内蒙古段蜜瓜种植用水或额济纳旗因旅游过快发展城镇用水超过初始配额，需向中游甘肃段按照0.23元的标准购买或补偿超配额用水量。最后，中央政府可制定类似美国"湿地银行"政策扩大生态补偿区域。由于历史遗留问题，黑河流域现废弃、退出的矿山和水电站需进行恢复治理，可将达到修复与治理目的的土地转换成交易指标跨区域进行交易，既缓解区域建筑用地指标紧张状况，又减少地方政府土地修复与维护的成本压力，交易标准为地区单位面积土地修复环境成本。

第五节　本章小结

生态补偿机制是纠正与改善自然资源生态系统外部性有效的制度设计。高效的生态补偿机制能够把生态系统的社会收益与社会成本差额调整至最小，最大限度满足社会经济的可持续发展原则。在生态补偿机制中，生态补偿标准的核算与确定是关键环节之一，生态核算标准是否适合我国当前社会经济运行的制度背景，是否充分考虑生态补偿各参与者的博弈收益函数，是否能激发自然资源生态系统供给者内在持续的供给动力，这三个方面对生态补偿机制修复整个自然资源生态系统发挥着重要作用。

　　本章在生态补偿机制参与各方行为特征博弈分析的基础上，通过讨论自然资源要素的价值内涵，比较各类生态补偿标准核算方法的优势与缺陷，筛选出适合黑河流域的生态补偿标准核算方法。在此基础上，以黑河流域草原、森林补偿和分水制度为背景，讨论了黑河流域生态补偿计划的实施效果与运行过程中存在的诸多问题，重新设计了黑河流域生态补偿方案。以三角模糊数学模型为基础，测算了黑河流域生态补偿模式组合比例，发现实现最大社会收益的模式组合为：运用当量因子法和环境成本法对黑河流域生态系统价值进行估算，财政转移支付 21.9%，技术研发 12.1%，政策优惠 15.7%，生态移民 12.5%，项目建设 23.2%，生态认证 8.2%，碳汇交易 5.6%，水权交易 0.9%。以第六章自然资源资产负债实物量核算逻辑框架为基础，分别编制了黑河流域青海段、甘肃段和内蒙古段 2014年、2015 年、2016 年水资源实物量资产负债核算报表，2005 年、2010 年、2015 年土地资源、森林资源、草原资源资产负债表。运用当量因子法和环境成本法测算了黑河流域上游青海段、中游甘肃段和下游内蒙古段生态系统价值，根据黑河流域自然资源实物量和价值量得到黑河流域生态系统单位价值量，以此为基础讨论了黑河流域生态补偿标准并设计黑河流域生态补偿方案。

第八章

结论与政策建议

第一节　研究结论

　　生态补偿机制是纠正与改善自然资源生态系统外部性最有效的制度设计,高效的生态补偿机制能够把自然资源生态系统的社会收益与社会成本差额调整至最小,最大限度遵循社会经济的可持续发展原则。目前,流域生态系统中自然资源使用和环境保护问题已经成为制约我国生态文明建设的瓶颈,学者们对流域生态补偿制度已有不少研究成果,却鲜有从流域生态系统核算即生态系统实物量与价值量核算统一的视角对生态补偿进行系统研究。在此背景下,本书选择以流域生态系统为研究对象,运用系统论和经济学方法研究流域中的生态系统价值补偿问题。首先,通过梳理流域生态系统研究发现,流域生态系统以生态系统资产即自然资源如水资源、草原和森林资源等物质为载体进入人类社会经济系统,以生态系统服务的形式为社会提供各类经济价值。由此可知,流域生态系统的区域特征是生态系统价值补偿研究的起点,不同的系统特征通过影响流域利益主体决策的成本与收益,间接影响利益主体的行为选择路径。本书以此为基础,构建了基于生态系统核算的流域生态补偿分析框架。其次,运用博弈论分析流域生态系统中利益主体决策的认知行为路径,确定流域生态系统中中央政府、地方政府及农户/企业间的行为选择策略以及达成流域生态系统保护均衡博弈策略需要的条件。流域利益主体的群体认知影响行为模式选择,根据博弈分析路径和三角模糊函数可以测算出达到流域可持续发展最优状态时,流域生态补偿模式的最优组合。通过流域生态系统实物量与价值核算，确定单位自然资源的价值，以此识别恰当的流域生态补偿标准。结合上述研究，设计流域生态补偿方案实现流域生态系统价值最大化。最后，以我国相对独立完整的黑河流域为案例，根据上述逻辑，分析完善了现有黑河流域生态补偿制度。根据流域生态补偿框架在实际案例中的运用，提出完善流域生态补偿的政策建议及进一步研究方向。本书的研究结论主要有以下几点。

一、从系统论和经济学视角出发，梳理流域生态系统价值产生的科学机理

作为相对独立的流域生态系统，往往跨越多个行政区域，流域生态系统资产与服务的跨区域特征使其正外部性内在化在自然资源管理和环境治理中显得尤为重要，这是持续提升流域生态系统对环境变化适应能力的关键。根据系统论和经济学分析，流域生态系统核算与价值补偿的实质是以流域生态系统适应性主体行为的控制过程为核心，运用生态系统资产和服务的流量与存量状态核算数据，通过跨区域价值补偿机制，有效促进流域生态系统的可持续发展，进而实现流域整体社会的福利最大化。流域生态系统的价值补偿是实现生态系统正外部性内在化的有效途径，补偿主体、补偿模式与补偿标准被认为是实现生态系统价值补偿的关键。但是，出于不同的分析动机，研究的出发点和侧重点会有所不同，存在不重视补偿主体行为选择机制的研究、补偿标准不合理的现象，且不同的核算方法得出的结论差异相差较大。由此可知，流域生态系统核算的准确性和科学性是实现有效价值补偿的基础，价值补偿最终目标则是实现流域生态系统的可持续发展。

二、运用博弈论方法，分析流域生态补偿利益主体行为博弈路径

运用博弈论方法，分析流域生态补偿中中央政府与地方政府、地方政府间、地方政府与企业的博弈路径，为生态补偿模式选择和标准确定提供基础。地方政府在流域生态补偿机制中扮演着双重角色，既承担着流域生态系统的保护与自然资源管理责任，又担负着推动地方社会经济发展的重担。这使得地方政府在与中央政府、跨区地方政府和本地企业或农牧户博弈时，收益函数的影响因素是不同的。在地方政府与中央政府博弈中，纵向生态补偿能否发挥效益的主要因素是地方政府获得综合收益能否补偿其

成本、中央政府是否根据地方政府的综合收益实施"监督"及监督实施的频率；与地方政府博弈中，横向生态补偿能否顺利实施的主要因素是补偿政策实施中的惩罚和奖励机制且奖励资金额的设计是否参照下游地方政府的生态补偿资金额；与企业或农牧户博弈时，流域生态补偿机制顺利实施的主要因素是地方政府对企业或农牧户是否遵守生态保护政策的动态监管能力。由此可知，流域生态补偿机制设计中应充分考虑上述影响因素，以推动不同的参与主体达成有效的战略联盟，共同实现流域生态系统中资产和服务可持续发展的战略目标。

三、运用马科维茨模型和三角模糊函数，优化流域生态补偿模型组合

流域生态补偿模式可分为政府补偿与市场补偿两种，其中政府补偿包括财政转移支付、补偿基金、政策补偿、产业补偿等；市场补偿包括水权交易、排污权交易、碳排放交易、环境标志等。根据两种模式的分析可知，在流域生态系统管理中，流域生态系统价值补偿模式的政府和市场模式各有优缺点，两者解决问题的作用机制和侧重点均存在不同。由于流域生态系统的复杂性，抑制流域生态系统环境的恶化与生态系统服务的衰退需运用政府和市场相互补偿、相互依赖，真正起到激励流域生态系统保护行为、惩罚生态环境破坏行为的作用。因此，最优的流域生态补偿模型往往是政府和市场补偿模式的组合。运用马科维茨模型和齐默尔曼模糊算法可以指导决策者如何有效选择流域生态系统价值补偿最优的组合模式，优化流域生态补偿模型组合。

四、通过单位资源价值核算，确定流域生态补偿标准

首先，通过流域生态系统资产实物量核算，了解流域自然资源实物量的静态和动态情况，为流域生态补偿利益主体决策提供自然资源分布和使用的详细信息，以期通过流域生态系统资产的实物量核算全面反映流域生态系统资产在经济体经济运行过程中环境投入量、如何参与价值创造以及废弃物对环境的影响程度，为流域生态补偿机制设计机构提供强大的支持力。其次，以流域生态系统服务的价值内涵及类型为基础，讨论了流域生态系统服务价值核算方法及各种方法的适用范围与优缺点。最后，结合流域生态系统资产实物量和服务价值量，得到单位自然资源的价值量，以此

作为流域生态补偿标准确定的基础。通过流域上游、中游和下游地区生态系统资产具体的实际转移量得到流域生态补偿标准。

五、以黑河流域为例，运用分析框架探讨黑河流域生态补偿

黑河流域生态补偿模式最优组合为：财政转移支付 21.9%，技术研发 12.1%，政策优惠 15.7%，生态移民 12.5%，项目建设 23.2%，生态认证 8.2%，碳汇交易 5.6%，水权交易 0.9%。以土地利用类型为基础，运用当量因子法测算的黑河流域生态系统价值 2005 年为 329.62 亿元，2010 年为 568.65 亿元，2015 年为 596.95 亿元。其中，青海段生态系统价值：2005 年为 48.16 亿元，2010 年为 83.15 亿元，2015 年为 88.75 亿元。甘肃段生态系统价值：2005 年为 198.69 亿元，2010 年为 345.75 亿元，2015 年为 368.89 亿元。内蒙古段生态系统价值：2005 年为 82.77 亿元，2010 年为 139.75 亿元，2015 年为 139.31 亿元。2015 年，根据环境成本法测算的黑河流域生态系统价值为 29.025 亿元。其中，青海段生态价值为 4.72 亿元，甘肃段生态价值为 22.165 亿元，内蒙古段生态价值为 2.14 亿元。2015 年黑河流域水资源资产青海段为 17.04 亿立方米，单位水资源价值为 0.19 元；甘肃段为 94.95 亿立方米，单位水资源价值为 0.23 元；内蒙古段为 9.73 亿立方米，单位水资源价值为 0.21 元。由此可知，维持黑河流域水资源可持续发展状态，单位水资源补偿标准青海段不应低于 0.19 元，甘肃段不应低于 0.23 元，内蒙古段不应低于 0.21 元。

第二节　政策建议

生态补偿机制是纠正与改善自然资源生态系统外部性最有效的制度设计。高效的生态补偿机制能够把自然资源生态系统的社会收益与社会成本差额调整至最小，最大限度遵循社会经济的可持续发展原则。在生态补偿机制实施中，生态补偿标准的核算与确定是关键环节。生态补偿标准是否能激发自然资源生态系统供给者内在持续的供给动力，如何充分考虑生态补偿各参与方的博弈收益函数，生态核算标准是否适合我国当前社会经济运行的制度背景，这三个方面是生态补偿机制实施中能否修复整个自然资源生态系统的重要障碍。目前，我国流域生态补偿的理论与应用研究仍处于摸索阶段，根据气候特征和地质地貌特点可知，流域生态系统具有显著

的地域差异性，国内外比较成功的流域生态补偿系统研究较少。由于国内关于生态系统核算框架仍处于理论探讨阶段，以流域土地利用类型为基础测算生态系统服务总价值的补偿制研究较多，以生态系统实物量和价值量核算为基础的研究相对较少。从此研究视角出发，针对我国流域生态补偿设计与运行过程中存在的诸多问题，根据上述研究结论，本书提出以下政策建议，力求提升流域管理绩效，保障流域生态补偿机制实施，大力推动我国生态文明建设进程。

一、构建跨区域生态补偿协商机制

构建跨区域生态补偿协商机制，保证整个自然资源生态系统可持续发展。在流域生态补偿中，中央政府作为自然资源管理委托人，是政策制定者和效果评价者，地方政府作为自然资源的代理人，是具体政策实施者。中央政府制定的生态补偿制度能否发挥作用、有效改善生态服务供给地区的生态系统，取决于地方政府对生态补偿策略执行程度。为了使流域生态补偿政策能够有效地发挥作用，以最小的社会成本得到最大化水平的社会收益，应在中央政府、自然资源生态供给的地方政府和自然资源生态服务受益的地方政府之间建立跨区域协商机制。一方面，可以使生态补偿机制能够动态地考虑各参与方的受益成本函数，最大化整个社会收益水平；另一方面，可以确定流域生态补偿各参与方在具体补偿方案中的责任与义务，调整自然资源生态系统服务供给至最优水平。

二、构建和完善生态系统核算制度

生态系统核算制度关注的重点是，如何建立反映流域范围内自然资源资产全貌的信息系统，如何描述自然资源在经济体经济运行过程中参与价值创造及经济体的相互影响过程，如何科学估算自然资源资产的实物量与价值量状态及其变化趋势。生态系统资产核算的结果是流域生态系统中利益主体进行规划和决策的基础性数据，其呈现方式会影响基础数据的再次使用，仅用一张报表列示和呈现会隐藏掉许多社会经济运行过程中关于自然资源使用的细节信息，进而影响使用者作出正确的决策。鉴于自然资源资产总量、流量和存量变化的复杂性，自然资源总量核算的结果可选择具有严密逻辑关系的报表体系呈现。报表体系包含一张主表与多张附表，既可详细反映自然资源数量变化的各个方面，又可为自然资源数量变化提供相互验证，确保数量核算的准确性。

三、确定科学合理的生态补偿标准

在生态补偿机制参与各方行为特征博弈分析的基础上，通过比较各类生态补偿标准核算方法的优势与缺陷，筛选出适合我国政治激励和财政分配制度背景的生态补偿标准核算方法，即以单位自然资源价值作为生态补偿的重要参考标准。运用生态系统资产核算框架，得到流域生态系统资产实物量数据。运用环境成本法测算生态补偿价值量核算，具体内容包括维持本地区流域生态系统的直接成本和供给生态服务的机会成本两部分，以此单位自然资源价值确定跨区域流域生态补偿标准。生态补偿标准最低应达到自然资源价值的成本值，否则生态系统供给方将没有足够动力提供优质生态环境。

四、强化生态补偿效果的监督与评价

流域生态补偿机制应当实现均衡自然资源生态保护责任、共享自然资源生态保护收益和激励自然资源生态保护行为的目标，对流域生态补偿效果的监督与评价能够保障流域生态补偿机制的高效运转。根据《中华人民共和国森林法》的规定，森林资源的普查工作为 5 年一轮，建议草原资源和森林资源以 5 年为一期的效果评价，强化对生态补偿效果的监督，可实现自然资源生态保护的效益与生态补偿的成本对等，这是避免无法提供优质自然资源生态供给的前提。自然资源管理中的利益均衡与效益评估是生态补偿的重要部分，只有加强对生态补偿效果的监督与评价，才能把自然资源生态保护责任与生态补偿收益统一起来。

第三节 研究不足与展望

流域生态补偿研究是解决我国流域生态系统外部性内在化的有效制度安排，能够在维持流域生态系统可持续发展的状态下合理进行自然资源配置。多元化、市场化的流域生态补偿制度要求从系统整体性的视角对流域生态系统进行研究。本书以流域生态系统特征为研究起点，运用博弈论探讨了流域生态补偿中补偿主体的行为特征，通过马科维茨模型和齐默尔曼

模糊算法指导决策者选择补偿模式组合，以生态系统资产单位价值量确定补偿标准，为流域生态补偿方案设计提供分析思路。上述内容既是本书研究的局限性，也是后续研究的起点与方向。

首先，生态系统资产即自然资源核算框架仍有待探讨。党的十八届三中全会提出，要开始探索自然资源核算制度，目前学术界和实务界关于自然资源资产实物量与价值量核算仍处于探讨阶段，尚未得到一致结论。本书从国民经济核算的理论角度出发，构建了流域生态系统资产各项自然资源的核算框架，绘制了自然资源资产负债表样式，并以黑河流域为例，进行了自然资源资产实物量核算的初步探索。虽然流域生态系统核算结果能够更准确地支撑生态补偿标准选择，但仍需对自然资源资产负债核算框架的科学性作进一步研究与论证，自然资源核算体系在流域利益主体决策中信息传递的潜力仍有待进一步挖掘。

其次，案例研究中，黑河流域基础数据存在局限性。流域生态系统服务价值量核算中利用 MODIS 动态遥感技术对黑河流域的土地利用数据进行解译，力求最大限度保证数据的真实性。由于黑河流域面积较广，包含三个省份 11 个县区及东风场区，考虑到实地调研和数据获取的困难，仅通过对 8 个县市进行实地走访，对遥感数据实地核实，基础数据存在一定偏差。随着我国自然资源资产核算和公开制度的完善，遥感解译与实地测量数据的吻合度会越来越高，核算得出的价值量能够更加准确地反映实际情况，对流域利益主体决策的支撑度会越来越高。

最后，从制度功能的角度出发，完善的流域生态补偿机制应包含生态系统基础信息、补偿具体运行和实施、评价机制三部分。根据流域生态系统博弈分析可知，中央与地方政府监督与评价机制发挥着重要作用。由于本研究的重点是以生态系统核算为基础，确定流域生态补偿标准，整个研究并未对流域生态补偿实施效果进行评价，后续研究利用生态系统资产负债报表中的自然资源负债核算数据，对流域生态补偿效果实施评价，保障流域生态补偿机制实施效果。

参 考 文 献

[1] [美] 阿尔钦. 产权：一个经典注释 [C]. 上海：上海三联书店，1994：166.

[2] [美] 奥斯特罗姆. 制度分析与发展反思 [M]. 北京：商务印书馆，1992.

[3] [美] 布罗姆利. 经济利益与经济制度 [M]. 上海：格致出版社，2012.

[4] 蔡晓明，蔡博峰. 生态系统的理论和实践 [M]. 北京：化学工业出版社，2012.

[5] 成亚丽. 三角模糊变量规划问题的研究 [J]. 成都电子机械高等专科学校学报，2011 (3)：36 - 40.

[6] 陈波，杨世忠，林志军. 通用目的水核算在我国应用的潜力、障碍和路径——以北京密云水库为例 [J]. 中国会计评论，2017 (1)：89 - 110.

[7] 陈德昌. 生态经济学 [M]. 上海：上海科学技术文献出版社，2003.

[8] 陈亚宁. 干旱荒漠区生态系统与可持续管理 [M]. 北京：科学出版社，2009.

[9] 程国栋等. 黑河流域水 - 生态 - 经济系统综合管理研究 [M]. 北京：科学出版社，2009.

[10] 陈维. 制度的成本约束功能 [M]. 上海：上海社会科学院出版社，2000.

[11] 陈诗一. 调动多方的主动性构建流域生态补偿机制——评《流域生态补偿机制研究——基于主体行为分析》[J]. 河海大学学报 (哲学社会科学版)，2018 (2)：21 - 22.

[12] [美] 德姆塞茨. 关于产权的理论 [C]. 上海：上海三联书店，1994：97 - 98.

［13］邓纲，许恋天．我国流域生态保护补偿的法治化路径——面向"合作与博弈"的横向府际治理［J］．行政与法，2018（4）：44-51.

［14］邓红兵，王庆礼，蔡庆华．流域生态系统管理研究［J］．中国人口·资源与环境，2002（6）：20-22.

［15］杜乐山，李俊生，刘高慧，等．生态系统与生物多样性经济学（TEEB）研究进展［J］．生物多样性，2016（6）：686-693.

［16］都军，高军凯.1961-2014年张掖市降水变化趋势［J］．中国沙漠，2017，37（4）：770-774.

［17］段靖，严岩，王丹寅，等．流域生态补偿标准中成本核算的原理分析与方法改进［J］．生态学报，2010（1）：221-227.

［18］樊辉．基于全价值的石羊河流域生态补偿研究［D］．西北农林科技大学，2016.

［19］范明明，李文军．生态补偿理论研究进展及争论——基于生态与社会关系的思考［J］．中国人口·资源与环境，2017（3）：130-137.

［20］菲吕博顿，配杰威齐．产权与经济理论［C］//财产权利与制度变迁．上海：上海三联书店，1994：204.

［21］付实．美国水权制度和水权金融特点总结及对我国的借鉴［J］．西南金融，2016（11）：72-76.

［22］高玫．流域生态补偿模式比较与选择［J］．江西社会科学，2013（11）：44-48.

［23］高振斌，王小莉，苏婧，等．基于生态系统服务价值评估的东江流域生态补偿研究［J］．生态与农村环境学报，2018（6）：563-570.

［24］葛颜祥，吴菲菲，王蓓蓓，等．流域生态补偿：政府补偿与市场补偿比较与选择［J］．山东农业大学学报（社会科学版），2007（4）：48-53.

［25］耿翔燕，葛颜祥．基于水量分配的流域生态补偿研究——以小清河流域为例［J］．中国农业资源与区划，2018（4）：36-44.

［26］龚高健．中国生态补偿若干问题研究［M］．北京：中国社会科学出版社，2011.

［27］古伟宏，吕丽娟．水资源核算及其纳入国民经济核算体系初探［J］．黑龙江环境通报，1995（4）：15-18.

［28］郭金龙．复杂系统范式视角下的金融演进与发展［M］．北京：中国金融出版社，2007.

［29］郭志建，葛颜祥，范芳玉．基于水质和水量的流域逐级补偿制度研

究——以大汶河流域为例 [J]. 中国农业资源与区划, 2013 (1): 96 – 102.

[30] 洪燕云, 俞雪芳, 袁广达. 自然资源资产负债表的基本架构 [Z]. 中国江苏南京: 2014.

[31] 胡鞍钢, 王亚华. 从东阳 – 义乌水权交易看我国水分配体制改革 [J]. 中国水利, 2001 (6): 35 – 37.

[32] 胡东滨, 石凡. 基于条件价值法的生态补偿效果影响因素研究 [J]. 环境污染与防治, 2018 (7): 836 – 842.

[33] 胡海川、曹慧、郝志军. 生态补偿标准确定方法研究 [J]. 价值工程, 2018 (3): 100 – 103.

[34] 胡蓉、燕爽. 基于演化博弈的流域生态补偿模式研究 [J]. 东北财经大学学报, 2016 (3): 3 – 11.

[35] 胡仪元. 生态补偿的劳动价值论基础 [J]. 中共天津市委党校学报, 2010 (1): 58 – 61.

[36] 胡仪元. 流域生态补偿模式、核算标准与分配模型研究 [M]. 北京: 人民出版社, 2016.

[37] 胡旭珺, 周翟尤佳, 张惠远, 等. 国际生态补偿实践经验及对我国的启示 [J]. 环境保护, 2018 (2): 76 – 79.

[38] 黄河, 柳长顺, 刘卓. 水生态补偿机制: 案例与启示 [M]. 北京: 中国环境出版社, 2017.

[39] 姜玮怡. Markowitz 均值 – 方差模型与 RAROC 模型在中国证券市场的实证研究 [J]. 经济研究导刊, 2010 (2): 103 – 106.

[40] 姜文来. 关于自然资源资产化管理的几个问题 [J]. 资源科学, 2000 (1): 5 – 8.

[41] 靳乐山, 胡振通. 草原生态补偿政策与牧民的可能选择 [J]. 改革, 2014 (11): 100 – 107.

[42] 靳乐山. 中国生态保护补偿机制政策框架的新扩展——《建立市场化、多元化生态保护补偿机制行动计划》的解读 [J]. 环境保护, 2019, 47 (2): 28 – 30.

[43] 靖学青. 区域国土资源评价的系统分析方法 [J]. 自然资源学报, 1997 (4): 79 – 85.

[44] 柯坚. 论污染者负担原则的嬗变 [J]. 法学评, 2010 (6): 82 – 89.

[45] 雷有鹏. 海北州落实草原生态保护补助奖励机制现状及对策 [J]. 青海畜牧兽医杂志, 2013, 43 (4): 41 – 42.

[46] 李昌峰, 张娈英, 赵广川, 等. 基于演化博弈理论的流域生态

补偿研究——以太湖流域为例 [J]. 中国人口·资源与环境，2014（1）：171 – 176.

[47] 李春艳，邓玉林. 我国流域生态系统退化研究进展 [J]. 生态学杂志，2009（3）：535 – 541.

[48] 李代鑫，叶寿仁. 澳大利亚的水资源管理及水权交易 [J]. 中国水利，2001（6）：41 – 44.

[49] 李花菊. 中国水资源核算中的混合账户与经济账户 [J]. 统计研究，2010（3）：89 – 93.

[50] 李珂. 对黑河流域水权交易制度建设的思考 [J]. 重庆科技学院学报（社会科学版），2010（3）：72 – 74.

[51] 李磊. 首都跨界水源地生态补偿机制研究 [D]. 首都经济贸易大学，2016.

[52] 李晓光，苗鸿，郑华，等. 生态补偿标准确定的主要方法及其应用 [J]. 生态学报，2009（8）：4431 – 4440.

[53] 李意德，陈步峰，周光益，等. 海南岛热带天然林生态环境服务功能价值核算及生态公益林补偿探讨 [J]. 林业科学研究，2003（2）：146 – 152.

[54] 李荣钧. 模糊多准则决策理论与应用 [M]. 北京：科学出版社，2002.

[55] 李曙华. 当代科学的规范转换——从还原论到生成整体论 [J]. 哲学研究，2006（11）：89 – 94.

[56] 林秀珠，李小斌，李家兵，等. 基于机会成本和生态系统服务价值的闽江流域生态补偿标准研究 [J]. 水土保持研究，2017（2）：314 – 319.

[57] 林忠华. 领导干部自然资源资产离任审计探讨 [J]. 审计研究，2014（5）：10 – 14.

[58] 刘璨，张敏新. 森林生态补偿问题研究进展与评述 [J/OL]. 南京林业大学学报（自然科学版）. http：//kns. cnki. net/kcms/detail/32. 1161. S. 20190511. 1215. 006. html.

[59] 刘超. 新制度经济学与系统科学的融合性研究 [J]. 东岳论丛，2011（10）：121 – 128.

[60] 刘传玉，张婕. 流域生态补偿实践的国内外比较 [J]. 水利经济，2014（2）：61 – 64.

[61] 刘峰，段艳，马妍. 典型区域水权交易水市场案例研究 [J]. 水利经济，2016（1）：23 – 27.

[62] 刘桂环，文一惠，谢婧. 关于跨省断面水质生态补偿与财政激励机制的思考 [J]. 环境保护科学, 2016 (6)：6 - 9.

[63] 刘耕源，杨青. 生态系统服务的三元价值理论及在大尺度生态补偿上的应用探讨 [J]. 中国环境管理, 2019, 11 (1)：29 - 37.

[64] 刘洪兰，张俊国，董安祥，等. 张掖市水资源利用现状及未来趋势预测 [J]. 干旱区研究, 2008 (1)：35 - 40.

[65] 刘菊，傅斌，王玉宽，等. 关于生态补偿中保护成本的研究 [J]. 中国人口·资源与环境, 2015 (3)：43 - 49.

[66] 刘俊威，吕惠进. 流域生态补偿模式分析及优化对策探讨 [J]. 绿色科技, 2011 (11)：114 - 117.

[67] 刘礼军. 异地开发——生态补偿新机制 [J]. 水利发展研究, 2006 (7)：16 - 18.

[68] 刘茜. 生态系统核算的基本框架——《环境经济核算 2012—实验生态系统核算》简介 [J]. 中国统计, 2017 (4)：32 - 34.

[69] 刘青，胡振鹏. 江河源区生态系统价值补偿机制 [M]. 北京：科学出版社, 2012.

[70] 刘诗白. 主体产权论 [M]. 北京：经济科学出版社, 1998.

[71] 刘晓红，虞锡君. 基于流域水生态保护的跨界水污染补偿标准研究——关于太湖流域的实证分析 [J]. 生态经济, 2007 (8)：129 - 135.

[72] 刘彦云. 国民经济核算 [M]. 北京：中国统计出版社, 2005.

[73] 林毅夫. 我国金融体制改革的方向是什么？[J]. 中国经贸导刊, 1999 (17)：26 - 27.

[74] 龙鑫，甄霖，成升魁，等. 98 洪水对鄱阳湖区生态系统服务的影响研究 [J]. 资源科学, 2012 (2)：220 - 228.

[75] 卢现祥. 新制度经济学 [M]. 武汉：武汉大学出版社, 2004：136.

[76] 罗志高，刘勇，蒲莹晖，等. 国外流域管理典型案例研究 [M]. 成都：西南财经大学出版社, 2015.

[77] 马凤娇，刘金铜，A. Egrinya Eneji. 生态系统服务研究文献现状及不同研究方向评述 [J]. 生态学报, 2013 (19)：5963 - 5972.

[78] [德] 马克思，恩格斯. 《马克思恩格斯全集》[M]. 北京：人民出版社, 1956.

[79] 马歇尔. 经济学原理 [M]. 北京：商务印书馆, 1983.

[80] 马中，Dan Dudek，吴健，等. 论总量控制与排污权交易 [J]. 中国环境科学, 2002 (1)：90 - 93.

［81］毛显强，钟瑜，张胜．生态补偿的理论探讨［J］．中国人口·资源与环境，2002（4）：40－43．

［82］孟祥江．中国森林生态系统价值核算框架体系与标准化研究［D］．中国林业科学研究院，2011．

［83］米丽娜，肖洪浪，朱文婧，等．1985—2013 年黑河中游流域地下水位动态变化特征［J］．冰川冻土，2015（2）：461－469．

［84］聂伟平，陈东风．新安江流域（第二轮）生态补偿试点进展及机制完善探索［J］．环境保护，2017（7）：19－23．

［85］［美］诺斯·道格拉斯．制度、制度变迁与经济绩效［M］．刘守英，译．上海：上海三联书店，1994：1－13．

［86］欧阳志云，王如松，赵景柱．生态系统服务功能及其生态经济价值评估［J］．应用生态学报，1999，5（10）：635－640．

［87］欧阳志云．海河流域生态系统演变、生态效应及其调控方法［M］．北京：科学出版社，2014．

［88］欧阳志云，靳乐山．面向生态补偿的生态系统生产总值和生态资产核算［M］．北京：科学出版社，2018．

［89］Patrick ten Brink．国家及国际决策中的生态系统和生物多样性经济学［M］．胡理乐，等译．北京：中国环境出版社，2015．

［90］Pushpam Kumar．生态系统和生物多样性经济学生态和经济基础［M］．胡理乐，等译．北京：中国环境出版社，2015．

［91］潘韬，吴绍洪，戴尔阜，等．基于 InVEST 模型的三江源区生态系统水源供给服务时空变化［J］．应用生态学报，2013（1）：183－189．

［92］乔旭宁，杨德刚，杨永菊，等．流域生态系统服务与生态补偿［M］．北京：科学出版社，2016．

［93］秦艳红，康慕谊．国内外生态补偿现状及其完善措施［J］．自然资源学报，2007（4）：557－567．

［94］任勇．中国生态补偿理论与政策框架设计［M］．北京：中国环境科学出版社，2008．

［95］［法］萨伊．政治经济学概论［M］．陈福生，等译．北京：商务印书馆，1963．

［96］尚海洋，丁杨，张志强．补偿标准参照的比较：机会成本与环境收益——以石羊河流域生态补偿为例［J］．中国沙漠，2016（3）：830－835．

［97］沈满洪．水权交易与政府创新——以东阳义乌水权交易案为例［J］．管理世界，2005（6）：45－56．

[98] 沈满洪、谢慧明. 公共物品问题及其解决思路——公共物品理本书献综述 [J]. 浙江大学学报 (人文社会科学版), 2009 (6): 133 – 144.

[99] 沈满洪. 生态经济学 (第二版) [M]. 北京: 中国环境出版社, 2016.

[100] 石薇, 汪劲松, 史龙梅. 生态系统价值核算方法: 综述与展望 [J]. 经济统计学 (季刊), 2017 (1): 1 – 19.

[101] 石薇, 李金昌. 生态系统核算研究进展 [J]. 应用生态学报, 2017 (8): 2739 – 2748.

[102] 世纪议程管理中心. 生态补偿的国际比较: 模式与机制 [M]. 北京: 中国环境科学出版社, 2012.

[103] 唐尧, 祝炜平, 张慧, 等. InVEST 模型原理及其应用研究进展 [J]. 生态科学, 2015 (3): 204 – 208.

[104] 田贵良, 张甜甜. 我国水权交易机制设计研究 [J]. 价格理论与实践, 2015 (8): 35 – 37.

[105] 田振明. 不确定条件下具有容差项的 Markowitz 证券组合投资模型的最优化解法 [J]. 数学理论与应用, 2013 (3): 48 – 56.

[106] 王丰年. 论生态补偿的原则和机制 [J]. 自然辩证法研究, 2006 (1): 31 – 35.

[107] 王海静. 水权交易中的政府角色——以东阳、义乌水权交易案例为视角 [J]. 法制与社会, 2016 (21): 67 – 76.

[108] 王金霞, 黄季焜. 国外水权交易的经验及对中国的启示 [J]. 农业技术经济, 2002 (5): 56 – 62.

[109] 王军锋, 吴雅晴、姜银萍等. 基于补偿标准设计的流域生态补偿制度运行机制和补偿模式研究 [J]. 环境保护, 2017 (7): 38 – 43.

[110] 王清军. 生态补偿支付条件: 类型确定及激励、效益判断 [J]. 中国地质大学学报 (社会科学版), 2018 (3): 56 – 69.

[111] 王让会, 游先祥. 西部干旱区内陆河流域脆弱生态环境研究进展——以新疆塔里木河流域为例 [J]. 地球科学进展, 2001 (1): 39 – 44.

[112] 王玉纯, 赵军, 付杰文, 等. 石羊河流域水源涵养功能定量评估及空间差异 [J]. 生态学报, 2018 (13): 1 – 11.

[113] [美] 威廉姆森. 治理机制 [M]. 石烁, 译. 北京: 机械工业出版社, 2016.

[114] 魏同洋. 生态系统服务价值评估技术比较研究 [D]. 中国农业大学, 2015.

[115] 吴娜，宋晓谕，康文慧，等．不同视角下基于 InVEST 模型的流域生态补偿标准核算——以渭河甘肃段为例 [J]．生态学报，2018 (7)：2512 – 2522.

[116] 谢高地，鲁春霞，成升魁．全球生态系统服务价值评估研究进展 [J]．资源科学，2001 (6)：5 – 9.

[117] 谢高地，肖玉，鲁春霞．生态系统服务研究：进展、局限和基本范式 [J]．植物生态学报，2006 (2)：191 – 199.

[118] 谢高地，张彩霞，张雷明，等．基于单位面积价值当量因子的生态系统服务价值化方法改进 [J]．自然资源学报，2015 (8)：1243 – 1254.

[119] 肖国兴，肖乾刚．中国自然资源管理制度创新的几个问题 [J]．环境保护，1995 (1)：12 – 14.

[120] 肖加元，潘安．基于水排污权交易的流域生态补偿研究 [J]．中国人口·资源与环境，2016 (7)：18 – 26.

[121] 肖生春，肖洪浪，米丽娜，等．国家黑河流域综合治理工程生态成效科学评估 [J]．中国科学院院刊，2017 (1)：45 – 54.

[122] 徐贤君．基于 meta 分析法的滇池湿地价值评估 [D]．云南大学，2015.

[123] 薛达元．生物多样性经济价值评估 [M]．北京：中国环境科学出版社，1997.

[124] 颜泽贤，范冬萍，张华夏．系统科学导论—复杂性探索 [M]．北京：人民出版社，2006.

[125] 杨光梅，闵庆文，李文华，等．我国生态补偿研究中的科学问题 [J]．生态学报，2007 (10)：4289 – 4300.

[126] 杨桂山．流域综合管理导论 [M]．北京：科学出版社，2004.

[127] 杨秀萍．习近平生态文明思想的理论体系构建 [J]．赣南师范大学学报，2019 (2).

[128] 杨展里．水污染物排放权交易技术方法研究 [D]．河海大学，2001.

[129] 袁庆明．新制度经济学教程 [M]．北京：中国发展出版社，2014.

[130] 赵景柱，肖寒，吴刚．生态系统服务的物质量与价值量评价方法的比较分析 [J]．应用生态学报，2000 (2)：290 – 292.

[131] 赵玲，王尔大．评述效益转移法在资源游憩价值评价中的应用 [J]．中国人口·资源与环境，2011 (S2)：490 – 495.

[132] 赵玲．基于价值转移法的自然资源游憩价值评价研究 [D]．大

连理工大学, 2013.

[133] 赵奕岚, 牛生海. 张掖市井灌区地下水成本分析及节水增效途径 [J]. 中国水利, 2015 (5): 38 - 40.

[134] 赵银军, 魏开湄, 丁爱中, 等. 流域生态补偿理论探讨 [J]. 生态环境学报, 2012 (5): 963 - 969.

[135] 赵栩. 自然资源资产负债表的编制与应用 [M]. 北京: 经济管理出版社, 2017.

[136] 张福平, 李肖娟, 冯起, 等. 基于 InVEST 模型的黑河流域上游水源涵养量 [J]. 中国沙漠, 2018 (6): 1 - 9.

[137] 张婕, 徐健. 流域生态补偿模式优化组合模型 [J]. 系统工程理论与实践, 2011 (10): 2027 - 2032.

[138] 张婕, 王济干, 徐健. 流域生态补偿机制研究: 基于主体行为分析 [M]. 北京: 科学出版社, 2017.

[139] 张荣. 澜沧江漫湾水电站生态环境影响回顾评价 [J]. 水电站设计, 2001 (4): 27 - 32.

[140] 张五常. 制度的选择 (经济解释卷三) [M]. 香港: 香港花千树出版有限公司, 2007:

[141] 张五常. 经济解释 [M]. 北京: 商务印书馆, 2000: 427.

[142] 张志强, 徐中民, 程国栋. 生态系统服务与自然资本价值评估研究进展 [J]. 生态学报, 2001, 21 (11): 1918 - 1926.

[143] 张志强、徐中民、程国栋. 生态系统服务与自然资本价值评估 [J]. 生态学报, 2001 (11): 1918 - 1926.

[144] 郑海霞. 中国流域生态服务补偿机制与政策研究 [D]. 中国农业科学院, 2006.

[145] 郑海霞, 张陆彪. 流域生态服务补偿定量标准研究 [J]. 环境保护, 2006 (1): 42 - 46.

[146] 周黎安. 晋升博弈中政府官员的激励与合作——兼论我国地方保护主义和重复建设问题长期存在的原因 [J]. 经济研究, 2004 (6): 33 - 40.

[147] 周一虹. 生态环境价值计量的环境重置成本法探索 [J]. 学海, 2015 (4): 109 - 117.

[148] 钟方雷, 徐中, 窪田顺, 等. 黑河流域分水政策制度变迁分析 [J]. 水利经济, 2014 (5): 37 - 42.

[149] 竺效. 我国生态补偿基金的法律性质研究——兼论《中华人民共和国生态补偿条例》相关框架设计 [J]. 北京林业大学学报 (社会科学

版），2011（1）：1 – 9.

[150] 邹锐，苏晗，余艳红，等．基于水质目标的异龙湖流域精准治污决策研究 [J]．北京大学学报（自然科学版），2018（2）：426 – 434.

[151] 中国大百科全书总编委员会．中国大百科全书：环境科学 [M]．北京：中国大百科全书出版社，2002.

[152] 中华人民共和国国家统计局编．中国国民经济核算体系 2016 [M]．北京：中国统计出版社，2017.

[153] Adhikari B, Boag G. Designing payments for ecosystem services schemes: some considerations [J]. Current Opinion in Environmental Sustainability, 2013, 5（1）: 72 – 77.

[154] Agrawal A, Gibson C C. Enchantment and disenchantment: The role of community in natural resource conservation [J]. World Development, 1999, 27（4）: 629 – 649.

[155] Agrawal M F G A. Beyond Rewards and Punishments in the Brazilian Amazon: Practical Implications of the REDD + Discourse [J]. Forests, 2017, 8（3）: 1 – 27.

[156] Agustsson K, Garibjana A, Rojas E. An assessment of the forest allowance programme in the Juma Sustainable Development Reserve in Brazil [J]. International Forestry Review, 2014, 16（1）: 87 – 102.

[157] Araújo R S, Alves M D G. Water resource management: A comparative evaluation of Brazil, Rio de Janeiro, the European Union, and Portugal [J]. Science of The Total Environment, 2015, 511（4）: 815 – 828.

[158] Balmford A, Bruner A, Cooper P, et al.. Economic reasons for conserving wild nature [J]. Science, 2002, 297（5583）: 950 – 953.

[159] Balmford A, Rodrigues A, Walpole M T B P, et al.. The Economics of Ecosystems and Biodiversity: Scoping the Science [M]. Cambridge, UK.: European Commission, 2008: 35 – 38.

[160] Barnaud C, Corbera E, Muradian R, et al.. Ecosystem services, social interdependencies, and collective action: a conceptual framework [J]. Ecology and Society, 2018, 23（1）: 15.

[161] Barrett C B, Brandon K, Gibson C, et al.. Conserving tropical biodiversity amid weak institutions [J]. Bio Science, 2001, 51（6）: 497 – 502.

[162] B. B D, L. M, D. B. Community Managed in the Strong Sense of the Phrase: The Community Forest Enterprises of Mexico [M]. Austin: University

of Texas Press, 2005.

[163] Börner J, Baylis K, Corbera E, et al.. The Effectiveness of Payments for Environmental Services [J]. World Development, 2017, 96 (8): 359 – 374.

[164] Boyd, James & Banzhaf, Spencer. What are Ecosystem Services? [J]. Ecological Economics, 2007, 63 (2 – 3): 616 – 626

[165] Boonen T J, Pantelous A A, Wu R. Non-cooperative dynamic games for general insurance markets [J]. Insurance: Mathematics and Economics, 2018, 78 (1): 123 – 135.

[166] Brown M T, Ulgiati S. Energy quality, emergy, and transformity: H. T. Odum's contributions to quantifying and understanding systems [J]. Ecol. Model, 2004, 178: 201 – 213.

[167] Brunner P H, Rechberger H. Practical handbook of material flow analysis [J]. Int. Int. J. Life Cycle Ass, 2004 (9): 337 – 338.

[168] Cai H, Chen Y, Qinggong. Polluting thy neighbor: Unintended consequences of China's pollution reduction mandates [J]. Journal of Environmental Economics and Management, 2016 (76): 86 – 104.

[169] Campbell E T, Brown M T. Environmental accounting of natural capital and ecosystem services for the US National Forest System [J]. Environ. Dev. Sust, 2012 (14): 691 – 724.

[170] Campbell E T, Brown M T. Environmental accounting of natural capital and ecosystem services for the US National Forest System [J]. Environment, Development and Sustainability, 2012, 14 (12): 691 – 724.

[171] Carpenter S R, Mooney H A, Agard J, et al.. Science for managing ecosystem services: Beyond the Millennium Ecosystem Assessment [J]. PNAS, 2009, 106 (5): 1305 – 1312.

[172] Chaikumbung M, Doucouliagos H, Scarborough H. The economic value of wetlands in developing countries: A meta-regression analysis [J]. Ecological Economics, 2016, 124: 164 – 174.

[173] Chan K M A, Anderson E, Chapman M, et al.. Payments for Ecosystem Services: Rife With Problems and Potential—For Transformation Towards Sustainability [J]. Ecological Economics, 2017, 140 (10): 110 – 122.

[174] Christ K L, Burritt R L. Water management accounting: A framework for corporate practice [J]. Journal of Cleaner Production, 2017, 152

(3): 379 – 386.

[175] Clements T, John A, Nielsen K, et al.. Payments for biodiversity conservation in the context of weak institutions: Comparison of three programs from Cambodia [J]. Ecological Economics, 2010, 69 (6): 1283 – 1291.

[176] Coase R H. The Problem of Social Cost [J]. The Journal of Law and Economics, 2013, 56 (4): 837 – 877.

[177] Corbera E. Interrogating Development in Carbon Forestry Activities: A Case Study from Mexico [D]. Norwich: 2005.

[178] Costanza R, Darge R, de Groot R, et al.. The value of the world's ecosystem services and natural capital [J]. Nature, 1997, 387 (6630): 253 –260.

[179] Costanza R, de Groot R, Braat L, et al.. Twenty years of ecosystem services-How far have we come and how far do we still need to go [J]. Ecosystem Services, 2017, 28 (11): 1 – 16.

[180] Corbera E, Soberanis C G, Brown K. Institutional dimensions of payments for ecosystem services: an analysis of Mexico's carbon forestry programme [J]. Ecological Economics, 2009, 68 (1): 743 – 761.

[181] Cowell R. Environmental Compensation and the Mediation of Environmental Change: Making Capital out of Cardiff Bay [J]. Journal of Environmental Planning and Management, 2000, 43 (5): 689 – 710.

[182] Daily G C. Nature's services: Societal dependence on natural ecosystems [M]. United States of America: Island Press, 1997.

[183] Davila E, Chang N B, Diwakaruni S. Landfill space consumption dynamics in the lower Rio Grande valley by grey integer programming-based games [J]. Journal of Environmental Management, 2005, 75 (4): 353 – 365.

[184] De Groot R S, Wilson M, Boumans R. A typology for the description, classification and valuation of ecosystem functions, goods and services [J]. Ecological Economics, 2002 (41): 393 – 408.

[185] Dewulf J, Van Langenhove, Muys B. Exergy: its potential and limitations in environmental science and Technology [J]. Environmental Science & Technology, 2008, 42 (7): 2221 – 2232.

[186] Dincer I. The role of exergy in energy policy making [J]. Energy Policy, 2002, 30 (2): 137 – 149.

[187] Dong H, Fujita T, Geng Y, et al.. A review on ecocity evaluation methods and highlights for integration [J]. Ecological Indicators, 2016, 60:

1184 - 1191.

[188] Elinor O. A Behavioral Approach to the Rational Choice Theory of Collective Action [J]. American Political Science Review, 1998 (1): 1 - 22.

[189] Elton E J, Gruber M J. Estimating The Dependence Structure Of Share Prices—implications For Portfolio Selection [J]. Journal of Finance, 1973, 28 (5): 1203 - 1232.

[190] Engel S, Pagiola S, Wunder S. Designing payments for environmental services in theory and practice: an overview of the issues [J]. Ecological Economics, 2008, 65 (4): 663 - 675.

[191] European E A. Ecosystem accounting and the cost of biodiversity losses. The Case of Coastal Mediterranean Wetlands [R]. Luxembourg: Office for Official Publications of the European Union, 2010.

[192] European E A. An Experimental Framework for Ecosystem Capital Accounting in Europe [R]. Luxembourg: Publications Office of the European Union, 2011.

[193] Farley J, Costanza R. Payments for ecosystem services: From local to global [J]. Ecological Economics, 2010, 69 (9): 2068 - 2069.

[194] Fan J, Mcconkey B G, Janzen H H, et al.. Emergy and energy analysis as an integrative indicator of sustainability: A case study in semi-arid Canadian farmlands [J]. Journal of Cleaner Production, 2018, 172 (2): 428 - 437.

[195] Farley J, Costanza R. Payments for ecosystem services: from local to global [J]. Ecological Economics, 2010, 69 (11): 2060 - 2068.

[196] Fisher B, Kulindwa K, Mwanyoka I, et al.. Common pool resource management and PES. Lessons and constraints for water PES in Tanzania [J]. Ecological Economics, 2010, 69 (3): 1253 - 1261.

[197] Fischer-Kowalski M, Krausmann F, Giljum S, et al.. Methodology and indicators of economy-wide material flow accounting [J]. Journal of Industrial Ecolocy, 2011, 15 (6): 855 - 876.

[198] Folke C, Carpenter S, Walker B, et al.. Regime shifts, resilience, and biodiversity in ecosystem management [J]. Annual Review of Ecology, Evolution, and Systematics, 2004, 35 (11): 557 - 581.

[199] Friedel M J. Climate Change Effects on Ecosystem Services in the United States-Issues of National and Global Security [C]. Netherlands: Springer, 2011: 17 - 24.

［200］Friedman D. Evolutionary game in economics ［J］. Econometrica, 1991, 59: 637 – 666.

［201］Fu Y, Zhang J, Zhang C, et al. . Payments for Ecosystem Services for watershed water resource allocations ［J］. Journal of Hydrology, 2018, 556 (1): 698 – 700.

［202］Garstone R A, Gill C, Moliere D, et al. . Accounting for water in the minerals industry: Capitalising on regulatory reporting ［J］. Water Resources and Industry, 2017, 18 (11): 51 – 59.

［203］Gómezbaggethun E, Barton D N. Classifying and valuing ecosystem services for urban planning ［J］. Ecological Economics, 2013, 86 (2): 235 – 245.

［204］Gounand I, Harvey E, Little C J, et al. . Meta-Ecosystems 2. 0: Rooting the Theory into the Field ［J］. Trends in Ecology & Evolution, 2018, 33 (1): 36 – 46.

［205］Goldstein J H, Caldarone G, Duarte T K, et al. . Integrating eco-system-service tradeoffs into land-use decisions ［J］. PNAS, 2012, 109 (19): 7565 – 7570.

［206］Gren I M, Folke C, Turner R K, et al. . Primary and secondary values of wetland ecosystems ［J］. Environmental and Resource Economics, 1994 (4): 55 – 74.

［207］Guerry A D, Polasky S, Lubchenco J, et al. . Natural capital and ecosystem services informing decisions: From promise to practice ［J］. PNAS, 2015, 112 (24): 7348 – 7355.

［208］Guerry A D, Polasky S, Lubchencof J, et al. . Natural capital and ecosystem services informing decisions: From promise to practice ［J］. PNAS, 2016, 6: 7328 – 7355.

［209］Hackbart V C S, de Lima G T N P, Santos R F D. Theory and practice of water ecosystem services valuation: Where are we going? ［J］. Ecosystem Services, 2017, 23: 218 – 227.

［210］Hardin G. The tragedy of the commons ［J］. Science, 1968, 162: 1243 – 1248.

［211］Hahn R W. The Impact of Economics on Environmental Policy ［J］. Journal of Environmental Economics and Management, 2000, 39 (3): 375 – 399.

［212］Hayha T, Franzese P P. Ecosystem services assessment: a review under an ecological-economic and systems perspective [J]. Ecol. Model, 2014 (289): 124 –132.

[213] Hein L, Bagstad K, Edens B, et al.. Defining Ecosystem Assets for Natural Capital Accounting [J]. PLoS ONE, 2016, 11 (11).

[214] Hendriks C, Obernosterer R, Müller D, et al.. Material Flow Analysis: A tool to support environmental policy decision making. Case-studies on the city of Vienna and the Swiss lowlands [J]. Local Environment, 2010, 19 (8): 311 –328.

[215] Holland J H. Complex Adaptive Systems [J]. Daedalus, 1992, 121 (1): 17 –30.

[216] Holland J. Studying complex adaptive systems [J]. Journal of Systems Science and Complexity, 2006, 19 (1): 1 –8.

[217] Hooper D U, Iii F S C, Ewel J J, et al.. Effects of biodiversity on ecosystem functioning: a consensus of current knowledge [J]. Ecological Monographs, 2005, 75 (1): 3 –35.

[218] H S. International spillovers and water quality in rivers: Do countries free ride? [J]. American Economic Review, 2002, 92 (4): 1152 –1159.

[219] H S. Transboundary spillovers and decentralization of environmental policies [J]. Transboundary spillovers and decentralization of environmental policies, 2005 (50): 82 –101.

[220] ICAP. 碳排放交易实践手册 – 碳市场的设计与实施 [R]. Washington: 世界银行, 2016.

[221] ICAP. 全球碳市场进展报告 2019 [R]. Berlin: International Carbon Action Partnership, 2019.

[222] ISO. ISO 14040: Environmental Management-life Cycle Assessment-principles and Framework [S]. 2006.

[223] ISO. ISO 14044: Environmental Management-life Cycle Assessment-requirements and guidelines [S]. 2006.

[224] ISO. ISO 14051: Environmental Management-Material Flow Cost Accounting-General Principles and Framework [S]. 2011.

[225] Kai N T. Natural Capital Accounting and Ecosystem Services Within the Water-Energy-Food Nexus: Local and Regional Contexts [C]. 2018: 63 –78.

[226] Klooster D, Masera O. Community forest management in Mexico: carbon mitigation and biodiversity conservation through rural development [J].

Global Environmental Change-Human and Policy Dimensions, 2000, 10 (4): 259 – 272.

[227] Klir G J. Facts of Systems Science [M]. New York: Kluwer Academic/Plenum Publishers, 2001.

[228] Kosoy N, Corbera E, Brown K. Participation in payments for ecosystem services: case studies from the Lacandon rainforest, Mexico [J]. Geoforum, 2008, 39 (6): 2073 – 2083.

[229] Krutilla J V. Conservation reconsidered [J]. American Economic Review, 1967 (57): 777 – 786.

[230] La Notte A, Maes J, Dalmazzone S, et al.. Physical and monetary ecosystem service accounts for Europe: A case study for in-stream nitrogen retention [J]. Ecosystem Services, 2017, 23: 18 – 29.

[231] La Notte A, Amato D D, Mäkinen H, et al.. Ecosystem services classification: A systems ecology perspective of the cascade framework [J]. Ecological Indicators, 2017, 74: 392 – 402.

[232] Lai T, Salminen J, Jukka-Pekkajäppinen, et al.. Bridging the gap between ecosystem service indicators and ecosystem accounting in Finland [J]. Ecological Modelling, 2018, 377 (6): 51 – 65.

[233] Leon T, Liern V. A Fuzzy Method to repair Infeasibility in Linearly Constrained Problem [J]. Fuzzy Set and Systems, 2001, 122 (2): 237 – 243.

[234] Leon T, Liern V, Vercher E. Viability of Infeasible Portfolio Selection Problems: a Fuzzy Approach [J]. European Journal of Operational Research, 2002, 139 (1): 178 – 189.

[235] Levin S A. Ecosystems and the Biosphere as Complex Adaptive Systems [J]. Ecosystems, 1998, 1 (5): 431 – 436

[236] Mäler K G, S. Aniyar Å J. Accounting for ecosystem services as a way to understand the requirements for sustainable development [J]. Proc. Nat. Acad. Sci. U. S. A, 2008 (105): 9501 – 9506.

[237] Markowitz H M. Portfolio selection [J]. Journal of Finance, 1952, 7: 77 – 91.

[238] Maríapedro-Monzonís, Solera A, Rferrer J, et al.. Water accounting for stressed river basins based on water resources management models [J]. Science of The Total Environment, 2016, 565 (10): 181 – 190.

[239] Mea M E A. Ecosystems and human well-being: current state and

trends [M]. Washington: Island Press, 2005: 5 – 28.

[240] Millennium E A. Ecosystems and Human Well-being: Current State and Trends [M]. Washington, D. C. : Island Press, 2005: 49.

[241] Millennium Ecosystem Assessment. Ecosystems and Human Well-Being: Synthesis Report [R]. Washington, DC: Island Press, 2005.

[242] Moe T M. Political Institutions The Neglected Side of the Story [J]. Journal of Law, Economics and Organization, 1990 (6): 213 – 218.

[243] Momblanch A, Andreu J, Paredes-Arquiola J, et al. . Adapting water accounting for integrated water resource management [J]. Journal of Hydrology, 2014, 519 (11): 3369 – 3385.

[244] Moffatt I. Ecological footprints and sustainable development [J]. Ecological Economics, 2000, 32: 359 – 362.

[245] Muñoz-Piña C, Guevara A, Torres J M, et al. . Paying for the hydrological services of Mexico's forests: analysis, negotiations and results [J]. Ecological Economics, 2007, 65 (4): 725 – 736.

[246] Muradian R, Corber E, Pascual U, et al. . Reconciling theory and practice: An alternative conceptual framework for understanding payments for environmental services [J]. Ecological Economics, 2010, 69 (4): 1202 – 1208.

[247] Newton P, Nichols E S, Endo W, et al. . Consequences of actor level livelihood heterogeneity for additionality in a tropical forest payment for environmental services programme with an undifferentiated reward structure [J]. Global Environmental Change, 2012, 22 (1): 127 – 136.

[248] North D C. A Transaction Cost Theory of Politics [J]. Journal of Theoretical Politics, 1990, 2 (4).

[249] North D C. Understanding the Process of Economic Change [M]. Princeton: Princeton University Press, 2005: 48.

[250] Obst C, Hein L, Edens B. National Accounting and the Valuation of Ecosystem Assets and Their Services [J]. Environmental and Resource Economics, 2016, 64 (1): 1 – 23.

[251] Obst C, Vardon M. Recording environmental assets in the national accounts [J]. Oxford Review of Economic Policy, 2014, 30: 126 – 144.

[252] Odum H T. Environmental Accounting: Emergy and Environmental Decision Making [M]. New York: John Wiley, 1996: 30 – 125.

[253] Oecd. Recommendation on Guiding Principles concerning Internation-

al Aspects of Environmental Policie [R]. Paris: OECD Publishing, 1972.

[254] Oecd. Recommendation of Concerning the Management of Aquatic Resources: Integration, Demand Management and Protection of Groundwater [R]. Paris: OECD Publishing, 1989.

[255] Oecd. Recommendati on Concerning the Use of Economic Instruments in Environmental Policy [R]. Paris: OECD Publishing, 1990.

[256] Oecd. Recommendation on the Integrated Management of Coastal Zone [R]. Paris: OECD Publishing, 1992.

[257] Pagiola S, Arcenas A, Platais G. Can Payments for Environmental Services Help Reduce Poverty? An Exploration of the Issues and the Evidence to Date from Latin America [J]. World Development, 2005, 33 (2): 237 –253.

[258] Pagiola S, Platais G. Payments for Environmental Services: From Theory to Practice [M]. Washington DC, USA: World Bank, 2007.

[259] PascualU, Perrings C. Developing incentives and economic mechanisms for in situ biodiversity conservation in agricultural landscapes [J]. Agriculture Ecosystems and Environment, 2007 (121): 256 –268.

[260] P. Satyaramesh C R. Use of cooperative game theory concepts for loss allocation in multiple transaction electricity markets [J]. Journal of Electrical Systems, 2009, 5 (1): 6.

[261] Pearce D W, Turner R K. Economics of Natural Resources and the Environment [M]. Baltimore, USA: John Hopkins University Press, 1990.

[262] Pereira S N C. Payment for Environmental Services in the Amazon Forest: How Can Conservation and Development Be Reconciled? [J]. The Journal of Environmen & Development, 2010, 19 (2): 171 –190.

[263] Pettinotti L, Ayala A, Ojea E. Benefits From Water Related Ecosystem Services in Africa and Climate Change [J]. Ecological Economics, 2018, 149: 294 –305.

[264] Potschin M, Haines-Young R. Linking people and nature: Socio-ecological systems [C]. Bulgaria: Pensoft Publishers, 2017. 41 –43.

[265] Powers W T. Behavior: The Control of Perception [M]. New York: Aldine de Gruyter, 1987: 44 –47.

[266] P. Satyaramesh C R. Use of cooperative game theory concepts for loss allocation in multiple transaction electricity markets [J]. Journal of Electrical Systems, 2009, 5 (1): 6.

[267] Raupova O, Kamahara H, Goto N. Assessment of physical economy through economy-wide material flow analysis in developing Uzbekistan [J]. Resources, Conservation and Recycling, 2014, 89 (8): 76 – 85.

[268] Reiners W A, Driese K. Transport of energy, information and material through the biosphere [J]. Annual Review of Environment and Resources, 2003, 28: 107 – 135.

[269] Rosen M A. Does industry embrace exergy? [J]. Exergy, An International Journal, 2002, 2 (4): 221 – 223.

[270] Ring I, Hansjürgens B, Elmqvist T, et al.. Challenges in framing the economics of ecosystems and biodiversity: the TEEB initiative [J]. Current Opinion in Environmental Sustainability, 2010, 2 (1 – 2): 15 – 26.

[271] Rosen R. Submit and Subassembly Process [J]. Journal of Theoretical Biology, 1970, 28: 415 – 422.

[272] Salzman J, Bennett G, Carroll N, et al.. The global status and trends of Payments for Ecosystem Services [J]. Nature Sustainability volume, 2018, 1: 136 – 144.

[273] Sandraderissen, Latacz-Lohmann U. What are PES? A review of definitions and an extension [J]. Ecosystem Services, 2013, 6 (11): 12 – 15.

[274] Schneider A, Logan K E, Kucharik C J. Impacts of urbanization on ecosystem goods and services in the U. S. Corn Belt [J]. Ecosystems, 2012, 15 (4): 519 – 541.

[275] Schomers S, Matzdorf B. Payments for ecosystem services: A review and comparison of developing and industrialized countries [J]. Ecosystem Services, 2013, 6 (11): 16 – 30.

[276] Schnapf L P. CERCLA and the substantial continuity test: A unifying proposal for imposing CERCLA liability on asset purchasers [J]. Environmental Law, 1998, 435 (4): 435 – 444.

[277] Sdiri A, Pinho J, Ratanatamskul C. Water resource management for sustainable development [J]. Arabian Journal of Geosciences, 2018, 11: 124.

[278] Sebastiáncano-Berlangaa, Giménez-Gómeza J, Vilella C. Enjoying cooperative games: The R package GameTheory [J]. Applied Mathematics and Computation, 2017, 305 (15): 381 – 393.

[279] Shepsle K A. Studying Institutions: Some Lessons from the Rational

Choice Approach [J]. Journal of Theoretical Politics, 1989, 1 (2): 131 – 178.

[280] Soltani A, Sankhayan P L, Hofstad O. Playing forest governance games: State-village conflict in Iran [J]. Forest Policy and Economics, 2016, 73 (11): 251 – 261.

[281] Southgate D, Wunder S. Paying for watershed services in Latin America: a review of current initiatives [J]. Journal of Sustainable Forestry, 2009, 28 (3): 497 – 524.

[282] Streek W, Thelen K. Introduction. Institutional Change in Advanced Political Economies [M]. New York: Oxford University Press, 2005: 1 – 39.

[283] Tamaka H, Guo P J, Türksen I B. Portfolio Selection Based on Fuzzy Probabilities and Possibility Distributions [J]. Fuzzy Sets and Systems, 2000, 111 (3): 387 – 397.

[284] Tansley A G. The Use and Abuse of Vegetational Concepts and Terms [J]. Ecology, 1935, 16 (3): 284 – 307.

[285] TEEB. The Economic of Ecosystems and Biodiversity: Ecological and Economic Foundations [M]. London: Earthscan, 2010.

[286] Turchin V F. The Phenomenon of Science [M]. New York: Columbia University Press, 1977.

[287] United Nations U, European commission E. System of Environmental-Economic Accounting 2012—experimental ecosystem accounting [R]. New York: United Nations, 2014.

[288] UKNEA. The UK National Ecosystem Assessment: synthesis of the key findings [M]. Cambridge: UNEP-WCMC, 2011.

[289] United Nations U. SEEA Experimental Ecosystem Accounting: Technical Recommendations [R]. New York: UN, 2016.

[290] Vatn A. An institutional analysis of payments for environmental services [J]. Ecological Economics, 2010, 69 (6): 1245 – 1252.

[291] Virto L R, Weber J, Jeantil M. Natural Capital Accounts and Public Policy Decisions: Findings From a Survey [J]. Ecological Economics, 2018, 144 (2).

[292] Vijge M J, Brockhaus M, Di Gregorio M, et al. . Framing National REDD + Benefits, Monitoring, Governance and Finance: A Comparative Analysis of Seven Countries [R]. Bogor, Indonesia: Center for International Forestry Research, 2016.

[293] Von Neumann J M O. Theory of games and economic behavior (2nd rev. ed.) [M]. Princeton: Princeton University Press, 1947.

[294] Wackernagel M, Rees W E. Perceptual and structural barriers to investing in natural capital: economics from an ecological footprint perspective [J]. Ecological Economics, 1997, 20: 3 –24.

[295] Wallace K J. Classification of ecosystem services: Problems and solutions [J]. Biological Conservation, 2007, 139 (3 –4): 235 –246.

[296] Wegner G I. Payments for ecosystem services (PES): a flexible, participatory, and integrated approach for improved conservation and equity outcomes [J]. Environment, Development and Sustainability, 2016, 18 (3): 617 –644.

[297] Weingast B R. Rational-Choice Institutionalism in Ira Katznelson and Helen V Milner (eds.), Political Science: The State of the Discipline [M]. New York: W W. Norton & Co, 2002.

[298] W. Haynes R, M Quigley T, L Clifford J, et al.. Science and ecosystem management in the Interior Columbia Basin [J]. Forest Ecology and Management, 2001, 153 (1): 3 –14.

[299] Williams B K. Adaptive management of natural resources—framework and issues [J]. Journal Environ. Manage, 2011 (92): 1346 –1353.

[300] Woodward R T, Wui Y S. The economic value of wetland services: a meta-analysis [J]. Ecological Economics, 2001, 37: 257 –270.

[301] Wunder S. Payments for environmental services: some nuts and bolts [J]. CIFOR Occasional Paper, 2005, 42: 1 –33.

[302] Wunder S. Revisiting the concept of payments for environmental services [J]. Ecological Economics, 2015, 117: 234 –243.

[303] Wunder S, Engel S, Pagiola S. Taking stock: a comparative analysis of payments for environmental services programs in developed and developing countries [J]. Ecological Economics, 2007, 65 (3): 834 –852.

[304] Yang H, Pfister S, Bhaduri A. Accounting for a scarce resource: virtual water and water footprint in the global water system [J]. Current Opinion in Environmental Sustainability, 2013, 5 (6): 599 –606.

[305] Zadel L A. Fuzzy sets [J]. Information and Control, 1965, 8: 338 –353.

[306] Zhong S, Geng Y, Liu W, et al.. A bibliometric review on natural

resource accounting during 1995 – 2014 ［J］. Journal of Cleaner Production, 2016, 195 (11): 122 –132.

　　［307］Zimmermann H J. Fuzzy programming and linear programming with several objective functions ［J］. Fuzzy Sets and Systems, 1978, 1 (1): 45 – 55.